Wissenschaftliche Taschenbücher WTB

TEXTE

R.A.R. Tricker

Frühe Elektrodynamik

Akademie-Verlag · Berlin

WTB Wissenschaftliche Taschenbücher

WERNER HABERDITZL
Magnetochemie

A. A. SOKOLOW
Elementarteilchen

HEINZ AHRENS
Varianzanalyse

HANS-JÜRGEN TREDER
Relativität und Kosmos
Raum und Zeit in Physik, Astronomie und Kosmologie

ALBERT EINSTEIN
Grundzüge der Relativitätstheorie

ALBERT EINSTEIN
Über die spezielle und die allgemeine Relativitätstheorie

GÜNTHER LUDWIG
Wellenmechanik. Einführung und Originaltexte

HARRY PAUL
Lasertheorie, Teil I und II

FRANZ RUDOLF KESSLER
Einführung in die physikalischen Grundlagen der Kernenergiegewinnung

D. TER HAAR
Quantentheorie. Einführung und Originaltexte

J. H. SANDERS
Die Lichtgeschwindigkeit. Einführung und Originaltexte

JEAN KUNTZMANN

Unendliche Reihen

Mathematische Hilfsmittel der Physik und Chemie

Mit 94 Übungen und 29 Aufgaben

JEAN KUNTZMANN

Systeme von Differentialgleichungen

Mathematische Hilfsmittel der Physik und Chemie

Mit 88 Übungen und 40 Aufgaben

JEAN KUNTZMANN

Komplexe Veränderliche

Mathematische Hilfsmittel der Physik und Chemie

Mit 90 Übungen und 37 Aufgaben

FERDINAND CAP

Einführung in die Plasmaphysik

I. Theoretische Grundlagen

FERDINAND CAP

Einführung in die Plasmaphysik

II. Wellen und Instabilität

FERDINAND CAP

Einführung in die Plasmaphysik

III. Magnetohydrodynamik

J. A. ROSANOW

Wahrscheinlichkeitstheorie

HARRY PFEIFER

Theorie linearer Bauelemente

Elektronik für den Physiker I

HARRY PFEIFER

Die Elektronenröhre

Elektronik für den Physiker II

HARRY PFEIFER

Schaltungen mit Elektronenröhren

Elektronik für den Physiker III

HARRY PFEIFER
Leitungen und Antennen
Elektronik für den Physiker IV

HARRY PFEIFER
Mikrowellenelektronik
Elektronik für den Physiker V

HARRY PFEIFER
Halbleiterelektronik
Elektronik für den Physiker VI

GERHARD HÜBNER / KLAUS JUNG / ECKART WINKLER
Die Rolle des Wassers in biologischen Systemen

STEPHEN G. BRUSH
Kinetische Theorie, Teil I und II
Einführung und Originaltexte

EBERHARD HOFMANN
Eiweiße und Nucleinsäuren als biologische Makromoleküle
Dynamische Biochemie, Teil I

EBERHARD HOFMANN
Enzyme und energieliefernde Stoffwechselreaktionen
Dynamische Biochemie, Teil II

EBERHARD HOFMANN
Intermediärstoffwechsel
Dynamische Biochemie, Teil III

EBERHARD HOFMANN
Grundlagen der Molekularbiologie
und Regulation des Zellstoffwechsels
Dynamische Biochemie, Teil IV

HERBERT GOERING
Elementare Methoden
zur Lösung von Differentialgleichungsproblemen

PETER KRUMBIEGEL
Isotopieeffekte

D. M. BRINK
Kernkräfte. Einführung und Originaltexte

DIETER ONKEN
Steroide
Zur Chemie und Anwendung

HEINZ GEILER
Ökologie der Land- und Süßwassertiere

ARTHUR P. CRACKNELL
Angewandte Gruppentheorie. Einführung und Originaltexte

DIETER KLAUA
Elementare Axiome der Mengenlehre

GÜNTER TEMBROCK
Grundlagen der Tierpsychologie

J. P. VINSON
Optische Kohärenz in der klassischen Theorie und in der Quantentheorie

W. R. HINDMARSH
Atomspektren. Einführung und Originaltexte

GÜNTER TEMBROCK
Biokommunikation
Informationsübertragung im biologischen Bereich
Teil I und II

ADOLF ZSCHUNKE
Kernmagnetische Resonanzspektroskopie in der organischen Chemie

DIETER MERKEL
Riechstoffe

JOHN CUNNINGHAM
Vektoren

GEORG DAUTCOURT
Relativistische Astrophysik

ERNST SCHMUTZER
Symmetrien und Erhaltungssätze der Physik

GERHARD LERCH
Pflanzenökologie

MICHAEL GÖSSEL
Angewandte Automatentheorie, Band I
Grundbegriffe

MICHAEL GÖSSEL
Angewandte Automatentheorie, Band II
Lineare Automaten und Schieberegister

HEINRICH KINDLER
Der Regelkreis. Eine Einführung

R. KESSEL
Akustische Kernresonanz

WOLFRAM BRAUER / HANS-WALDEMAR STREITWOLF
Theoretische Grundlagen der Halbleiterphysik

HARRY PAUL
Nichtlineare Optik, Teil I und II

HANS BANDEMER / ANDREAS BELLMANN
WOLFHART JUNG / KLAUS RICHTER
Optimale Versuchsplanung

DIETRICH BENDER / ERNST-EGON PIPPIG
Einheiten, Maßsysteme, SI

DIETER KLAUA
Grundbegriffe der axiomatischen Mengenlehre, Teil I und II

E. G. GOLSTEIN
Konvexe Optimierung. Die Elemente der Theorie

HELMUT FRIEMEL / JOSEF BROCK
Grundlagen der Immunologie

L. A. SKORNJAKOW
Elemente der Verbandstheorie

HANS-MARTIN BARCHET
Chemie photographischer Prozesse

N. D. SHEWANDROW
Die Polarisation des Lichtes

EBERHARD TEUSCHER
Pharmakognosie

SIEGFRIED HAUPTMANN
Über den Ablauf organisch-chemischer Reaktionen

JOACHIM NITSCHMANN
Entwicklung bei Mensch und Tier. Embryologie

KLAUS ODENING
Parasitismus. Grundfragen und Grundbegriffe

KONRAD KREHER
Festkörperphysik

A. A. SMIRNOW
Metallphysik

A. S. SONIN / B. A. STRUKOW
Ferroelektrizität

VOLKER KEMPE
Theorie stochastischer Systeme

ROLF BORSDORF / MANFRED SCHOLZ
Spektroskopische Methoden in der organischen Chemie

DIETER KLAUA
Kardinal- und Ordinalzahlen, Teil I und II

WOLFGANG PAULI
Vierpoltheorie und ihre Anwendung auf elektrische Schaltungen

R. A. R. TRICKER
Frühe Elektrodynamik

Vorschau auf die nächsten Bände:

R. A. R. TRICKER
Die Beiträge von Faraday und Maxwell zur Elektrodynamik

HANS DAWCZYNSKI
Temperaturbeständige Faserstoffe aus organischen Polymeren

HANS DAWCZYNSKI
Temperaturbeständige Faserstoffe aus anorganischen Polymeren

GERALD WOLF
Neurobiologie

WTB

BAND 96

R. A. R. Tricker

Frühe Elektrodynamik

Das erste Stromgesetz

Mit 61 Abbildungen und 3 Tabellen

AKADEMIE-VERLAG · BERLIN

WTB TEXTE

Herausgeber dieses Bandes:
Prof. Dr. Gerhard Heber

Übersetzung aus dem Englischen:
cand. phys. Stefan Roth

Übersetzung des Bandes „Early Electrodynamics"
aus der Reihe „Selected Readings in Physics"
(herausgegeben von D. ter Haar)

1974

Lizenznummer: 202 · 100/434/73
Herstellung: VEB Druckhaus „Maxim Gorki", 74 Altenburg
Bestellnummer: 761 510 9 (7096) · LSV 1104
Printed in GDR
EVP 12,50

Vorwort

Anfang 1820 war noch nichts über die Wirkung von Magneten auf einen elektrischen Strom bekannt. Um 1826 war die Theorie für konstante Ströme vollständig ausgearbeitet. Seitdem hat sich nichts Grundlegendes geändert, obgleich die mathematische Behandlung auf Grund neuerer Methoden einfacher und kürzer geworden ist. Gegenstand dieses Buches ist es, diesen Zweig der Elektrizitätstheorie bis zu seinem Ursprung zu verfolgen und zu zeigen, wie die Ergebnisse, die in diesen wenigen Anfangsjahren erhalten wurden, zu den verschiedenen Theoremen geführt haben, die seitdem hergeleitet wurden. Das soll nicht bedeuten, daß die Grundlage für die Anwendung der Theorie noch auf die relativ groben Experimente vom Beginn des 19. Jahrhunderts gestützt ist, aber eine Betrachtung ihres Ursprungs kann zu einem besseren Verständnis der logischen Struktur der Theorie führen.

Das Manuskript wurde von Dr. Mary Hesse durchgelesen, die verschiedene vom Autor verwendete Vorschläge machte. Gleichermaßen ist er Dr. ter Haar, dem Herausgeber dieser Reihe, für die Unterstützung bei der Vorbereitung des Buches dankbar. Außerdem möchte er dem Herausgeber des *School Science Review* für die Erlaubnis, Abbildungen aus einigen seiner Artikel in dieser Zeitschrift zu reproduzieren, seinem ehemaligen Kollegen Mr. R. C. Lyness für viele Diskussionen zu verschiedenen Punkten und seiner Frau für die Hilfe bei der Vorbereitung des Manuskriptes danken.

Außerdem ist der Autor der Danske Tekniske Höjskole für das Porträt von Oersted zu Dank verpflichtet sowie der Gemeinde von Poleymieux au Mont. d'Or, die das Porträt von Ampère zur Verfügung stellte.

Cropston, 1965 R. A. R. T.

Inhaltsverzeichnis

TEIL I

I. Die Situation

Die Entwicklungen, mit denen sich dieses Buch beschäftigt, fanden alle in einem sehr kurzen Zeitraum statt. Sie begannen 1820 und waren 1826 im wesentlichen beendet. Sie waren auf Paris konzentriert, das damals am Höhepunkt seines Einflusses auf die wissenschaftliche Welt stand. Hier, in diesem Kapitel, müssen wir die Voraussetzungen für eine Betrachtung dieses raschen Anwachsens des Wissens schaffen. Dazu stellen wir die Ansichten zusammen, die unmittelbar vor dieser Periode herrschten.

Im Gegensatz zu dem, was man vielleicht hätte erwarten können, brachte das 18. Jahrhundert, das der Veröffentlichung von NEWTONS „Principia" im Jahre 1687 folgte, keinen raschen Aufschwung auf dem Gebiete der Wissenschaft. Stattdessen erwies es sich als eine Periode der Konsolidierung. Die Schlußfolgerungen aus NEWTONS Theorie der Mechanik wurden von Mathematikern wie D'ALEMBERT (1717–1783), LAGRANGE (1736 bis 1813), LAPLACE (1749–1827) und LEGENDRE (1752 bis 1823) detailliert ausgearbeitet. Wie die Namen zeigen, war dies ein Werk französischen mathematischen Geistes. Es war eine Entwicklung der Theorie, die durch die Einführung äußerst allgemeiner Prinzipien, wie dem Prinzip von D'ALEMBERT (1743), vollendet wurde. Nur wenige grundlegende physikalische Fakten wurden neu hinzugefügt. Die Entwicklung nahm die Form der Konstruktion eines ausgefeilten deduktiven Systems auf der Grundlage der euklidischen Geometrie an. Man kann sagen, falls eine solche Phrase überhaupt eine Bedeutung hat, die mathematische Physik wurde mit GALILEI und NEWTON geboren, jedoch in diesem Zeitraum „erwachsen", und zwar vor allem auf dem Gebiet der Gravitationstheorie.

Lagrange leitete 1760 das Prinzip der kleinsten Wirkung aus Newtons Bewegungsgleichungen ab. Er verwendete 1773 als erster die Idee des Potentials, nicht aber den Namen. Im Jahre 1783 formulierte Laplace seine berühmte Gleichung

$$\frac{\partial^2 V}{\partial x^2} + \frac{\partial^2 V}{\partial y^2} + \frac{\partial^2 V}{\partial z^2} = 0,$$

die er aber in Wirklichkeit in einer komplizierteren Form, in Polarkoordinaten, angab.

Was die Elektrizität anbetrifft, so blieben all diese Methoden Zukunftsmusik. Die physikalischen Grundlagen der Wissenschaft waren noch nicht hinreichend aufgedeckt, um diese allgemeinen Prinzipien anzuwenden. Die Voraussetzungen dazu mußten erst noch geschaffen werden. Noch im Jahre 1800 schienen die Ansichten über die im Bereich der Elektrizität tatsächlich auftretenden physikalischen Erscheinungen sehr verschwommen zu sein. In der ersten Hälfte des achtzehnten Jahrhunderts scheint vorwiegend die Ansicht geherrscht zu haben, daß eine Elektrisierung durch eine „Ausdünstung" aus geladenen Körpern verursacht wird. Dabei war die Aufmerksamkeit mehr auf den umgebenden Raum als auf die Körper selbst konzentriert. Insofern besaß diese Ansicht Gemeinsamkeiten mit den Feldtheorien der zweiten Hälfte des neunzehnten Jahrhunderts. Wirbeltheorien kamen auf, um die Bewegung kleiner leichter Teilchen zu erklären, die von geladenen Körpern angezogen werden. Diese Wirbel glaubte man durch das Kitzeln, das man empfindet, wenn man einen geladenen Körper dem Gesicht nähert, scheinbar spüren zu können. Die Ausdünstung wurde nicht sehr klar von Wärme und Licht unterschieden.

Mit dem Werk von Franklin (1706–1790), der 1747

eine Ein-Flüssigkeits-Theorie der Elektrizität entwickelte, verschwand die Ansicht, daß es sich um eine Ausdünstung handelt, im wesentlichen aus dem Blickfeld. Er hatte in CHARLES-FRANÇOIS DUFAY, dem Oberaufseher der königlichen Gärten in Frankreich, einen Vorgänger, der 1733 Abstoßung zwischen einigen geladenen Körpern und Anziehung zwischen anderen (wahrnehmbar zwischen Glas und Kopalharz) fand. Daraus schloß er auf die Existenz zweier elektrischer Flüssigkeiten, die er durch die Bezeichnungen „gläsern" und „harzig" unterschied. Wir werden sehen, daß sich seine Vorstellung von zwei elektrischen Flüssigkeiten noch im Jahre 1820 in Paris behaupten konnte. FRANKLINS Ein-Flüssigkeits-Theorie war nicht imstande, die gegenseitige Abstoßung negativ geladener Körper zu erklären, die weniger elektrische Flüssigkeit enthalten und zwischen deren Bausteinen aus gewöhnlicher Materie nur Gravitationskräfte wirken müßten. In dieser Hinsicht war die Zwei-Flüssigkeits-Theorie überlegen. In einer Zwei-Flüssigkeits-Theorie verschwinden notwendigerweise die Effekte der einen Flüssigkeit bei Anwesenheit der anderen, aber man nahm an, daß in ungeladenen Körpern beide Elektrizitätstypen kombiniert seien. Diese Kombination wurde zerstört, wenn der Körper elektrisch geladen wurde; entweder durch Reibung oder andere Mittel, später, nach ihrer Erfindung, auch einschließlich der VOLTAschen Säule. In der Ein-Flüssigkeits-Theorie mußte man dagegen eine Abstoßung zwischen gewöhnlichen Materieteilchen annehmen, um die Wirkung der beiden Arten geladener Körper auf solche gleicher Ladung zu berücksichtigen. AEPINIUS hielt in der Tat die Ausdünstungstheorie für falsch und postulierte diese Abstoßung zwischen gewöhnlichen Materieteilchen. Er kam 1757 nach St. Petersburg und stellte dort 1759 diese Theorie auf. AEPINIUS' Theorie war somit der anderthalb Jahrhunderte späteren Elektronentheorie durchaus ähnlich. Bis zur Entdeckung des Kraftgesetzes war jedoch die mathematische Entwicklung der Wissenschaft unmöglich.

Gegen 1750 schloß die Ein-Flüssigkeits-Theorie von Franklin prinzipiell die Fernwirkungskonzeption ein. „Obwohl sich die Elektrizitätsteilchen untereinander abstoßen, werden sie von allen anderen Stoffen stark angezogen.“ Franklin identifizierte seine elektrische Flüssigkeit mit Dufays „gläserner“ Elektrizität.

Die Ehre, als erster gezeigt zu haben, daß in der Elektrostatik ein Gesetz proportional dem reziproken Abstandsquadrat gilt, gebührt wahrscheinlich Priestley, einem Freund Franklins. Er führte Experimente mit einem geladenen Hohlleiter durch und wies nach, daß sich auf der Innenseite keine Ladungen befinden. Außerdem schlußfolgerte er daraus auf Grund seiner Kenntnis der Newtonschen Gravitationstheorie richtig, daß die elektrische Anziehung dem gleichen Gesetz gehorcht wie die Gravitationsanziehung. Er veröffentlichte dies 1767. Die Beweiskraft der Methode scheint zu jener Zeit nicht hinreichend gewürdigt worden zu sein.

Im Jahre 1769 bestimmte Robison aus Edinburgh das Kraftgesetz experimentell. Er erhielt für Anziehung und Abstoßung etwas unterschiedliche Resultate, vermutete aber, daß das richtige Ergebnis proportional dem reziproken Abstandsquadrat ist. Gewöhnlich wird die erste experimentelle Bestimmung des Kraftgesetzes zwischen zwei Ladungen jedoch Coulomb (1736—1806) zugeschrieben. Er tat dies 1785, indem er mittels einer Torsionswaage die Kraft zwischen geladenen Kugeln bestimmte. Dieses Instrument wurde bereits von John Michell, einem gewählten Mitglied des Queens' College in Cambridge, verwendet, der damit ein ähnliches Gesetz für Magnetpole fand. Coulombs Entdeckungen wurden allgemein akzeptiert. Dazu trugen Eleganz und Einfachheit der gesamten Messung bei. Die Ladungen auf zwei leitenden Kugeln, wie sie von Coulomb verwendet wurden, sind nicht gleichmäßig über deren Oberflächen verteilt, wenn diese nahe beieinander stehen. Das Problem der tatsächlichen Verteilung blieb 30 Jahre lang ungelöst; um genau zu sein, bis 1813, als Poisson (1781—1840) es löste. Durch elektrische Verluste kann die Torsionswaage in Händen, die weniger geschickt sind als COULOMBS, leicht zu einem Instrument werden, das alles andere als genau ist. Die physikalische Information, die für die Entwicklung der mathematischen Theorie der Elektrostatik erforderlich war, lag nun vor. Aber diese Theorie zu entwickeln gelang erst POISSON. Seine erste Abhandlung zu diesem Thema wurde in den *Mémoires de l'Institut* von 1811 veröffentlicht. Damit verwandelte sich die Elektrostatik praktisch über Nacht von einem ziemlich verschwommenen qualitativen Gebiet in eine mathematische Lehre von beträchtlicher Komplexität. POISSON entlieh nicht nur Ergebnisse aus der Gravitationstheorie wie die LAPLACE-Gleichung, sondern er führte auch die Gleichung ein, die seinen Namen trägt und für Punkte gültig ist, an denen sich die Ladungen befinden. Somit stand die mathematische Theorie der Elektrostatik am Anfang der Periode, mit der wir uns in den folgenden Kapiteln beschäftigen werden, zur Verfügung.

Für die Theorie des Magnetismus gilt nicht völlig das gleiche. Die Theorie war erst später etwa so ausgefeilt, obwohl sie früher in Angriff genommen wurde.

Die Konzeption der Magnetpole als Ursprung der magnetischen Kräfte geht auf PETER PEREGRINUS aus Maricourt zurück, der 1269 über den Magnetismus schrieb. Er war der erste, der den Begriff der Pole in die Wissenschaft einführte. Er begründete dies durch seine Untersuchungen eines Magneteisensteins mittels einer Versuchsnadel, die die Existenz von Punkten auf der Oberfläche analog den Polen der Erde offenbarte. GILBERT VON COLCHESTER (1540—1603), der als Begründer der Lehre vom Magnetismus angesehen wird, deutete als erster an, daß die Erde selbst ein Magnet sei. Mit ihm kamen magnetische Wirkungen in Mode, und eine Zeitlang glaubte man, durch sie KEPLERS Astronomie erklären zu können.

NEWTON zog diese Erklärung in Erwägung und verwarf sie. Er betrachtete ebenso die Kraft, die von einem kurzen Magneten auf einen anderen, der sich in der Nähe befindet, ausgeübt wird und erhielt das richtige Ergebnis, daß die Kraft umgekehrt proportional zur dritten Potenz des Abstandes ist. Die Wissenschaft machte dann im wesentlichen keine weiteren Fortschritte bis 1750, als — wie wir bereits gesehen haben — JOHN MICHELL das Gesetz des reziproken Abstandsquadrates für Magnetpole mittels seiner Torsionswaage entdeckte. (MICHELL wurde 1767 Rektor von Thornhill in Yorkshire und lebte dort bis zu seinem Tode im Jahre 1793.) Auch COULOMB behandelte bei seinen ersten Experimenten mit der Torsionswaage den Magnetismus und fand dabei ebenfalls das Gesetz des reziproken Abstandsquadrates. Er führte diese Experimente nur kurze Zeit vor denen mit elektrostatischen Ladungen durch, so daß die beiden Lehren, auf der einen Seite die Elektrostatik und auf der anderen der Magnetismus, zu diesem Zeitpunkt gleichweit entwickelt waren.

Wie in der Elektrostatik behauptete sich auf dem Kontinent eine Zwei-Flüssigkeits-Theorie des Magnetismus, obwohl AEPINUS versuchte, nach dem Vorbild der FRANKLINschen Theorie für die Elektrostatik eine Ein-Flüssigkeits-Theorie einzuführen. Die Zwei-Flüssigkeits-Theorie wurde später von ANTON BRUGMANS und WILCKE verteidigt. Die beiden Flüssigkeiten wurden „südliche“ und „nördliche“ genannt. Ein „Norden suchender Pol“ sei ein Gebiet, in dem die südliche Flüssigkeit überwiegt, und ein „Süden suchender Pol“ sei ein Gebiet, in dem die nördliche Flüssigkeit überwiegt. Diese Wahl wurde in Anbetracht dessen getroffen, daß ein Norden suchender Pol mit dem Südpol der Erde übereinstimmt, von dem er abgestoßen wird. Der Süden suchende Pol stimmt genauso mit dem Nordpol der Erde überein und muß deshalb der Sitz des nördlichen Magnetismus sein.

Es gab am Ende des achtzehnten Jahrhunderts viele Diskussionen über die enge Analogie, die zwischen Magnetismus und Elektrostatik vorhanden zu sein schien.

Es war bekannt, daß der Blitz Stahl magnetisieren konnte. In beiden Fällen schien das gleiche Kraftgesetz des reziproken Abstandsquadrates gültig zu sein, der tatsächliche Zusammenhang erwies sich aber als zu undurchsichtig bis zur Entdeckung und theoretischen Entwicklung der Elektrizität der Ströme. Es gab außerdem auffallende und wichtige Unterschiede zwischen den beiden Gruppen von Erscheinungen. Beide Arten elektrischer Ladungen konnte man leicht voneinander isoliert auf geladenen Körpern erhalten. Bei den magnetischen Flüssigkeiten war dies nicht der Fall. Es erwies sich als unmöglich, diese zu trennen. Eine große Anzahl von Körpern konnte man elektrisieren, nur ein paar magnetisieren. Es gab nichts im Magnetismus, das den Leitern und Isolatoren der Elektrizität entsprach. Deshalb sah man die Teilchen der magnetischen Flüssigkeiten als untrennbar von den Molekülen der Materie an. In den Arbeiten, die wir in diesem Buch behandeln werden, erscheinen häufig Ausdrücke wie: ein Molekül der nördlichen magnetischen Flüssigkeit und ein Molekül der südlichen magnetischen Flüssigkeit oder auch ein Molekül nördlichen bzw. südlichen Magnetismus. Ein Molekül nördlichen Magnetismus entspricht dem, was man jetzt einen Südpol nennt, und ein Molekül südlichen Magnetismus entspricht einem Nordpol.

Poisson leistete dem Magnetismus ähnliche Dienste wie ein paar Jahre zuvor der Elektrostatik. Im Jahre 1924 veröffentlichte er in den *Mémoires de L'académie des Sciences de Paris* eine Theorie des Magnetismus, die ebenso weit entwickelt war wie jene, die er bereits für die Elektrostatik geschaffen hatte. Darin nahm Poisson eine Zwei-Flüssigkeits-Theorie für den Magnetismus an. Trotzdem sind seine Ergebnisse leicht an jede Magnetpoltheorie anzupassen. Allgemein bekannt wurde seine Theorie also erst gegen Ende der Periode, mit der wir uns im Hauptteil dieses Buches unmittelbar beschäftigen werden, und hatte somit wahrscheinlich nicht viel Einfluß auf diese Zeit. Ampère weist auf diese Arbeit in seiner Abhandlung von 1825 hin. Zweifelsohne arbeitet POISSON zur gleichen Zeit an seiner Theorie, als AMPÈRE seine Untersuchungen durchführte. Bei dieser Arbeit stand ihm deshalb AMPÈRES Theorie des Magnetismus nicht vollständig zur Verfügung, so daß die beiden Theorien zum großen Teil voneinander unabhängig entstanden. Das war schade, und es geht zu weit, zu erläutern, wie sich die Theorie der Elektrizität entwickelt hat. Das Ergebnis war ein ziemlich merkwürdiger Kompromiß. In der Elektrizitätstheorie ist es üblich, die Theorie des Magnetismus nach POISSON zu entwickeln und auf dieser Grundlage die Theorie der Elektrodynamik aufzubauen. Schließlich wurde jedoch der Begriff des Magnetpols fallengelassen und der elektrischen Ladung der Vorrang gegeben. Das ist AMPÈRES Standpunkt. Obwohl dies bloß eine Formsache ist, erforderte es, daß dem imposanten Gebäude nach seiner Fertigstellung die Fundamente weggezogen werden. Das ist keine sehr elegante Verfahrensweise. AMPÈRE zeigte, daß es allein auf der Grundlage des elektrischen Stromes möglich ist, die beiden Lehren von Elektrizität und Magnetismus in ein einziges Begriffsschema zu bringen, und löste damit das Problem, das die Physiker des achtzehnten Jahrhunderts vergeblich in Angriff genommen hatten.

Die Handlung, die den Hauptinhalt dieses Buches bildet, konzentriert sich um die Entdeckung der Elektrizität der Ströme. Einige tastende Schritte in dieser Richtung wurden bereits im Verlauf des Studiums der Elektrostatik unternommen. So war der Gedanke von der Ladungserhaltung bereits in den Theorien elektrischer Flüssigkeiten, wie sie von FRANKLIN und anderen verwendet wurden, enthalten. Das Ergebnis war in gewissem Grade durch FRANKLINS Experimente bewiesen worden, bei denen auf isolierten Stühlen stehende Personen Ladungen trugen. Angenommen, eine so isolierte Person lädt mittels eines Glasstabes eine andere, gleichermaßen isolierte Person auf, dann kann von der zweiten Person ein Funken auf eine dritte, auf der Erde stehende Person überschlagen. Berühren jedoch die ersten beiden Personen einander nach dem Aufladen, so geht das nicht mehr. Leiter und Nichtleiter wurden zuerst als „nichtelektrisierbare“ und „elektrisierbare“ Körper unterschieden. Als man später fand, daß man isoliert angebrachte Metalle aufladen kann, unterschied man dagegen zwischen Körpern, die für die elektrische Flüssigkeit durchlässig beziehungsweise undurchlässig sind. Im Jahre 1729 übertrugen GRAY und WHEELER Ladungen von einem Glasstab über eine Entfernung von 886 Fuß durch einen an Seidenschleifen aufgehängten Bindfaden. Im Jahre 1775 verglich Hon. HENRY CAVENDISH die Leitfähigkeit verschiedener Substanzen, indem er einfach den elektrischen Schlag, den er erhielt, abschätzte. Seine Ergebnisse erweisen sich beim Vergleich mit heutigen Meßmethoden als überraschend genau.

Als Anfang der Elektrizität der Ströme sieht man gewöhnlich die berühmten Experimente über die Reizung der Beinmuskeln frisch getöteter Frösche von GALVANI (1737–1798) aus dem Jahre 1780 an. GALVANI war Professor der Anatomie in seiner Geburtsstadt Bologna. Seine erste Beobachtung war, daß sich der Beinmuskel eines Frosches kontrahierte, wenn der Nerv mit dem Skalpell berührt wurde und zufällig gleichzeitig jemand in der Nähe einen Funken von einer Elektrisiermaschine zog. Die Beobachtung war somit unmittelbar mit der Elektrizität verknüpft und wurde im Verlaufe weiterer Untersuchungen auf metallische Kontakte zwischen dem Nerv und einem metallischen Stromkreis zurückgeführt. GALVANI dachte jedoch, daß die Elektrizität in dem Tier entsteht und der Metallbogen wie die Entladezange an einer Leydener Flasche nur zur Entladung dient. GALVANI starb 1798. Man hatte ihm seine Stellung genommen, da er der neuen zisalpinen Republik, die BONAPARTE gegründet hatte, seine Ergebenheit verweigert hatte.

VOLTA (1745–1827) nahm einen anderen Standpunkt

ein und betrachtete den Kontakt verschiedener Metalle als Ursprung der Elektrizität. Er hatte bereits 1775 den Elektrophor erfunden. 1800 entwickelte er die VOLTAsche Säule. Diese ermöglichte auf dem Gebiet der Elektrizität der Ströme viel aufsehenerregendere Ergebnisse als vorher, denn bis dahin waren die Experimente nur elektrostatischer Natur. Er erklärte ihre Funktion durch eine Kontakttheorie. Er zeigte, daß sich an isolierten Griffen angebrachte Zink- und Kupferscheiben aufladen, wenn sie in Kontakt gebracht werden. Beim Trennen verhielten sie sich gegenüber dem Elektrophor oder dem Kondensatorelektroskop in ähnlicher Weise, und VOLTA konnte die durch die Berührung entstandene Ladung mittels eines empfindlichen Elektroskops nachweisen. Er betrachtete den in Lösung gehaltenen Elektrolyten in den zwischen den Metallscheiben angebrachten Pappscheiben lediglich als Leiter und hielt die Erzeugung des Stromes, wenn die gegenüberliegenden Polklemmen miteinander verbunden wurden, für etwas ähnliches wie ein Perpetuum mobile. Obwohl die Suche nach einem mechanischen Perpetuum mobile damals von den Wissenschaftlern aufgegeben worden war, hielt man dies wegen der nicht wägbaren Flüssigkeiten, die den elektrischen Strom erzeugen, nicht für ausgeschlossen. In dieser Theorie war das Füllen einer Leydener Flasche eine wichtige Analogie, die als Hilfe beim Durchdenken des Problems brauchbar war. Man glaubte, der metallische Kontakt verursache die ständige Ladung der VOLTAschen Säule, die somit so etwas wie eine nie versiegende Quelle war. Die Analogie wurde dadurch unterstützt, daß man von der VOLTAschen Säule ebenso wie von der Leydener Flasche einen elektrischen Schlag bekommen hatte, vermutlich aber keinen so starken.

Die VOLTAsche Säule wurde in England benutzt, sobald die Nachricht von ihr das Land erreichte. VOLTA schrieb 1800 in einem Brief an Sir JOSEPH BANKS, den Präsidenten der Royal Society, darüber. In England zog die chemische Wirkung im Zusammenhang mit der

Elektrolyse das meiste Interesse auf sich, besonders das von Sir Humphry Davy, der eine chemische Theorie der Voltaschen Säule entwickelte. Er betonte die Bedeutung der gelösten Substanzen in den feuchten Pappscheiben und deren Rolle bei der „Oxydation" des Zinks. Im Ergebnis dieser Untersuchungen wurde eine wesentlich effektivere Säule entwickelt, bei der Säuregefäße Verwendung fanden. In dem Zeitraum, auf den wir uns konzentrieren, erreichten Nachrichten davon Paris. Dort findet man Hinweise auf die englische Säule. Sie wurde jedoch zu der Zeit, in der die Entwicklungen stattfanden, mit denen wir uns beschäftigen werden, nicht benutzt, obgleich auf Anordnung Napoleons im Institut Polytechnique eine sehr große Säule konstruiert wurde. Eine englische Säule mit nur einem Plattenpaar konnte dünne Drähte zur Weißglut bringen; eine Tatsache, von der Ampère beeindruckt war.

Es stimmt im Vergleich zur neueren Zeit traurig, wenn man feststellt, daß Sir Humphry Davy, begleitet von dem jungen Faraday, 1813, mitten im Napoleonischen Krieg, Paris besuchen konnte. Hier trafen sie mit Ampère, Cuvier, Gay-Lussac, Humboldt und vielen anderen zusammen. Sie reisten tatsächlich frei durch Frankreich nach Italien, und sie scheinen sich nie haben bemühen müssen, ihre Sprache zu mäßigen und sich der Politik des Landes, in dem sie sich befanden, anzupassen. Es ist überliefert, daß Davy nach einem Gang durch den Louvre, wo in halb Europa zusammengeraubte Kunstwerke gesammelt waren, bemerkte: „Was für eine außergewöhnliche Sammlung schöner Bilderrahmen."

Die Lehre von der Elektrizität, wie sie in den akademischen Kreisen Frankreichs zu der Zeit, als sich der Vorhang vor unseren Hauptdarstellern auftat, existierte, war auf beiden Gebieten, der Elektrostatik und dem Magnetismus, von Zwei-Flussigkeits-Theorien bestimmt. Jeder dieser Zweige wurde wirklich eher widerstrebend als gern von dem anderen getrennt. Es gab viele Ähnlichkeiten zwischen ihnen und der Gravitationstheorie, man hatte aber kein Verbindungsglied gefunden. Es war die Tendenz vorhanden, der Kontakttheorie bei der Betrachtung der VOLTAschen Säule den Vorrang zu geben. Der Unterschied zwischen elektrischer Ladung und elektrischer Spannung war nur schwach wahrnehmbar. Ihre Beziehung zu Arbeit und Energie war noch nicht geklärt, das gleiche galt für Wärme und Licht. Folgerungen aus den NEWTONschen Gesetzen führten zur Entdeckung des Erhaltungssatzes für die mechanische Energie, aber die Energieerhaltung im allgemeinen und die Umwandlung der Energie von einer Form in eine andere waren noch nicht bekannt. In dieser Situation wurde 1820 OERSTEDS Entdeckung von der Wirkung eines elektrischen Stromes auf eine Kompaßnadel der wissenschaftlichen Welt bekanntgegeben, und innerhalb der folgenden sechs Jahre wurde die ganze Theorie der Elektrodynamik konstanter Ströme, wie sie heute noch angewendet wird, entwickelt. Vor dieser Nachricht war nichts von der magnetischen Wirkung eines elektrischen Stromes bekannt. Am Ende dieser Periode lag die Theorie in einer Form vor, die als Grundlage für jede folgende Arbeit diente.

II. Die Personen

Hans Christian Oersted, 1777–1851 (Tafel I)

H. C. OERSTED wurde am 14. August 1777 in Rudkjöbing auf der Insel Langeland vor der Ostseeküste Dänemarks geboren. Er besuchte die Universität von Kopenhagen, wo er 1797 ein Pharmaziestudium abschloß. Ihm wurden Goldmedaillen für Essays über Ästhetik und Medizin verliehen, 1799 wurde er Doktor der Philosophie mit einer Dissertation über KANTS Philosophie. Er wurde außerordentlicher Professor der Kopenhagener Universität, nachdem er lange im Ausland gewesen war.

Sein wichtigster Beitrag zur Wissenschaft war die Entdeckung der Wirkung eines elektrischen Stromes auf eine Kompaßnadel. Darüber bestehen keine Zweifel, und wir werden uns in diesem Buch ausschließlich damit beschäftigen. Zur Chemie trug er durch die Herstellung metallischen Aluminiums bei. Viele seiner Untersuchungen waren dem Studium der Kompressibilität von Flüssigkeiten und Gasen gewidmet.

OERSTEDS Untersuchungen auf dem Gebiet der Elektrizität waren in seinem metaphysischen Glauben an eine Einheit aller Kräfte in der Natur begründet. Diese Ansicht wurde zweifelsohne von der naturphilosophischen Strömung in Deutschland zu Anfang des neunzehnten Jahrhunderts, deren Hauptvertreter F. W. J. SCHELLING war, beeinflußt. Diese Strömung betonte das Wissen a priori und lehnte rein empirisches Wissen ab, eine Ansicht, die zu unterstützen KANT, den OERSTED ebenfalls studiert hatte, nicht abgeneigt war. Es erscheint wirklich etwas merkwürdig, daß von dieser Lehre ein Experimentator angeregt wurde. Der als Apotheker ausgebildete OERSTED war jedoch keinesfalls dieser

Abwertung empirischen Wissens gegenüber unkritisch. „SCHELLING will uns ein komplettes philosophisches System der Physik geben, jedoch ohne jegliche Kenntnis über die Natur, lediglich aus Lehrbüchern.“

Tafel I
H. CHR. OERSTED. Nach einem Portrait, das die Danske Tekniske Höjskole freundlicherweise zur Verfügung stellte

Seine Versuche, die Einheit der galvanischen und magnetischen Kräfte zu zeigen, blieben jedoch bis 1820 erfolglos. Ein Bericht darüber, was damals geschah, wurde in einem bekannten Brief von Professor HANSTEEN an MICHAEL FARADAY vom 30. Dezember 1857 gegeben. Er schrieb:

„Professor OERSTED war ein genialer Mann, aber ein sehr unglücklicher Experimentator. Er konnte seine Instrumente nicht bedienen. Er mußte stets einen Assistenten oder einen seiner Hörer mit geschickten Händen haben, der die Experimente aufbaute. Ich habe ihm als Hörer oft so gedient.

Bereits im vorigen Jahrhundert herrschte allgemein die Ansicht, daß die elektrischen und magnetischen Kräfte sehr ähnlich, vielleicht auch identisch sind. Es war nur die Frage, wie man das experimentell demonstriert. OERSTED versuchte den Draht seiner galvanischen Batterie senkrecht (im rechten Winkel dazu) über der Magnetnadel anzubringen, stellte aber keine merkliche Bewegung fest. Einmal, nach der Vorlesung, als er eine starke Batterie bei anderen Versuchen verwendet hatte, sagte er: ‚Wir wollen nun einmal, während die Batterie in Betrieb ist, versuchen, den Draht parallel zur Nadel anzubringen.‘ Nachdem dies geschehen war, war er äußerst verwirrt, als er sah, wie weit die Nadel ausschlug (fast rechtwinklig zum magnetischen Meridian). Dann sagte er: ‚Wir wollen nun die Stromrichtung umkehren‘, und die Nadel zeigte in die entgegengesetzte Richtung. So wurde die große Entdeckung gemacht, von der man nicht grundlos sagt, daß ‚er zufällig darüber stolperte‘. Er glaubte vorher nichts anderes als jeder andere, daß nämlich die Kraft transversal sei. Aber wie schon LAGRANGE bei einer ähnlichen Gelegenheit über NEWTON sagte: ‚Solche Zufälle treffen nur Personen, die es verdienen.‘ “

Dieser Brief wurde natürlich erst nach 37 Jahren geschrieben. Es gibt einen Punkt, zu dem ein Kommentar erforderlich ist. Falls OERSTED über Ströme verfügte, die groß genug waren, um eine Kompaßnadel nahezu rechtwinklig zum magnetischen Meridian auszulenken, so könnte man sich vorstellen, daß er gelegentlich ein Umklappen der Nadel hätte beobachten können, wenn er den Draht rechtwinklig zum magnetischen Meridian hielt. Man könnte sich auch denken, daß sogar dann, wenn das Feld des Stromes die gleiche Richtung wie das der Erde hatte, leichte Bewegungen des Drahtes Bewegungen der Nadel hervorgerufen hätten, die offenbart hätten, daß die Nadel mehr in die Richtung senkrecht zum Draht als in die des Erdfeldes zeigte. Es ist möglich, daß Professor Hansteen die Größe des Effektes, den Oersted hervorrufen konnte, übertrieben hat. Auf jeden Fall wurde sein Bericht fast 40 Jahre nach dem Ereignis geschrieben und muß nicht völlig exakt sein.

Oersted selbst hinterließ drei Berichte darüber, wie er seine berühmte Entdeckung gemacht hatte. Diese stimmen untereinander überein, weichen aber von Professor Hansteens Beschreibung ab. Ein Auszug aus dem ersten dieser Berichte, von dem es französische und deutsche Ausgaben gibt, lautet folgendermaßen:

„Da ich seit langem die Kräfte, die sich in der Elektrizität offenbaren, als die allgemeinen Kräfte der Natur ansehe, mußte ich auch die magnetischen Erscheinungen aus ihnen herleiten. Als Beweis dafür, daß ich diese Folgerung vollständig akzeptiere, kann ich folgende Passage aus meinen ‚Recherches sur l'identité des forces chimiques et électriques' zitieren, die in Paris 1813 gedruckt wurden: ‚Man muß untersuchen, ob die Elektrizität in ihrer verstecktesten Form irgendeine Wirkung auf einen Magneten als solchen hat.' Ich schrieb dies während einer Reise, so daß ich nicht einfach Experimente durchführen konnte. Ganz zu schweigen davon, daß mir die Art der Experimente zu dieser Zeit überhaupt noch nicht klar war. Alle meine Aufmerksamkeit galt damals der Entwicklung eines Systems der Chemie. Ich erinnere mich noch daran, daß ich irgendwie inkonsequent den vorausgesagten Effekt besonders von der Entladung einer großen elektrischen Batterie erwartete und darüber hinaus nur einen schwachen magnetischen Effekt erhoffte. Deshalb verfolgte ich diese Idee nicht mit dem nötigen Eifer. Ich kam auf sie durch meine Vorlesung über Elektrizität, Galvanität und Magnetismus im Frühjahr 1820 zurück. Die Hörer waren vorwiegend Männer, die in der Wissenschaft bereits beträchtlich fortgeschritten waren. Dadurch führten mich diese Vorlesung und die vorbereitenden Überlegungen zu gründlicheren Untersuchungen, als für eine gewöhnliche Vorlesung zulässig sind. Auf diese Weise entwickelte sich meine frühere Überzeugung über die Identität der elektrischen und magnetischen Kräfte in neuer Deutlichkeit, und ich beschloß, meine Meinung am Experiment zu überprüfen. Die Vorbereitungen führte ich an einem Tag durch, an dem ich am gleichen Abend eine Vorlesung zu halten hatte. Ich zeigte deshalb CANTONS Versuch über den Einfluß chemischer Effekte auf den magnetischen Zustand von Eisen. Ich richtete die Aufmerksamkeit auf die Veränderungen an einer Magnetnadel bei einem Gewitter. Gleichzeitig sprach ich die Vermutung aus, daß eine elektrische Entladung auf eine Magnetnadel wirken kann, die sich außerhalb des galvanischen Kreises befindet. Dann beschloß ich, ein Experiment durchzuführen. Da ich den größten Effekt durch eine von Weißglut begleitete Entladung erwartete, baute ich in den Stromkreis über der Stelle, an der sich die Nadel befand, einen sehr dünnen Platindraht ein. Der Effekt war sicherlich unverkennbar. Aber er schien mir so verworren zu sein, daß ich die weitere Untersuchung auf eine Zeit verschob, von der ich glaubte, mehr Muße zu haben.[1]) Anfang Juli nahm ich diese Experimente wieder auf und setzte sie ohne Unterbrechung fort, bis ich die inzwischen veröffentlichten Ergebnisse erhielt.“

Etwa zwei Monate nach seiner ersten Bekanntmachung sandte OERSTED eine zweite Arbeit an die Académie des Science. Sie traf am 29. September 1820 ein, 25 Tage nachdem ARAGO OERSTEDS Entdeckung angekündigt hatte. Zu dieser Zeit hatte AMPÈRE bereits (am 25. September) von der Wechselwirkung zwischen zwei Strömen berichtet.

Jean-Baptiste Biot, 1774–1862

J. B. BIOT wurde 1774 in Paris geboren und besuchte das Lycée Louis le Grand sowie die École Polytechnique. Er wurde als Artillerist ausgebildet. Er wurde Professor an der École Centrale in Beauvais. Im Jahre 1800 erhielt er den Lehrstuhl für Physik am Collège de France, den er 26 Jahre lang innehatte. Er hatte viele unterschied-

[1]) „Alle meine Hörer sind Zeugen dafür, daß ich das Ergebnis des Experimentes vorher bekanntgab. Die Entdeckung wurde deshalb nicht zufällig gemacht, wie Professor GILBERT aus den Ausdrücken, die ich in meiner ersten Nachricht verwendete, zu schließen wünschte.“

liche Interessen, und 1820, wo unsere Betrachtung beginnt, war er eine angesehene Persönlichkeit. Er verfaßte eine Anzahl mathematischer Arbeiten, einschließlich einer Analyse über LAPLACES Himmelsmechanik und einer Abhandlung über Kurven und Flächen zweiten Grades. Aber seine Berühmtheit erlangte er als Experimentator. Seine „Traité Elementaire de Physique" und „Précis Elementaire du Physique" wurden Standardlehrbücher. Er nahm an verschiedenen Expeditionen teil, um Änderungen der Schwerkraft zu messen, um Meteoriten zu untersuchen und um die Länge eines Grades auf dem Pariser Meridian zu messen. Er war Mitglied des Bureau des Longitudes. Er untersuchte die Eigenschaften von polarisiertem Licht und schrieb über die Frühgeschichte der Astronomie. Sein Interesse und seine Aktivität bewahrte er ein ganzes Leben lang. Er starb 1862.

Im Jahre 1804 begleitete er GAY-LUSSAC bei seinem ersten Ballonaufstieg. Etwas eher im gleichen Jahr hatte die Akademie von St. Petersburg ROBERTSON und SACHAROFF gebeten, einen Aufstieg zu machen, um festzustellen, ob sich das Magnetfeld der Erde merklich mit der Höhe ändert. Am Institut de France glaubte man, versuchen zu müssen, eine ähnliche Untersuchung selbst durchzuführen. Diese Aufgabe wurde GAY-LUSSAC und BIOT übertragen. LAPLACE hatte dafür von M. CHAPTAL, dem Innenminister, einen kleinen Ballon erhalten, der bei NAPOLEONS Ägyptenfeldzug verwendet worden war. Im Korb unter diesem Ballon starteten sie am 24. August 1804 um 10 Uhr morgens in den Gärten des Conservatoire des Arts et Métiers. Sie hatten die Apparate bei sich, mit denen sie ihre Messungen durchzuführen hofften. In einer Höhe von 4000 Fuß durchbrachen sie die Wolkendecke, die dann während ihrer Reise wie ein Meer von Schaum unter ihnen lag. Bei 9000 Fuß ließen sie eine Biene frei und bei 11000 Fuß einen Finken. Letzterer ließ sich einen Augenblick in den Aufhängeschnüren für den Korb nieder und stürzte dann in die Tiefe, als ob nur die Schwerkraft auf ihn gewirkt hätte. In einer Höhe von 13000 Fuß begannen sie mit den Versuchen, die der eigentliche Gegenstand der gesamten Expedition waren. Sie versuchten die Dauer der Schwingungen eines kleinen, horizontal aufgehängten Magneten zu bestimmen. Sie hatten jedoch bei ihren Plänen nicht die Möglichkeit in Erwägung gezogen, daß sich der Korb drehen könnte, und es stellte sich heraus, daß das theoretisch sehr einfache Experiment bei seiner praktischen Durchführung ausgesprochene Schwierigkeiten machte. Es gelang ihnen, fünf Schwingungen auszumessen, aber das Ergebnis wurde nicht als befriedigend angesehen. Abgesehen davon, welches Licht BIOTS Bereitschaft, eine solche Expedition zu versuchen, auf seinen Charakter wirft, ist die Geschichte von unserem Standpunkt aus gesehen interessant, da sie uns zeigt, daß er bereits 1804 magnetische Felder nach der gleichen Methode maß, die er 1820 bei seinen Untersuchungen über die magnetische Wirkung elektrischer Ströme anwandte. Er muß wirklich damals schon als Experte auf diesem Gebiet angesehen worden sein, da er ausgewählt wurde, an dem Aufstieg teilzunehmen.

Es ist nebenbei interessant zu bemerken, daß GAY-LUSSAC später den Aufstieg wiederholte, diesmal allein. Er erreichte dabei eine Höhe von 23000 Fuß. ARAGO erzählt, wie bei dieser Gelegenheit GAY-LUSSAC, nachdem er diese Höhe erreicht hatte, noch höher zu steigen wünschte und alles Entbehrliche über Bord warf. Unter den gerade über Bord geworfenen Dingen befand sich auch ein Stuhl aus weißem Holz, der in einem Dickicht landete, in dessen Nähe ein Bauernmädchen Schafe hütete. Der Himmel war klar und der Ballon nicht sichtbar. Was konnte der Stuhl anderes sein, als ein Möbelstück, das vom Himmel gefallen ist. Das einzige Argument gegen solch eine Ansicht war, daß die Verarbeitung roh war und daß die himmlischen Handwerker kaum so schlecht sein konnten. Die Sache blieb tatsächlich ungeklärt, bis die Nachricht vom Flug GAY-LUSSACS veröffentlicht wurde.

Felix Savart, 1791–1841

Felix Savart wurde 1791 in Mézières geboren. Sein Vater war Direktor einer Artilleriewerkstatt. Er schlug eine medizinische Laufbahn ein. Im Jahre 1819 sandte er eine Abhandlung an Biot, der sich für den jungen Mann interessierte und ihn ermutigte, in seinen Untersuchungen fortzufahren. Er verschaffte ihm eine Stellung als Professeur de Physique, die dieser sieben Jahre lang behielt. Während dieser Zeit arbeitete er zusammen mit Biot an den Experimenten über das Magnetfeld von elektrischen Strömen, das heute mit seinem Namen verbunden ist.

Später, im Jahre 1827, wurde er Akademiemitglied, und 1828 wurde er Conservateur du Cabinet de Physique am Collège de France, wo er als Nachfolger von Ampère zum Professor der Experimentalphysik ernannt wurde. Seine Arbeiten befassen sich hauptsächlich mit Schwingungen und Schall, mit der menschlichen Stimme und mit Vogelstimmen.

André-Marie Ampère, 1775–1836 (Tafel II)

André-Marie Ampère ist der Hauptdarsteller in der frühen Entwicklung der Elektrodynamik, ein Wort, das er selbst prägte. Er erhielt die höchsten Ehren, die die Wissenschaft zu vergeben hatte, war Mitglied der wichtigsten wissenschaftlichen Gesellschaften der ganzen Welt und wurde von allen seinen Zeitgenossen bejubelt. Trotz dieser Erfolge stellte er in seinem Privatleben eine tragische Figur dar. Gegen Ende seines Lebens bekannte er, daß er insgesamt nur zwei Jahre seines Lebens wirklich glücklich war.

Er wurde am 20. Juni 1775 in Lyon geboren. Sein Vater, ein Kaufmann im Ruhestand, lebte in Polémieux-lez-mont-d'Or, wo André-Marie seine Kindheit verbrachte. Es gab im Dorf keine Schule, und AMPÈRE lernte völlig selbständig. Als er klein war, liebte er es, wenn ihm aus BUFFONS „Histoire Naturelle" vorgelesen

Tafel II
Nach einem Portrait, das der Bürgermeister von Poleymieux au Mont. d'Or freundlicherweise zur Verfügung stellte

wurde. Sein Vater begann, ihn Latein zu lehren, stellte das Lateinstudium aber zurück, als er sah, daß der Junge mathematisch begabt war, und ließ seinen Sohn dessen eigenen Wünschen nachgehen, indem er ihn selbst für die Beschaffung der Bücher verantwortlich machte. Man erzählt, daß AMPÈRE einmal, im Alter von 11 Jahren, von seinem Vater in die Bibliothek des Collège de Lyon mitgenommen wurde. Dort überraschte er den Abbé DABURON, den Bibliothekar, als er nach Büchern von EULER und BERNOULLI fragte. Als ihm gesagt wurde, daß diese zu den schwierigsten gehören, die jemals geschrieben wurden, erwiderte er, daß er trotzdem glaube, sie studieren zu können. Als er fand, daß das Buch von BERNOULLI in Latein geschrieben war, eignete er sich schnell genügend von der Sprache an, um es lesen zu können. Mit 18 Jahren nahm er die „Mécanique Analytique" von LAGRANGE in Angriff und führte nahezu alle Rechnungen darin noch einmal selbst durch. Die zwanzig Bände der Enzyklopädie von DIDEROT und D'ALEMBERT kannte er von A bis Z. Fünfzehn Jahre später konnte er ganze Passagen daraus auswendig vortragen.

Dann brach der Sturm aus. Sein Vater war Friedensrichter in Lyon und Präsident des Strafgerichtes. Er nahm an dem Aufstand der Stadt gegen den Konvent teil. Als die Stadt zurückerobert worden war, wurde er verhaftet und auf der Guillotine hingerichtet. Am Abend vor seiner Hinrichtung schrieb er an seine Frau, wobei er bedauerte, daß er sie nicht in gesicherten Verhältnissen verlassen konnte. Seine größten Ausgaben waren, so sagte er, der Kauf von Büchern und geometrischen Instrumenten für ihren Sohn, und er glaube, daß dies eine gute Anlage gewesen sei, da der Junge außer ihm keinen anderen Lehrer gehabt hätte.

Die Wirkung dieses Unglücks auf den jungen ANDRÉ-MARIE war überwältigend. Er zog sich völlig in sich selbst zurück und starrte ausdruckslos in den Himmel oder machte im Sand vor sich kleine Häufchen. Er wurde nahezu ein Idiot. In dieser Form hielten die Auswirkungen ein ganzes Jahr an. Ohne Zweifel wurde sein ganzes Leben davon beeinflußt. Gegen Ende dieses Jahres begann er durch die Beschäftigung mit J. J. ROUSSEAUS „Lettres sur la botanique" wieder aufzuleben. Dann folgte eine dichterische Phase, in der er große Mengen eigenartiger Verse schrieb. Auf dem Felde, bei einer botanischen Exkursion, traf er die Frau, die er am 2. August 1799 heiratete. Es war JULIE CARRON. Sie war nicht reich, aber tief religiös, und es gelang ihr, diese Haltung auch ihrem Ehemann mitzuteilen. Intensives religiöses Fühlen, von Perioden quälenden Zweifels unterbrochen, prägte AMPÈRES gesamtes späteres Leben. Er selbst schrieb, daß es drei Ereignisse gab, die sein Leben veränderten. Diese waren: Seine erste Kommunion, die Lektüre von THOMAS' Lobrede auf DECARTES und der Fall der Bastille.

Mit 24 Jahren hatte er zwei glückliche Jahre zusammen mit seiner Frau vor sich. Ihnen wurde am 12. August 1800 ein Sohn, JEAN-JAQUES, geboren. Der Sohn wurde auf Grund eigener Leistungen bekannt, trug aber zu anderen Zeiten zu den Sorgen des Vaters bei. Er schrieb über Poesie, über mittelalterliche französische Literatur und über die Grundlagen der französischen Sprache. Schließlich wurde er Professor am Collège France. AMPÈRE lebte mit seiner Familie in Lyon und suchte eine Stellung, durch die er seine wenigen Mittel vermehren konnte. In Lyon konnte er keine erhalten, erhielt aber im Dezember 1801 den Lehrstuhl für Physik und Chemie an der École Centrale im Department Ain. Dazu mußte er nach Bourg übersiedeln. Seine Frau war krank und konnte ihn nicht begleiten. Sie starb 1803. AMPÈRE war vom Tod seiner Frau, der erneut zu einer Krise religiösen Eifers führte, tief getroffen.

Während er in Bourg war, verfaßte er seine erste mathematische Arbeit über die Wahrscheinlichkeitstheorie. Diese Arbeit wurde von LALANDE und DESLAMBRE günstig aufgenommen. Als Folge wurde AMPÈRE eine Stellung als Professor am Lycée de Lyon angeboten, eine Stellung, nach der er gestrebt hatte.

Er heiratete ein zweites Mal, im wesentlichen auf den Rat von Freunden hin, aber die Ehe war nicht glücklich. Seine zweite Frau wollte um keinen Preis Kinder haben, und als sie bemerkte, daß sie schwanger war, machte sie ihm das Leben unerträglich. Von der Geburt seiner Tochter ALBINE erfuhr er durch die Pförtnerin. Die Ehe zerbrach am 11. Januar 1808. Die zweite Madame AMPÈRE lebte bis 1866 und starb in Versailles.

Nun wurde er mit akademischen Ehren überhäuft. 1805 war er Répétiteur d'Analyse an der École Polytechnique. 1806 war er gewähltes Mitglied des Bureau Consultative des Arts et Métiers. 1808 wurde er Inspecteur Général der Universität. 1809 war er Honorarprofessor an der École Polytechnique und Ritter der Ehrenlegion. Gegen 1814 war er Mitglied der meisten wissenschaftlichen Gesellschaften Europas, einschließlich der Royal Society in London, trotz des Kriegszustandes zwischen England und Frankreich. ARAGO erinnerte sich daran, daß sich viele Wochen lang Wissenschaftler aus Frankreich und aus dem Ausland in sein kleines Laboratorium drängten, um zu sehen, wie sich ein stromdurchflossenes Platindrahtstück im Erdmagnetfeld ausrichtet.

Zusätzlich zu seinen Beiträgen zur Mathematik und Physik war AMPÈRE an antiker Literatur und Geschichte interessiert. Er schrieb viel über Philosophie, wobei er versuchte, Religion und Vernunft miteinander in Einklang zu bringen. Er hielt die Metaphysik für richtig. Sein letztes Hauptwerk behandelt die Klassifikation der Wissenschaften, wobei er seine große Wissensbreite anwenden konnte.

AMPÈRE war von großer Aufrichtigkeit, kombiniert mit extremem Zartgefühl, Einfachheit und Ängstlichkeit. Sein ganzes Leben lang fühlte er sich zu seiner alten Heimatstadt Lyon hingezogen, wo er seine ersten und besten Freunde zurückgelassen hatte. Er war ausgesprochen ungeschickt beim Regeln persönlicher Angelegenheiten. Er war nie reich, verbrauchte aber große Summen für seine wissenschaftlichen Geräte und gab mehr aus, als er sich leisten konnte. Sowohl sein Sohn als auch seine Tochter machten ihm Sorgen. Als er einmal vom Odéon einiges Geld erhalten hatte, nahm ihm sein Sohn alles weg, um einer Madame RECAMIER nach Italien zu folgen. Seine Tochter heiratete einen Offizier, der ein Spieler und Trinker war. Außerdem neigte AMPÈRE dazu, alle Sorgen der Welt auf seine Schultern zu nehmen, und Sorgen gab es 1815 in Frankreich viele. In diesem Jahr schrieb er an seine Freunde in Lyon: „Ich bin wie ein Korn zwischen zwei Mühlsteinen. Nichts kann beschreiben, wie es mir das Herz zerreißt, und ich habe nicht mehr die Kraft, das Leben zu ertragen.“

Er war stark kurzsichtig und hatte beim Lesen Schwierigkeiten. Einmal traf er einen jungen Mann, der ähnlich litt. Dieser lieh ihm seine Brille. So konnte er zum ersten Mal die Lichter auf den Hügeln sehen, ein Erlebnis, das er zu würdigen wußte.

Er verlor nie die Angewohnheit, sich in sich zurückzuziehen und sich Meditationen hinzugeben, besonders während der Zeiten, in denen er von religiösen Zweifeln gequält wurde. Es kam dazu, daß man ihn für wunderlich hielt und daß man sich über ihn Geschichten vom zerstreuten Professor erzählte. Wenn solch ein Vorgang einmal begonnen hat, so findet er kein Ende. Die meisten dieser Geschichten waren zweifellos falsch. Sie sind wie Eisenfeilspäne, die selbst nicht magnetisch sind, aber jedem Magneten anhaften, in dessen Nähe sie gebracht werden. Es war AMPÈRE, von dem zuerst die Geschichte erzählt wurde, wie er auf dem Weg zur Vorlesung in der Nähe der Pont des Arts in Paris einen seltsam gezeichneten Kieselstein bemerkte. Er war gerade dabei, diesen zu untersuchen, als ihm plötzlich einfiel, er könne zu spät zur Vorlesung kommen. Er nahm seine Uhr heraus, um zu sehen, wie spät es sei, und ging dann weiter, wobei er den Stein in die Tasche steckte und die

Uhr in die Seine warf. Er neigte dazu, sich in der Vorlesung die Stirn mit dem Tafellappen abzuwischen und die Tafel mit seinem Taschentuch zu säubern.

Ein anders Mal, so sagt man, wälzte er einige Probleme in seinem Kopf und suchte eine Fläche, um einige Rechnungen, die sogar er nicht im Kopf behalten konnte, aufzuschreiben. Als er die schwarze Rückseite einer Droschke sah, die an der Bordkante abgestellt war, nahm er ein Stück Kreide aus der Tasche und hatte die Fläche bald mit Hieroglyphen bedeckt. Er war gerade an dem Punkt angelangt, wo er eine Lösung erreichte, als zu seinem Entsetzen die Kutsche davonfuhr und sein Werk mit sich nahm.

So sieht die Mischung von Triumph und Trauer aus, die das Leben des großen Ampère darstellt. Er starb 1836. Bereits an einer Infektion erkrankt, fuhr er nach Marseille, um die Universität zu besichtigen. Als er ankam, war er am Ende seiner Kräfte. Am 9. Juni, als er in seinem Bett lag, begann der Proviseur des Kollegiums, ihm mit gedämpfter Stimme vorzulesen. Charakteristischerweise ließ ihn Ampère aufhören und erklärte, er kenne das Buch auswendig. Er starb am folgenden Tag.

III. Kommentar[1])

A. Das Werk Oersteds

In diesem Abschnitt werden wir die Arbeiten untersuchen, die gegen Anfang des neunzehnten Jahrhunderts verfaßt wurden und in denen die Regeln aufgestellt wurden, nach denen die Kräfte berechnet werden können, die ein Stromkreis auf einen anderen in der Nähe liegenden ausübt. Das Werk, auf dem diese Folgerungen unmittelbar beruhen, wurde, wie wir gesehen haben, in einem Zeitraum von höchstens sechs Jahren vollendet. Diese Entwicklung verlief jedoch nicht so geradlinig wie die überaus schnelle Entwicklung der Elektrostatik. Letztere vollzog sich auch eher, in den letzten Jahren des achtzehnten und zu Beginn des neunzehnten Jahrhunderts. Das haben wir bereits erwähnt. Dies kam vor allem dadurch, daß die Ergebnisse für die Gravitationsanziehung unmittelbar auf den analogen Fall der Elektrostatik übertragen werden konnten. Die Entwicklung der Theorie der Ströme erforderte andererseits eine völlige Neukonzipierung und zu ihrer Ausführung hervorragende Wissenschaftler.

Nichtsdestoweniger beeinflußte das Werk NEWTONS und seiner Nachfolger LAGRANGE und LAPLACE, die die NEWTONsche Theorie außerordentlich detailliert ausgearbeitet hatten, AMPÈRE und seine Zeitgenossen sehr stark. NEWTONS Theorie der Schwerkraft basierte auf der Anziehungskraft, die zwischen zwei Teilchen vorhanden und proportional dem reziproken Abstandsquadrat ist sowie entlang der Verbindungslinie der Teil-

---

[1]) Die Abschnitte des Kommentars entsprechen denen, in die die in diesem Buch abgedruckten Auszüge aus den Originalarbeiten eingeteilt sind.

chen wirkt. Dieses Gesetz wurde kurz vorher im Ergebnis der Experimente von COULOMB auf die Elektrostatik und den Magnetismus ausgedehnt. Es erwies sich als richtig, sowohl bezüglich der Größe der Kraft als auch bezüglich deren Richtung. Deswegen konnte POISSON die Theorie der Elektrostatik ohne weiteres und ohne ernsthafte Schwierigkeiten aus einer fast völlig qualitativen Lehre in eine quantitative Lehre mit einer ausgearbeiteten mathematischen Struktur verwandeln. Kurz darauf schuf er die gleiche Systematik auch für den Magnetismus. Diese beiden Arbeiten stellen eine mehr oder weniger direkte Anwendung der NEWTONschen Theorie dar, wie sie von LAPLACE und anderen ausgearbeitet wurde. Gesetze des reziproken Abstandsquadrates standen auf der Tagesordnung. Da sie einer Ausstrahlung des anziehenden Körpers entsprechen, waren sie gedanklich besonders leicht zu fassen und hatten außerdem eine unwiderstehliche Überzeugungskraft.

Die Zeit für einen ähnlichen Fortschritt in der Elektrodynamik war reif, aber die Ereignisse ließen noch einige Zeit auf sich warten, denn man war noch nicht auf das erforderliche experimentelle Geschehen gestoßen, und vorher war der Fortschritt unmöglich. Wie Professor HANSTEEN schrieb, wurde eine Verbindung zwischen Magnetismus und elektrischen Strömen schon lange vermutet, aber die Versuche, sie zu demonstrieren, endeten alle negativ. In einem Fall fand man, daß vom Blitz getroffene Messer magnetisiert worden waren, aber es stellte sich heraus, daß diese Erscheinung, ein einmaliger Vorfall, nicht reproduziert oder untersucht werden konnte. Der Effekt, nach dem man suchte, war das Ausrichten einer VOLTAschen Säule, die an einem Faden aufgehängt war, allerdings bei offenem Stromkreis. OERSTED zeigte noch bis 1819 negative Experimente. Auch dann, wenn er versuchte, bei geschlossenem Stromkreis einen Effekt zu finden und eine Kraft zwischen dem Stromkreis und einem aufgehängten Magneten feststellen zu können, erhielt er keine Wirkung, da er unglücklicherweise den

Draht rechtwinklig zum Magneten hielt. Als er schließlich im Jahre 1820 erfolgreich war, führte die Veröffentlichung seiner Ergebnisse zu einer wahren Flut weiterer Arbeiten. Das war das Tor, auf dessen Öffnung die wissenschaftliche Welt gewartet hatte. Mit dieser sprunghaften Entwicklung beschäftigen sich die folgenden Arbeiten.

Wir beginnen mit OERSTEDS Arbeit, die für sich selbst spricht. Sie wurde in Latein geschrieben, aber bald in andere Sprachen übersetzt. Was er als „elektrischen Konflikt" bezeichnet, der außerhalb des stromführenden Drahtes stattfindet, kann man sich nur schwer vorstellen. Es ist so etwas wie eine Wirbelbewegung, der die meisten Körper keinen Widerstand entgegensetzen. Magnetische Stoffe setzen ihr einen Widerstand entgegen und werden infolgedessen „mitgenommen". Es ist jedoch schwer, einen Grund zu sehen, weshalb ein Magnet in die eine Richtung und ein anderer in die entgegengesetzte Richtung mitgenommen wird.

B. Biot und Savart

ARAGO brachte die Nachricht von OERSTEDS Entdeckung aus dem Ausland mit nach Paris. Er beschrieb OERSTEDS Experimente bei einem Treffen der französischen Akademie der Wissenschaften am 11. September 1820. Daraus schloß AMPÈRE, daß es möglich sein müsse, daß elektrische Ströme aufeinander Kräfte ausüben können, obwohl dies nicht aus OERSTEDS Entdeckung gefolgert werden konnte. AMPÈRE wies darauf hin, daß zwar ein Magnet auf ein Stück Weicheisen Kräfte ausübt, aber nicht zwei Weicheisenstücke aufeinander. Die einzige Möglichkeit, dies zu entscheiden, war, ein Experiment durchzuführen, was er auch sofort tat. Eine Woche, nachdem ARAGO von OERSTEDS Ergebnissen berichtet hatte, hat er gezeigt, daß zwei parallele Drähte, die von Strom durchflossen werden, einander anziehen, wenn die Ströme in beiden Drähten in die gleiche Richtung fließen, und einander abstoßen, wenn sie entgegengesetzte Richtungen haben.

Am 30. Oktober 1820 gaben Biot und Savart die Ergebnisse eines Experimentes bekannt, bei dem sie die Kräfte untersucht hatten, die ein gerader stromdurchflossener Draht auf einen kleinen aufgehängten Magneten ausübt. Beim Lesen von Biots Bericht über seine und Savarts Arbeit sollte man sich daran erinnern, daß die einzige ihnen zur Verfügung stehende Stromquelle eine Batterie einfacher Zellen war und daß es außerordentlich schwierig gewesen sein muß, den Strom konstant zu halten. Es gab kein Meßgerät, mit dem sie dies hätten kontrollieren können, und gleichzeitig mußten sie die Wirkung des Erdmagnetfeldes eliminieren.

Die Sprache, in der sie ihre Ergebnisse ausdrückten, basierte auf der damals üblichen Theorie des Magnetismus. Diese war die Zwei-Flüssigkeits-Theorie beziehungsweise die Theorie des nördlichen und südlichen Magnetismus, die wir schon betrachtet haben. Ein Elementarmagnet entspricht einem Molekül südlichen Magnetismus und einem Molekül nördlichen Magnetismus, die miteinander verbunden sind.

Auf Grund der Ergebnisse von Biot und Savart folgerte Laplace, daß die Kraft, die von einem Element eines elektrischen Stromes auf einen Magnetpol ausgeübt wird, proportional dem reziproken Abstandsquadrat sein muß. Laplace veröffentlichte dieses Ergebnis nicht, aber in den Schriften von Ampère und Biot wird darauf verwiesen.

Obwohl Biot und Savart außerordentlich geschickte Experimentatoren gewesen sein müssen, waren sie weniger erfolgreich bei der theoretischen Interpretation ihrer Ergebnisse und setzten sich so der Kritik von Ampère aus. Ampère griff aus zwei Gründen besonders Biot an. Erstens hatte Biot nach Ampères Meinung versäumt anzuerkennen, daß er ihm und ein oder zwei anderen Physikern (zum Beispiel Savary) zu Dank verpflichtet war, und zweitens hatte Biot einige elementare Fehler gemacht. Nichtsdestoweniger können keine Zweifel darüber bestehen, daß es die experimentelle Arbeit von Biot und Savart verdient, in diese Sammlung aufgenommen zu werden, trotz der Tatsache, daß Ampères Kritik an ihren Schlußfolgerungen zum großen Teil völlig gerechtfertigt war. Schließlich hat ihre Form des Gesetzes für die Wirkung eines elektrischen Stromes die von Ampère überlebt. Ihre Experimente, bei denen Kräfte mittels direkter Messung untersucht wurden, sind ebenso bedeutend, wie die von Coulomb. In ihrer Konzeption sind sie jedoch nicht von der gleichen Qualität wie die von Ampère entworfenen, der einfachere Methoden anwandte und auf diesen Experimenten seine theoretischen Untersuchungen aufbaute.

Von den Kritiken, die Ampère gegen die theoretischen Ansichten von Biot und Savart richtete, werden wir zwei erwähnen. Bei der Besprechung von Stromelementen hatten sie geschrieben:

„Die Natur seiner Wirkung ist die gleiche wie die einer magnetisierten Nadel, die am Draht angebracht ist und in eine bestimmte Richtung zeigt, die bezüglich der Richtung des Voltaschen Stromes immer konstant ist.“

Ampère zeigte schnell, daß ein kleiner Magnet eine Kraft verursachen würde, die proportional der dritten Potenz des Kehrwertes des Abstandes ist und nicht der zweiten. Wenn man aber die Richtung der gefundenen Kräfte richtig berücksichtigt und die Nadeln senkrecht zur Drahtachse anbringt, so findet man, daß ein geschlossener Kreis von Nadeln entlang des Umfangs eines Querschnittes überhaupt keine äußeren Kräfte verursachen würde.

Die zweite Kritik Ampères an Biots Interpretation seiner Ergebnisse bezieht sich auf die zweite Reihe von Experimenten, bei denen er den Effekt beim Neigen des Drahtes untersucht hatte und das völlig richtige Gesetz fand, das mit seinem Namen und dem von Savart verbunden ist. Biot hatte geschrieben:

„Ich habe gefunden, daß für den einen wie für den anderen

(d. h. für den geneigten Draht wie für den langen geraden Draht) die Kraft umgekehrt proportional zum Abstand ist..., aber die absolute Stärke war, bei dem geneigten Draht schwächer als bei dem geraden, proportional dem Neigungswinkel."

Ampère zitierte M. Savary. Dieser hatte gezeigt, daß sich die Kraft nicht wie der Neigungswinkel, sondern wie der Tangens des halben Winkels verhalten muß, wenn man das, wie oben erwähnt, völlig richtige Gesetz erhalten will.

Es ist leicht zu sehen, daß es so sein muß. Bei ihren ersten Experimenten brachten Biot und Savart den kleinen, aufgehängten Magneten in die Nähe eines langen geraden, senkrecht stehenden Drahtes. Bei den von Ampère kritisierten knickten sie den Draht bei M in Höhe des aufgehängten Magneten m so, daß zwei Arme ZM und MC (Abb. 1) entstanden, die in der verti-

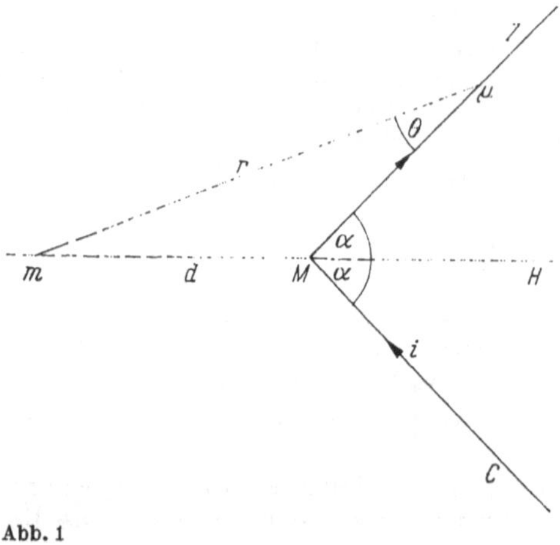

Abb. 1

kalen Ebene durch m liegen, aber gegen die Horizontale um den Winkel α geneigt sind. Wir verwenden die Formel von Biot und Savart, die in einer etwas moderneren

Form

$$B = K \frac{i\,\mathrm{d}s \sin\theta}{r^2}$$

lautet.

Der Faktor K wurde eingeführt, um später die Maßeinheiten beliebig wählen zu können. Die Kraft, die vom Strom i in den beiden Armen auf einen einzelnen Pol bei m ausgeübt wird, ist dann gleich

$$2K \int_{\theta=0}^{\theta=\alpha} i\,\mathrm{d}s \sin\theta / r^2 = 2K \int_0^\alpha \frac{i\mathrm{d}\theta}{r}$$

$$= 2K \int_0^\alpha \frac{i \sin\theta}{\mathrm{d} \sin\alpha} \mathrm{d}\theta$$

$$= \frac{2Ki}{\mathrm{d} \sin\alpha} \Big[-\cos\theta \Big]_0^\alpha$$

$$= \frac{2Ki}{\mathrm{d} \sin\alpha} (1 - \cos\alpha)$$

$$= \frac{2Ki}{\mathrm{d}} \tan\frac{\alpha}{2}.$$

Es ist zweifelhaft, ob die Experimente von Biot und Savart genau genug waren, um zu entscheiden, ob das Feld proportional α oder $\tan\frac{\alpha}{2}$ ist.

Die zweite Arbeit, die in diesem Buch abgedruckt ist, ist nur eine Mitteilung im *Journal de Physique, de Chimie, d'Histoire Naturelle et des Arts* über die Ergebnisse von Biot und Savart, aber sie enthält die Passage, die sich auf Ampères Kritik bezieht. Die Passage ist allerdings verwirrend. Es ist nicht klar, wer sie tatsächlich geschrieben hat, aber man kann sich nur schwer vorstellen, daß sie, ohne daß Biot und Savart konsultiert wurden, gedruckt wurde.

Biot beschrieb die Experimente im Detail in seinem Buch „Précis Elémentaire de Physique". Ampères zweite Kritik bezieht sich auf die Berechnungen in der ersten Auflage. Die dritte in diesem Buch abgedruckte Arbeit stammt aus der dritten Auflage des Buches von Biot, in der der Fehler korrigiert worden war.

C. Die frühen Arbeiten von Ampère und seine Theorie des Magnetismus

Wir kommen nun zu Ampères eigenen Beiträgen zu diesem Thema. Wir werden sie in fünf Abschnitten behandeln. Der erste behandelt die vorbereitenden Experimente zum Thema. Der zweite ist seiner Grundphilosophie gewidmet. Im dritten erscheint der Bericht über seine wichtigsten Experimente, auf denen die theoretische Diskussion basiert. Der vierte enthält die Herleitung des Gesetzes über die Wirkung von Stromelementen und der fünfte seine Theorie des Magnetismus.

Im ersten wurde Ampère die Bedeutung der Frage nach der Untersuchung der Wirkung eines Stromkreises auf einen anderen klar. Er war der erste, der die Möglichkeit erkannte, daß eine solche Wirkung existieren könnte. Das war unmittelbar, nachdem Oersteds Ergebnisse bekannt wurden. Er erkannte ebenfalls die Notwendigkeit, Experimente durchzuführen, um zu sehen, ob eine solche Wirkung auftritt. Sobald dies qualitativ gesichert war, erkannte er wieder sofort, daß man die Aufmerksamkeit auf die Wechselwirkung zwischen Strömen richten muß, wenn man alle drei Erscheinungen, die Wechselwirkung zwischen Strömen, die Wechselwirkung zwischen einem Magneten und einem Strom sowie die Wechselwirkung zwischen Magneten, in einer einzigen Theorie beschreiben will. Dies war der einzige Gedankengang, von dem man sich versprechen konnte, etwas anderes zu erreichen, als daß drei Einzelfälle als nicht miteinander in Beziehung stehende Erscheinungen zu untersuchen sind. Eine Theorie, die sich auf Magnetpole konzentriert oder, wie es damals war, auf die zwei magnetischen Flüssigkeiten, die aus südlichen und nördlichen Molekülen bestehen, konnte keine Lösung des Problems bringen.

AMPÈRES Überlegungen scheinen folgendermaßen gewesen zu sein. OERSTEDS Experimente zeigen, daß ein Magnet von einem elektrischen Strom ausgerichtet wird. Er wird ebenso von der Erde ausgerichtet. Könnten also nicht elektrische Ströme in der Erde dafür verantwortlich sein, daß ein aufgehängter Magnet in die Nord-Süd-Richtung zeigt? Und weiter, falls dem so ist und die Erde ein Magnet ist, weil in ihr elektrische Ströme kreisen, könnten nicht auch kreisende Ströme die Eigenschaften normaler Magnete erklären? Wenn das so ist, dann müßten elektrische Ströme Kräfte aufeinander ausüben. Um zu sehen, ob dies wirklich der Fall ist, ist ein Experiment erforderlich.

In dem ersten Auszug aus AMPÈRES frühen Arbeiten werden diese vorbereitenden Experimente behandelt. Er stammt aus zwei Arbeiten in den ANNALES DE CHIMIE ET DE PHYSIQUE. Zuerst mußte AMPÈRE versuchen, zwischen den Effekten, die durch den Strom hervorgerufen werden, und denen, die durch die Potentialdifferenz verursacht werden, zu unterscheiden. Bei der Betrachtung des letzteren dachte er vor allem an elektrostatische Spannungen. Er ahnte nur den Weg, auf dem er die relativ kleinen Potentialdifferenzen, die in einem stromführenden Leiter auftreten können, wahrnehmen konnte. Das Werk von OHM lag noch in der Zukunft (1826). Als er ein elementares Galvanometer erfunden hatte, beschrieb er seine qualitativen Experimente über die Anziehung und die Abstoßung elektrischer Ströme.

Wir übergehen seinen Vorschlag für einen elektrischen Telegraphen und beenden diesen Auszug aus seiner ersten Arbeit mit seinem Entwurf für die Theorie des Magnetismus. In diesem Stadium dachte AMPÈRE offensichtlich mehr an makroskopische Ströme als an molekulare Ströme, die er später vorschlug. Die Teilchen der Stahlstange eines Magneten wirkten wie die Elemente einer VOLTAschen Säule und verursachten einen Strom um die Stange, einen solenoidalen elektrischen Strom. Er kam auf diese Idee durch eine einfache Annahme über die Erdströme, durch die er den Erdmagnetismus erklärte. Hierbei stellte er sich vor, daß die verschiedenen Steine und Mineralien in der Erdkruste wie VOLTAsche Säulen wirken und in Ebenen, die zum Äquator parallel sind, elektrische Ströme erzeugen. Er deutete sogar an, daß die Wärme in der Erde durch solche Ströme hervorgerufen werden könnte.

Für den letzten Paragraphen, in dem er die Lage der Magnetpole mit der Richtung des Kreisstromes um die Magnetachse in Verbindung bringt, ist eine Abbildung nötig. Ein Schwimmer X, der in einem Draht in die gleiche Richtung wie der elektrische Strom darin schwimmt, sieht, während er auf einen durch den Strom beeinflußten Magneten schaut, den Norden suchenden Pol — den Pol südlicher magnetischer Flüssigkeit — zu seiner Linken. Ein entsprechender Schwimmer Y in dem Kreisstrom des Magneten, der das Gesicht dem ersten zugewandt hat, hat den Nordpol zu seiner Rechten. Falls der erste Schwimmer sich auch in dem Kreisstrom eines Magneten befindet, würde er auch aus seinem Magneten herausschauen, so daß die beiden Schwimmer, in der Lage, wie sie in Abb. 2 dargestellt sind, gleich plaziert sind.

AMPÈRE fuhr dann fort, das Verhalten von Magneten mittels elektrischer Ströme zu imitieren, die in schraubenförmigen Drahtspulen flossen. Abgesehen davon, daß es ihm nicht gelang, zu erreichen, daß sich die Spulen im Erdmagnetfeld ausrichten, schaffte er es, die Analogie experimentell zu sichern. Erst später erreichte er, daß sich ein Strom im Erdmagnetfeld ausrichtet. Dazu verwendete er eine einfache Platindrahtwindung, die ganz locker montiert war. Es wird berichtet, daß dieser Erfolg viele berühmte Physiker in sein Laboratorium zog.

In den Auszügen, die wir abdrucken, nimmt er Bezug auf BIOTS Experiment mit einem Hohlmagneten. Es ist zumindest möglich, daß die Schlußfolgerungen, die er

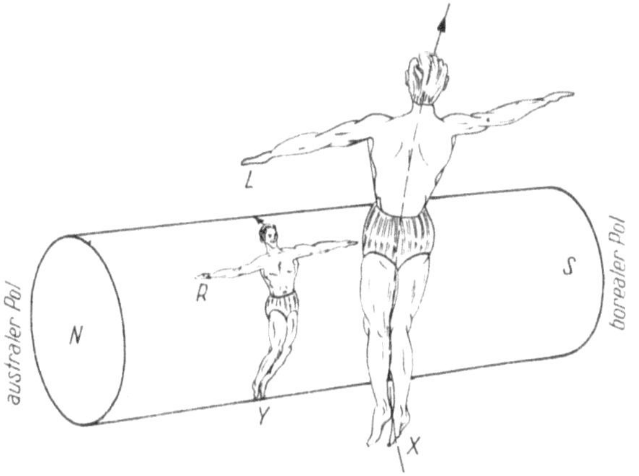

Abb. 2

machte, vor allem, daß die Ströme in einem Magneten über dessen gesamtes Volumen verteilt sein müssen, ihn zu seiner späteren Annahme, den Molekularströmen, geführt haben können. Er war der Ansicht, daß diese Molekularströme aus dem einen Ende des Moleküls austreten und zu dem anderen durch den umgebenden Raum zurückkehren. Abgesehen davon, daß er diese Kreisströme nicht für unendlich ausgedehnt hielt, ist sein Bild fast völlig das gleiche wie das von HEAVISIDE für sein „rationales Stromelement" gegen Ende des Jahrhunderts vorgeschlagene. Ein Querschnitt durch ein AMPÈREsches Molekül würde Abb. 3 entsprechen. Wenn es unmagnetisiert ist, so ist das Molekül bezüglich seiner Achse symmetrisch, und die Kreisströme würden wie in Abb. 4 über eine Oberfläche im umgebenden Raum zurückkehren. Die Kreisbewegung nach Abb. 4 ist im wesentlichen toroidal, wie die Bewegung in einem Wirbelring. Als solche würde sie an außen liegenden Punkten kein magnetisches Feld hervorrufen. Somit entspricht dies einem nicht magnetisierten Molekül, ein Bild, das dem modernen Bild

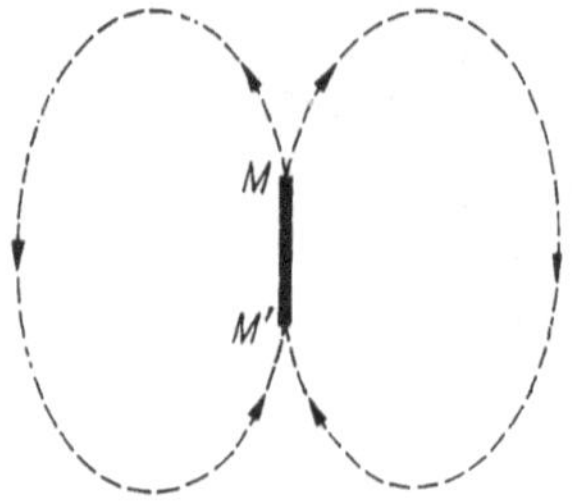

Abb. 3

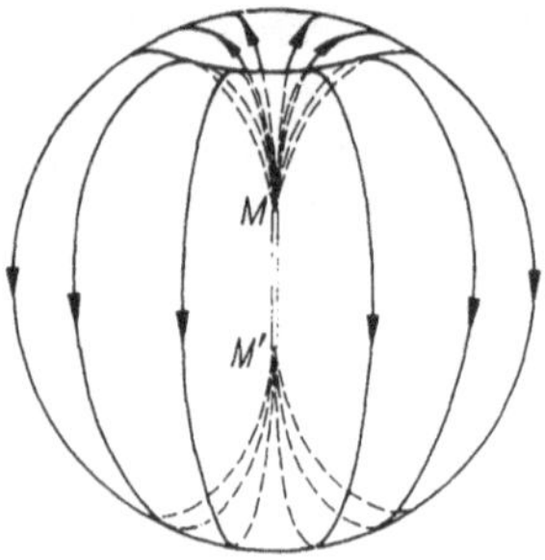

Abb. 4

von symmetrischen Elektronenbahnen in magnetischer Hinsicht völlig äquivalent ist. Andererseits ist bei einem magnetischen Molekül in AMPÈRES Theorie die Kreisbewegung nach einer Seite hin verschoben, wie in Abb. 5.

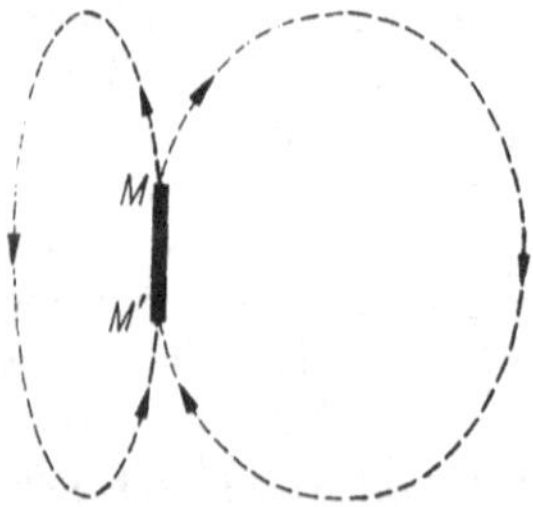

Abb. 5

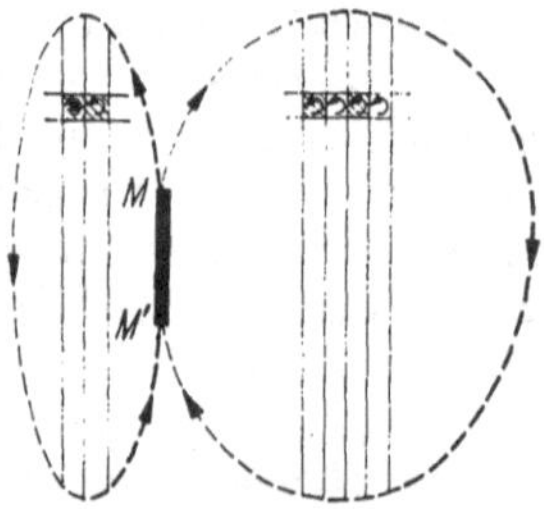

Abb. 6

AMPÈRE zerlegte diese Kreisbewegung in eine Summe von Elementarbewegungen entlang den Maschen eines Netzes. So konnte er zeigen, daß das Molekül einem kleineren geschlossenen Ring, der kein äußeres Feld hervorruft, und einer offenen, das Molekül nur teilweise umschließenden Spule entspricht. Letztere würde natürlich ein äußeres Feld erzeugen.

In einer magnetischen Probe würde die Magnetisierungsrichtung senkrecht auf der resultierenden Kreisbewegung stehen. Die Linie MM' auf den Abbildungen, die das, was AMPÈRE als Molekülenden bezeichnet, verbindet, muß also rechtwinklig zur Magnetisierungsachse liegen. Dies entspricht AMPÈRES erstem Bild von den Kreisströmen in einem Magneten, bei dem er sich die Moleküle als Elemente einer VOLTAschen Säule vorstellte. Nach dieser früheren Ansicht waren die Moleküle tatsächlich wie HEAVISIDEsche Stromelemente aneinandergekettet, und die Molekülachsen lagen tangential an Kreisen in Ebenen, die parallel zu der Äquatorialebene des Magneten lagen. Die Zentren der Kreise lagen auf der magnetischen Achse des Magneten. Die Ströme, die die Magnetisierung hervorrufen, würden dann entlang des Umfanges dieser Kreise fließen.

D. Ampères Wissenschaftsphilosophie

AMPÈRES überragende Bedeutung ist sowohl auf seine hervorragende Experimentierkunst als auch auf die vorzügliche Analyse seiner Ergebnisse zurückzuführen. Tatsächlich ist sein Werk die Wurzel aller folgenden Theorien für die Elektrizität. Es ist unmöglich, seine Arbeit zu lesen, ohne von seiner Genialität zutiefst beeindruckt zu sein. Es ist vielleicht ein bißchen unfair, ihn mit NEWTON zu vergleichen, der ihm als Forscher Vorbild war. Er sah NEWTONS Erfolg und konnte entsprechend handeln. Nichstdestoweniger bezeichnete ihn MAXWELL als „NEWTON der Elektrizität“ und sein Gesetz über die Wirkung von Stromelementen als das „Grundprinzip der Elektrizität“. AMPÈRES Arbeit wurde in den *Mémoires de l'Académie des Sciences de Paris* (Band VI) im Jahre 1823 veröffentlicht. Sie ist wirklich eine der grundlegendsten Veröffentlichungen in der Geschichte der Elektrizitätslehre. Der Band wurde jedoch nicht vor 1827 herausgegeben und enthielt dann auch Ergebnisse späterer Arbeiten. So etwas würde man heute nicht mehr dulden. Das Datum des Tages, an dem die Abhandlung verfaßt wurde, ist im Text angegeben (Seite 368), es ist der 30. August 1826. Ihr Inhalt wurde in verschiedenen Vorträgen vor der Akademie vorgetragen. Der letzte war 1825. Die Arbeit umfaßt 213 Seiten, und es ist unmöglich, sie vollständig abzudrucken. Auf einigen davon werden die Meinungsverschiedenheiten jener Zeit behandelt, an denen das Interesse längst verschwunden ist. Diese Teile können ohne Verlust weggelassen werden. Trotzdem ist es noch erforderlich, eine strenge Auswahl zu treffen, um die Sache in Grenzen zu halten.

Die Auswahl wurde nach folgendem Prinzip getroffen. Erstens sollten AMPÈRES Ziele und Methoden dargestellt werden, zweitens sollte gezeigt werden, wie er seine Experimente und die folgende Analyse in Angriff nahm, und drittens sollten die Teile seiner Arbeit genommen werden, die grundlegend für die Weiterentwicklung des Gebietes waren. Unter dem letzten Gesichtspunkt ist sein Gesetz über die Wirkung von Stromelementen von überragender Bedeutung. Davon hängt es ab, ob man das durch einen Strom hervorgerufene Feld durch kontinuierliche Kraftlinien darstellen, d. h. eine Darstellung des Feldes mittels eines divergenzfreien Vektors finden kann. Darauf beruhten der Reihe nach alle folgenden Feldtheorien, wenn auch AMPÈRES eigene Theorie ähnlich wie die Gravitationstheorie eine Fernwirkungstheorie war. Der andere wichtige Beitrag von AMPÈRE in dieser Arbeit war die Ausarbeitung seiner Theorie des Magnetismus. Obwohl diese Theorie im wesentlichen so geblieben ist, zwar nicht im Detail, hat sie nicht die gleiche grundlegende Bedeutung wie das Gesetz über die Wirkung von Stromelementen. Die Mathematik dieser Theorie kann zum großen Teil gekürzt wiedergegeben werden. In solchen Fällen wird AMPÈRES Gedankengang angegeben, aber die Rechnungen werden in gekürzter Form dargestellt.

Der zweite Auszug, der AMPÈRES Werk behandelt (Teil 2, Abschnitt 4D) und den wir jetzt untersuchen wollen, enthält die Diskussion der Grundprinzipien, nach denen AMPÈRE vorgegangen ist. Es ist eine Darstellung seiner Wissenschaftsphilosophie und verdient einige Bemerkungen. Obwohl er angibt, dabei NEWTON zu folgen, ist die Richtlinie, der er tatsächlich folgte, in gewisser Hinsicht derjenigen, die NEWTON selbst in den „Principia" explizit angegeben hat, voraus.

Zu Beginn des neunzehnten Jahrhunderts war der Einfluß von NEWTON an seinem Höhepunkt angelangt. Die Gravitationstheorie war von LAPLACE und anderen auf einen außerordentlich exakten Stand gebracht worden. Und derselbe Grundgedanke von einer Kraft, die proportional dem reziproken Abstandsquadrat ist, wurde erfolgreich auf die Elektrostatik angewandt, und COULOMB zeigte, daß für den Magnetismus ein ähnliches Gesetz gilt. Es war AMPÈRES Absicht, etwas Ähnliches für die Elektrizität der Ströme zu schaffen, für die Lehre, für die er den Namen Elektrodynamik prägte. Es stellte sich heraus, daß ein Gesetz des reziproken Abstandsquadrates auf diesen Fall nicht unmittelbar angewandt werden konnte, der sich als viel komplizierter als Elektrostatik und auch Magnetismus herausstellte.

Beim Herangehen an seine Untersuchungen ahmte AMPÈRE bewußt die Methoden von NEWTON nach. Der hier abgedruckte Auszug bildet die Einleitung seiner großen Abhandlung von 1823. In ihr gibt AMPÈRE die Prinzipien an, denen er zu folgen versuchte. Sie wurde natürlich nach Beendigung der Arbeit geschrieben, und sie enthält AMPÈRES Gedanken darüber, wie seine Untersuchungen tatsächlich abgelaufen sind. Der Leser muß für sich selbst entscheiden, was davon zu halten ist. Zweifellos enthält sie eine wahrheitsgemäße Beschreibung, aber es ist dennoch außerordentlich schwierig, einen Denkprozeß nachträglich zu rekapitulieren, und beim

Schreiben einer Arbeit ist es sehr leicht, diesen Prozeß zu vereinfachen; das ist für eine Veröffentlichung zweckmäßig. Man kann natürlich unmöglich sagen, wie weit dieser Auszug AMPÈRES wirklichen Gedankengang darstellt und wie weit er von anderen Ideen, Einsichten und Vorurteilen beeinflußt wurde. Es ist zumindest möglich, daß er das Ziel schon in einem sehr frühen Stadium mehr oder weniger klar vor Augen hatte und daß er seine Experimente und theoretischen Untersuchungen so einrichtete, daß das, von dem er glaubte, es sei richtig, bestätigt werden konnte.

NEWTONS Haltung, die sich AMPÈRE als Vorbild nahm, war streng empirisch und löste von Anfang an heftige Kritik aus. NEWTON weigerte sich zuzugeben, daß er sich zu irgend einer Zeit von Hypothesen leiten ließ. Sein berühmter Ausspruch „Hypotheses non fingo" verursachte die meiste spätere Kritik an ihm. Die heutigen Ansichten stimmen mehr mit dem Ausspruch LEONARDO DA VINCIS überein: „Hypothesen sind der General, Experimente die Soldaten". AMPÈRE schreibt so, als ob er NEWTONS Standpunkt völlig teilt. Was dies bedeutet, verdient einige Untersuchungen.

Am Anfang möchten wir bemerken, daß es klar ist, daß NEWTON sehr erfolgreich Hypothesen verwendete, was er auch immer dagegen gesagt hat. Seine Gravitationstheorie ist eine Teilchentheorie oder eine Theorie der Punktmassen, die aufeinander aus der Entfernung wirken; diese Theorie ist mit einem Bewegungsgesetz für diese Punktmassen kombiniert. Das sind die Voraussetzungen, von denen er ausgeht und auf denen alle seine späteren Schlußfolgerungen beruhen. Diese Schlußfolgerungen testete er dann im Vergleich mit dem Experiment, soweit ihm experimentelle Ergebnisse zur Verfügung standen. Daß er auf diese Weise vorging, zeigt sich deutlich an der Stagnation seiner gesamten Theorie in einer gewissen Periode, verursacht durch eine Diskrepanz zwischen seinen Berechnungen über die Mondbewegung und den ihm bekannten Beobachtungstatsachen. Diese Diskrepanz wurde später durch eine erneute Bestimmung des Erdradius behoben.[1])

Ohne Frage verwendete Newton in großem Maße Hypothesen, und die im vorigen Absatz genannten sind auf keinen Fall die einzigen, die sein Werk implizit enthält. Ampère, der im gleichen Sinne arbeitete, handelte genauso, wie wir sehen werden. Nichtsdestoweniger lohnt es sich, herauszufinden, soweit dies möglich ist, was Newton über seine Methoden zu sagen versuchte. Er begann damit, indem er definierte, was er unter einer Hypothese verstand. Dabei nahm er einen Standpunkt ein, der von dem heutigen recht verschieden ist. Die Darlegung seiner Ansichten erscheint am Ende seiner „Principia“. Hier steht:

„Bisher haben wir die Erscheinungen der Himmel und unseres Meeres durch die Gravitationskraft erklärt. ... Aber bisher konnte ich die Ursache für diese Eigenschaften der Schwerkraft nicht entdecken, und ich stelle keine Hypothesen auf. Da alles, was nicht aus Erscheinungen hergeleitet werden kann, eine Hypothese genannt werden muß, und Hypothesen, ob metaphysische oder physikalische, ob okkulte oder mechanische, haben keinen Platz in der experimentellen Philosophie. In dieser Philosophie werden spezielle Behauptungen auf Grund der Erscheinungen aufgestellt und später durch Induktion allgemein bestätigt.“ („Principia,“ 1713, S. 483).

Natürlich kann nichts lediglich aus den Erscheinungen gefolgert werden. Für sich allein ergeben sie keine Folgerungen — einige allgemeine Annahmen über die Ursache müssen dazugenommen werden. Was Newton zu sagen scheint, ist, daß seine Gesetze als eine Idealisierung oder Verallgemeinerung von Beobachtungen betrachtet werden sollen. Sein erstes Gesetz könnte zum Beispiel eine Idealisierung der Bewegung von Körpern sein, beispielsweise von Bällen, die eine Rinne entlang rollen, oder von Eisstückchen, die über einen gefrorenen Teich gleiten.

[1]) Es wird vermutet, daß Newton die Veröffentlichung hinausschob, bis er das Problem der Fernwirkung einer Kugel gelöst hatte und nicht deshalb, weil die Größe des Erdradius unbekannt war.

Sein zweites Gesetz könnte man in einer ähnlichen Weise mit der Idealisierung folgender Tatsache vergleichen. Wirken zwei gleiche Kräfte (beispielsweise durch Anlegen zweier gleicher Kraftquellen), so ist die entstehende Beschleunigung doppelt so groß wie die beim Wirken von nur einer Kraft. Dieser Vorgang könnte das sein, was er „Bestätigung durch Induktion" nennt, es ist aber in keiner Weise klar, wie er auf diese Art das zweite Gesetz fand. Für das dritte gibt er sowohl einen empirischen als auch einen deduktiven, auf den ersten beiden Gesetzen beruhenden Zugang an. NEWTON akzeptierte auch die KEPLERschen Gesetze als „Erscheinungen". Sind diese und seine Bewegungsgesetze gegeben, so ist das Gesetz des reziproken Abstandsquadrates für die Gravitation eine Folgerung daraus. Er erhielt es durch eine einfache Annahme über die zyklische Bewegung der Planeten. Dann sagte er: „Nun kennen wir die Prinzipien, von denen sie abhängen, aus diesen Prinzipien leiten wir die Himmelbewegungen a priori ab." Das logische Schema, nach dem er vorgegangen zu sein scheint, ist, daß er die Erscheinungen als erste Näherungen nahm, daraus Schlußfolgerungen zog und dann eine exakte Beschreibung a priori entwickelte.

NEWTON konnte in einem anderen Sinne behaupten, er stelle keine Hypothesen auf. Er vermied es nämlich völlig, einen Mechanismus zu suchen, der für die Schwerkraft verantwortlich ist. Er war zufrieden, die Folgerungen aus der Tatsache auszuarbeiten, daß sich die Körper so verhalten, als ob sie sich gegenseitig mit einer Kraft anziehen, die ihren Massen proportional und dem Quadrat des Abstandes zwischen ihnen umgekehrt proportional ist. Er war zufrieden, die mathematischen Gesetze zu formulieren, die sich ergeben, und deren „Erklärung" anderen zu überlassen oder später zu behandeln. Diese Ansicht war für AMPÈRE von großer Bedeutung, und er betonte dies nachdrücklich in seiner Arbeit über das Gesetz für die Wirkung von Stromelementen.

Man könnte annehmen, daß er fühlte, was später in der

positivistischen Philosophie entwickelt wurde, wenn er sagt, NEWTON habe in dieser Hinsicht keine Hypothesen aufgestellt. Was er scheinbar auszudrücken wersuchte, war wirklich nicht sehr weit von dem Prinzip entfernt, daß nur das Bedeutung hat, was verifiziert werden kann, oder von dem einfachen Prinzip von OCKHAM, daß ohne Grund nichts Neues geschaffen werden sollte.

Um den Standpunkt mit modernen Worten zu erläutern, könnte man versuchen, ihn folgendermaßen zu beschreiben. Eine wissenschaftliche Theorie besteht aus einer Menge von Feststellungen und logischen Regeln, durch die jene gehandhabt werden können. Sie soll eine Beschreibung und eine kurze Zusammenfassung der Erscheinungen in der Natur liefern. Außerdem soll sie Voraussagen über Teilgebiete ermöglichen, soweit diese noch nicht untersucht sind. Streng genommen ist sie von Modellen unabhängig, die man als Hilfe beim Durchdenken der Erscheinungen verwenden kann. Falls wir ein Beispiel neueren Datums betrachten wollen, so können wir den Welle-Teilchen-Dualismus der Natur des Lichtes nehmen. Die Theorie des Lichtes besteht strenggenommen aus den Feststellungen und Regeln, durch die sich die Eigenschaften des Lichtes verstehen lassen. Wendet man sie an, so kann es nützlich sein, ein Modell als Unterstützung zu haben, und so kann man sagen, daß sich das Licht in einem gewissen Bereich wie aus Teilchenströmen zusammengesetzt verhält, während es sich in einem anderen Bereich so verhält, als sei es aus Wellen zusammengesetzt. In diesem Fall ist das Modell mehrdeutig. Die Theorie des Lichtes ist jedoch nicht mehrdeutig. Licht ist sui generis. Die Theorie des Lichtes ist die Beschreibung seiner Eigenschaften, soweit diese bekannt sind, mittels eines Systems, das durch logische Regeln gehandhabt werden kann. In einigen Fällen, wie zum Beispiel in der kinetischen Gastheorie, ist es sehr schwierig, das Modell von der Theorie zu trennen, aber auch hier wird man finden, daß sich das Modell in unanschauliche mathematische Formeln auflöst, wenn man es ins Extreme treibt. Es war NEWTONS Anliegen, solche Dilemmas zu vermeiden und sich strikt an eine Beschreibung der Erscheinungen in logischer Form zu halten. Das schaffte er natürlich nicht vollständig. Ein NEWTONsches Teilchen hat sehr viele Merkmale eines Modells.

„Wissenschaft ist der Versuch, die chaotische Mannigfaltigkeit unserer Erfahrungen mit einem logisch einheitlichen Gedankensystem in Einklang zu bringen. In diesem System müssen einzelne Erscheinungen so mit der theoretischen Struktur übereinstimmen, daß die sich ergebende Zuordnung eindeutig und überzeugend ist.

Die Sinneswahrnehmungen sind untergeordnet. Die Theorie aber, die sie wiedergeben soll, ist von Menschen gemacht. Sie ist das Ergebnis eines äußerst mühseligen Anpassungsvorganges, wahrscheinlich nie völlig fertig und immer Gegenstand von Fragen und Zweifeln.“ (A. EINSTEIN, „Science“, 1940.)

Es kann nützlich sein, sich solche logischen Systeme, wie sie NEWTON und AMPÈRE suchten, etwas genauer anzusehen. Das Schema, nach dem sie vorgingen, ist das von EUKLID. EUKLID entdeckte nicht seine Lehrsätze (oder zumindest nicht alle), indem er sich erst von der Richtigkeit seiner Axiome überzeugte und dann die Folgerungen ausarbeitete, obwohl dies die endgültige Form seines Systems war. Viele der Lehrsätze, die in seiner Geometrie enthalten sind, waren schon lange vor ihm bekannt. Das Problem, dem er gegenüberstand, war mehr, daß die Lehrsätze gegeben und daraus möglichst wenige Postulate zu bestimmen waren, aus denen diese Lehrsätze hergeleitet werden können. In der Gravitationstheorie standen NEWTON bereits Kenntnisse über einen Bereich der Erscheinungen zur Verfügung, vorwiegend in Form der KEPLERschen Gesetze. AMPÈRE mußte sowohl die Gesetze entdecken als auch die Theorie liefern und somit die Arbeit von TYCHO BRAHE, KEPLER und NEWTON zusammen erledigen. Obwohl KEPLERS Gesetze eine Beschreibung der Realität lieferten, waren sie nicht in ein logisches System eingeschlossen, aus dem Schlußfolgerungen gezogen werden konnten. Das Problem, das

NEWTON so umfassend mit seiner allgemeinen Gravitationstheorie löste, war das Aufstellen eines solchen logischen Systems, das auf einer begrenzten Anzahl von Postulaten beruhte und durch das die Erscheinungen dem rationalen Denken zugänglich gemacht wurden.

Bevor wir diese Frage verlassen, wollen wir noch einen kurzen Blick auf die weitere Entwicklung dieses Standpunktes werfen. Dies hilft uns zu verstehen, was AMPÈRE mit seiner Theorie der Elektrodynamik leistete. Wir sehen aber auch, was man hinzufügen muß, damit die Theorie für moderne Aufgaben verwendbar bleibt. Die Arbeit der Mathematiker des neunzehnten und des zwanzigsten Jahrhunderts führte zu einer erneuten Untersuchung dieses Axiomatisierungsprozesses. Er wurde zuerst durch die Einführung neuer Geometrien in den Vordergrund gerückt, die anders als die euklidischen sind und von den beiden BOLYAIS (Vater und Sohn), LOBATSCHEWSKI und RIEMANN vorwiegend in der ersten Hälfte des neunzehnten Jahrhunderts entwickelt wurden. Man fand, daß EUKLIDS Axiome, die bis dahin als selbstverständliche Annahmen betrachtet wurden, nicht das einzige System sind, aus dem eine widerspruchsfreie Geometrie hergeleitet werden kann. Die Frage, die dadurch natürlich auftrat, war, welche dieser möglichen Geometrien die richtige Beschreibung der Welt, wie wir sie kennen, liefert. Die von POINCARÉ gegebene Antwort lautete, daß die Geometrie schlicht und einfach überhaupt nicht als eine direkte Beschreibung der Welt unserer Erfahrungen betrachtet werden sollte. Vielmehr ist sie ein logisches System, in dem die Folgerungen aus den Voraussetzungen ausgearbeitet werden. Sie hängt nicht notwendigerweise mit der Realität zusammen, die durch passende Korrekturen an den Formulierungen ihrer Gesetze in jeder Geometrie beschrieben werden kann. Das Ergebnis dieser Ansicht war die Trennung des logischen Apparates der Mathematik von der physikalischen Fragestellung. Der logische Apparat wurde eine Domäne der Mathematik, während das Problem, das sich ergebende logische System mit der Erfahrung in Beziehung zu bringen, der Physik zufiel. Von diesem Standpunkt aus gesehen sind die mathematischen Gesetze wahr, im Gegensatz zu denen aller anderen Wissenschaften, die immer Zweifel zulassen und Verbesserungen unterworfen werden. Die Mathematik, die nur den Gesetzen des Denkens unterworfen ist, wurde dadurch wahr, aber nur um einen Preis. Dieser Preis war, daß die Mathematik von der Realität getrennt wurde. Um EINSTEIN nochmals zu zitieren:

„Soweit sich die mathematischen Gesetze auf die Realität beziehen, sind sie nicht richtig, und soweit sie richtig sind, stimmen sie nicht mit der Realität überein.“ („Bemerkungen zur Relativität“.)

Genau die gleiche Trennungslinie kann in der angewandten Mathematik gezogen werden. Strenggenommen hätten wir es dieser Ansicht nach in der angewandten Mathematik mit Körpern zu tun, die postulierte Eigenschaften haben. Die Schlußfolgerungen, die sich durch den Besitz dieser Eigenschaften ergeben, werden untersucht, aber die Frage, ob Körper in der materiellen Welt diese Eigenschaften haben oder nicht, wird nicht diskutiert. Eine streng positivistische Interpretation gibt somit der angewandten Mathematik den gleichen Wahrheitsgehalt wie der reinen; für den gleichen Preis, die Trennung von der Realität. Natürlich haben die Mathematiker bei der Auswahl der Eigenschaften, die sie für die Materie postulieren, ein Auge dafür, was in der materiellen Welt vorgeht, so daß ihre Postulate normalerweise nicht weit von dem, was als Realität angesehen wird, entfernt sind. Nichtsdestoweniger fällt der Physik bei dieser Interpretation die Aufgabe zu, zu entscheiden, wie die physikalische Welt mit einer der möglichen, mathematischen Welten, die man sich vorstellen kann, in Beziehung zu bringen ist.

Der Leser kann mit Recht die Frage stellen, was es ausmacht, ob dieses „zueinander in Beziehung bringen“ Mathematik oder Physik genannt wird. Die beiden

Gebiete waren nach AMPÈRES Ansicht nicht voneinander getrennt. Zweifelsohne betrachtete er seine mathematischen Untersuchungen als auf die materielle Welt angewandt und nicht einfach auf eine Gedankenwelt. Für uns ist der Unterschied dennoch von Bedeutung. AMPÈRES mathematische Schlußweise erscheint immer noch genauso elegant und exakt wie zu der Zeit, als er sie entwickelte. Sie ist, wie MAXWELL es ausdrückte, „vollkommen in der Form und unantastbar in ihrer Genauigkeit". MAXWELL meinte jedoch weiter, daß „sie in Formeln zusammengefaßt ist, aus denen alle Erscheinungen hergeleitet werden können". Das kann sich nur auf AMPÈRES Physik beziehen und nicht auf seine Mathematik und ist eine viel weitergehende Behauptung. Es ist vorteilhaft, Mathematik und Physik getrennt zu halten, wobei die erstere den logischen Apparat bereitstellt und die zweite die Genauigkeit bestimmt, mit der die Folgerungen der materiellen Welt entsprechen. Anwendungen können nie besser sein als die Wechselbeziehungen, die die Physik aufdecken kann. Wir müssen also die Physik verbessern können und dabei die Mathematik gültig lassen.

Beim Studium von AMPÈRES Arbeiten werden wir finden, daß er seine Theorie auf den Ergebnissen gewisser Experimente aufbaut, die er durchgeführt hatte. Die Genauigkeit, die er bei seinen Experimenten erreichen konnte, entsprach seiner Zeit, dem Beginn des neunzehnten Jahrhunderts, als elektrische Experimente von solchen Instrumenten wie der VOLTAschen Säule abhingen. Sie kann nicht groß gewesen sein. Ob wir bereit sind, alles positivistisch zu sehen oder nicht, AMPÈRES Experimente können für uns kaum noch als zufriedenstellende Grundlage dafür angesehen werden, daß seine Folgerungen heute noch akzeptiert werden. Was diese Grundlage sein kann, ist eine andere Frage. Das Studium der Arbeiten älterer Physiker wie AMPÈRE ist vor allem wegen der Schilderung der Entstehung der Ideen, die wir heute verwenden, interessant; aber weniger aus dem Grunde, daß in diesen Arbeiten die Grundlage der heutigen Wissenschaft geschaffen wurde. Diese Arbeiten sollten als Beispiel für außerordentlich geschicktes Experimentieren und exaktes Durchdenken betrachtet werden; als solche sind sie in diesem Buch zusammengestellt.

Im Zusammenhang mit dem Axiomatisierungsprozess in der Wissenschaft ist es interessant zu bemerken, daß ein und demselben Gegenstand der Realität zwei völlig verschiedene mathematische Systeme entsprechen können. Ein Beispiel dafür werden wir bei unseren späteren Betrachtungen kennenlernen, nämlich die AMPÈREsche Theorie für die Wechselwirkung von Stromelementen einerseits und die von BIOT und SAVART für die gleiche Gruppe von Erscheinungen vorgeschlagene Theorie andererseits. Die beiden Theorien beruhen auf vollkommen unterschiedlichen Annahmen bezüglich der Kräfte, die zwischen den Elementen eines elektrischen Stromkreises wirken, welche natürlich dem direkten Experiment nicht zugänglich sind. Beide liefern jedoch eine zufriedenstellende Beschreibung der gleichen Erscheinung. Die Existenz der beiden Systeme kann, besonders dann, wenn versäumt wurde, das zweite nicht nach den Methoden der elementaren NEWTONschen Mechanik anzuwenden, sehr viel Verwirrung hervorrufen.

NEWTON war gegen Kritik ungewöhnlich empfindlich. Hypothesen sind oft ein bequemes Ziel für kritische Bemerkungen, und ein Teil seiner Abneigung gegen das Verwenden von Hypothesen, besonders solcher, bei denen Mechanismen angenommen werden, die das Vorstellungsvermögen übersteigen, kann durchaus aus dem Wunsch hervorgegangen sein, Streitigkeiten zu vermeiden. Das gleiche kann man von AMPÈRE kaum sagen. Obwohl er NEWTON als Vorbild nahm und selbst außerordentlich zurückhaltend war, zeigte er keine ernsthaften Bemühungen, Spekulationen zu vermeiden. Bei seinen Untersuchungen zu dem Gesetz über die Wirkung von Stromelementen ging er fast genauso wie NEWTON vor, aber die andere Hälfte seiner Abhandlung ist seiner Theorie des Magnetismus gewidmet, in der er die Existenz von

Molekularströmen postuliert. In der ersten Hälfte beginnt er, indem er mit Hilfe von vier Grundversuchen eine Anzahl von Tatsachen feststellt. Diese könnte man mit jenen geometrischen Lehrsätzen vergleichen, die vor EUKLID bekannt waren, oder mit den KEPLERschen Gesetzen, die NEWTON als Grundlage für seine theoretischen Überlegungen dienten. Dann versucht er, diese Gesetze in einem mathematischen Axiomsystem, entsprechend dem EUKLIDISCHEN oder dem NEWTONschen, zu vereinigen. Im zweiten Teil behandelt er die Theorie des Magnetismus. Dieser Teil ist dem ersten im Aufbau ähnlich. Nur wird hier ein mechanisches Modell, das der Molekularströme, verwendet, um darauf die Theorie aufzubauen. Dieses Modell mit seinen postulierten Eigenschaften bildet das Axiomsystem, von dem AMPÈRE ausgeht. Es ist natürlich auf keinen Fall selbstverständlich und weitaus sophistischer als die Grundannahmen, die er im Zusammenhang mit der Wechselwirkung von Stromelementen macht, obwohl die sich im letzteren Fall ergebende Theorie vielleicht sophistischer ist als die endgültige Theorie des Magnetismus. Für NEWTON wären die Molekularströme zweifelsohne schrecklich und besäßen „okkulte Qualität“, wären aber in einer physikalischen Theorie fehl am Platz.

Das gesamte neunzehnte Jahrhundert hindurch herrschte in der Physik das Gefühl, daß endlich die „Wahrheit“ aufgedeckt werde. Die mechanischen Modelle verkörperten wirkliches Wissen, und die wirkliche Natur der Materie wurde entschlüsselt. Man muß es AMPÈRE sehr anrechnen, daß er seine Hypothese nicht so weit treibt, sondern in ganz beträchtlichem Maße ihre Bedeutung offen läßt. Er bemüht sich zu zeigen, daß seine Theorie des Magnetismus, die auf den Kreisströmen beruht, im wesentlichen die gleichen Ergebnisse liefert, wie die damals übliche Theorie der südlichen und der nördlichen magnetischen Flüssigkeit. Was er zu Recht von seiner Theorie behauptet, ist, daß sie die einzige Möglichkeit ist, die Erscheinungen des Magnetismus, die Wirkung von Stromelementen auf Magnete und die Wechselwirkung von zwei oder mehreren Stromelementen in ein Schema zu bringen. Das ist auch heute noch richtig und ein wesentlicher Grund dafür, AMPÈRES Gedankengang als Leitlinie für die Entwicklung der Elektrodynamik zu akzeptieren und die Elektrizität der Ströme als Grundlage anzunehmen, aus der der Magnetismus als Teilgebiet hervorgeht. Es ist unbefriedigend, diese Tatsache mit dem Argument, „magnetische Pole existieren nicht", zu begründen. Erstens weiß man keinesfalls genau, ob elementare Magnetpole tatsächlich existieren oder ganz allgemein nicht existieren. Immer dann, wenn die Existenz von Magneten zugelassen wird, gibt es keinen Zweifel über die Existenz von Magnetpolen, und zweitens ist es völlig unwichtig, ob sie existieren oder nicht; solange bekannt ist, daß sich elektrische Ströme und Magnete so verhalten, als ob Magnetpole existieren, ist es vollkommen gerechtfertigt, diese Konzeption in einer Theorie des Magnetismus zu verwenden. Der wirkliche Grund, anders vorzugehen, ist der, den AMPÈRE anführte. Auf der Grundlage von elementaren Polen ist es unmöglich, alle diese Erscheinungen in ein Schema zu bringen. Zumindest zwei völlig verschiedene Schemata wären erforderlich. Man kann sich in der Theorie des Magnetismus jedoch ohne weiteres auf den einen oder den anderen Standpunkt stellen; je nachdem, was bequemer erscheint. Beide Theorien, die der Magnetpole und die der Molekularströme, liefern ja gleiche Ergebnisse. Erscheint jedoch die eine oder die andere Theorie bequemer, so liegt das nicht an der Theorie, sondern an dem, der sie anwendet und mit der einen mehr vertraut ist als mit der anderen. Die eine enthält jedoch die magnetische Wirkung von elektrischen Strömen und die andere nicht.

Ein weiterer Grund, als Grundlage der Elektrizitätstheorie lieber die Elektrizität der Ströme als den Magnetismus zu nehmen, den mancher als den gewichtigsten überhaupt ansehen könnte, ist, daß bisher im Magnetismus die erforderliche Meßgenauigkeit noch nicht erreicht wurde und wahrscheinlich auch nicht erreicht werden wird.

Unsere theoretischen Konzeptionen sollten soweit wie möglich von den genauesten Messungen, die durchgeführt wurden, ausgehen. Falls sie auf weniger genauen Experimenten aufbauen würden, würde ungewiß bleiben, ob sie auf genauer untersuchte Fälle anwendbar sind. Es ist immer möglich und wirklich der Normalfall, daß Konzeptionen, die ursprünglich auf relativ ungenauen Experimenten beruhen, später verfeinert wurden, als sie auf andere Fälle angewandt wurden. Die wirkliche Grundlage der Konzeption entfernte sich tatsächlich von den ursprünglichen Beobachtungen, aus denen die Konzeption hervorging, und jene ist dann auf Grund neuer experimenteller Erkenntnisse gerechtfertigt.

Der Student ist nicht gezwungen, der historischen Entwicklung der Wissenschaft zu folgen. Aber viele Studenten sind wirklich daran interessiert und profitieren auch davon, die Entstehung der Ideen, die sie verwenden, zu verfolgen. Ob man dieses Vorgehen nun gutheißt oder nicht, alle müssen schließlich dazu kommen, die gegenwärtigen Grundlagen des Wissensgebietes zu verstehen, wenn sie rationell darüber nachdenken sollen. Es ist zwecklos, Konzeptionen, die lediglich durch Experimente mit einer Genauigkeit von etwa einem Prozent gerechtfertigt sind, ohne weitere Überlegungen auf Messungen anzuwenden, die eine Genauigkeit von 1 zu 100000 erfordern. Das Gesetz über die Wirkung von Stromelementen ist ein besonders treffendes Beispiel. Die Messung elektrischer Ströme hängt von der Stromwaage ab. Die erreichte Genauigkeit ist von der Größenordnung 1 zu 100000. Die Theorie der Stromwaage ist eine direkte Anwendung des Gesetzes über die Wirkung von Stromelementen. Deshalb ist es notwendig, daß dieses Gesetz mit dieser Genauigkeit bekannt sein müßte. Wir werden später auf diese Frage zurückkommen. Es sei hier nur erwähnt, um ein weiteres Argument dafür anzuführen, daß die Theorie der Elektrizität der Ströme als selbständig angesehen werden kann. Es weist wieder auf die Vorteile hin, die der Zugang von AMPÈRE bietet.

E. Ampères Grundexperimente

Das Problem, das zu lösen AMPÈRE beabsichtigte, war folgendes. Die Wechselwirkung zwischen einem elektrischen Strom und einem Magneten und zwischen zwei elektrischen Strömen war entdeckt worden. Welches logische Schema kann man aufstellen, um diese Erscheinungen quantitativ zusammenzufassen und sie mit dem viel umfangreicheren Gebiet, das durch die NEWTONsche Mechanik beschrieben wird, in Verbindung zu bringen? Beim Suchen der Lösung zu dieser Frage argumentierte AMPÈRE folgendermaßen: Die NEWTONsche Theorie ist eine Theorie der Fernwirkung zwischen Teilchen, wobei die Frage nach dem Mechanismus, durch den diese Wirkung hervorgerufen werden könnte, umgangen wird. In Übereinstimmung mit dieser Theorie ist die Wirkung eines Teilchens auf ein anderes entgegengesetzt gleich der Wirkung des zweiten auf das erste, und die Wirkungslinie beider Kräfte ist die Verbindungslinie der Teilchen. Somit kann eine Anzahl von Teilchen, die ein isoliertes System bilden, nicht von sich aus das System als Ganzes in Bewegung versetzen. Die Kräfte zwischen den Teilchen können nicht weiter analysiert werden. Sie sind „elementar". Im Fall eines elektrischen Stromes ist das Stromelement offensichtlich das Analogon zum NEWTONschen Teilchen. Bringt man jedoch ein kleines Stück eines elektrischen Stromkreises beweglich an, so findet man, daß die Kraft, die ein anderer, benachbarter Stromkreis darauf ausübt, stets rechtwinklig auf dem herausgegriffenen Stück steht, wie der andere Stromkreis auch liegen mag. AMPÈRE stellte die Frage, ob es möglich ist, ein Gesetz für die Kraft zwischen den Elementen dieser Stromkreise zu finden, das folgende Bedingungen erfüllt: Erstens soll die Kraft auf das bewegliche Element des einen Stromkreises stets senkrecht auf diesem Element stehen, wenn über den zweiten Stromkreis integriert wird, und zweitens sollen die Kräfte zwischen den Elementen der beiden Stromkreise stets entgegengesetzt gleich sein und entlang der Verbindungslinie dieser Elemente wirken. Das ist das Problem, dessen Lösung ihm gelang. Dabei schuf er eine Theorie der magnetischen Wirkung konstanter elektrischer Ströme, die heutzutage noch gültig ist, obwohl man jetzt die Aufmerksamkeit mehr auf die von vollständigen Stromkreisen erzeugten magnetischen Felder lenkt als auf die von Stromelementen erzeugten Felder. Er berechnete tatsächlich die Größe und die Richtung dessen, was wir heutzutage ein durch einen Stromkreis erzeugtes Magnetfeld nennen — er nannte es lieber Direktrix statt magnetisches Feld —, und seine Wirkung auf ein darin befindliches Stromelement.

Die Form, in der das Gesetz heute angewendet wird, unterscheidet sich von der von AMPÈRE gegebenen im Falle der Stromelemente, obwohl beide Formen bezüglich der Wirkung eines kompletten Stromkreises auf ein Element eines anderen Stromkreises gleichwertig sind. Die normalerweise verwendete Form ist als BIOT-SAVARTsches Gesetz bekannt, obgleich AMPÈRE sie ebenfalls, in einer analytischen Form für komplette Stromkreise, herleitete. Es handelt sich um das allgemein bekannte Gesetz, daß das von einem Stromelement $i \cdot ds$ an einem Punkt in der Entfernung r und dem Winkel θ zwischen dem Stromelement und der Verbindungslinie hervorgerufene magnetische Feld gleich $Ki \cdot ds \cdot \sin \theta / r^2$ ist und die Richtung des Feldes sowohl zu ds als auch zu r senkrecht ist. Wir haben den Faktor K eingeführt, um später die Maßeinheiten beliebig wählen zu können. Die Kraft auf ein zweites Element $i' \cdot ds'$ ist dann durch das Vektorprodukt des Feldes mit $i' \cdot ds'$ gegeben.

Es sei bemerkt, daß nach diesem Gesetz die Kräfte, die zwischen den Stromelementen wirken, weder gleich noch entgegengesetzt sind und auch nicht die gleiche Wirkungslinie haben. Wir betrachten zwei Elemente AB und CD, die rechtwinklig zueinander angeordnet sind und in einer Entfernung r in der Papierebene liegen (vgl. Abb. 7).

Das Magnetfeld, das von AB bei dem zweiten Element DC hervorgerufen wird, ist Null, da der Winkel zwischen r und AB Null ist. AB übt deshalb nach dem BIOT-

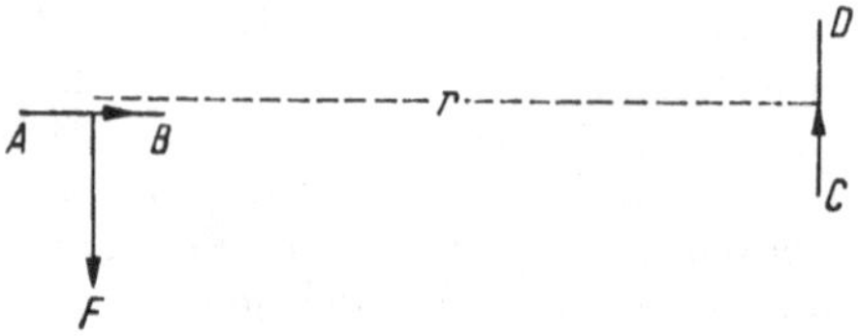

Abb. 7

SAVARTschen Gesetz keine Kraft auf CD aus. CD erzeugt andererseits bei AB ein Feld

$$Ki \cdot \frac{CD}{r^2}.$$

Das Element AB spürt deshalb eine Kraft, die gleich

$$K \frac{i \cdot i' \cdot AB \cdot CD}{r^2}$$

ist und in Richtung des Pfeiles F zeigt. Damit erfüllen die beiden Elemente nicht NEWTONS Gesetz von actio und reactio. Darauf sind viele elementare Schwierigkeiten bei der Verwendung des BIOT-SAVARTschen Gesetzes zurückzuführen. Integriert man jedoch über den gesamten Stromkreis, der das magnetische Feld hervorruft, so liefern die von AMPÈRE und von BIOT und SAVART angegebenen Gesetze identische Ergebnisse. Da wir es in der Praxis nie mit magnetischen Feldern zu tun haben, die von isolierten Teilen eines Stromkreises hervorgerufen werden, ist es unmöglich, die beiden Formen experimentell zu unterscheiden. Bei der Verwendung des BIOT-SAVARTschen Gesetzes für Teile eines Stromkreises müssen wir jedoch daran denken, daß NEWTONS drittes Gesetz nicht gültig ist. Wenn wir das Gesetz anwenden, müssen wir berücksichtigen, daß die Teile eines Stromkreises Kräfte aufeinander ausüben können. Demjenigen, der völlig mit der elementaren NEWTONschen Mechanik verwachsen ist, mag dies unreal erscheinen, und man muß in dieser Hinsicht auf der Hut sein, wenn Fehler vermieden werden sollen. AMPÈRES Formel vermeidet dagegen diese Schwierigkeit, da die hier verwendete Mechanik in diesem Punkt mit der von NEWTON übereinstimmt und die Linie, die die Elemente verbindet, zur Wirkungslinie der Kräfte wird. Die Beispiele, die in Teil I, Abschnitt F angegeben sind, werden das klarmachen.

Bei der Entscheidung, diese Grundannahme bezüglich der Wirkungslinie der Kräfte zu machen, wurde AMPÈRE von der Konzeption geleitet, daß die Kräfte „elementar" sind. Er wußte wohl, daß zum Beispiel zwei Dipole, solche wie zwei molekulare Magnete, mit Kräften aufeinander wirken, deren Wirkungslinie nicht ihre Verbindungslinie ist. Obwohl die Wirkungslinie der Kräfte in diesem Fall nicht die Verbindungslinie der Dipole ist, sind die Kräfte trotzdem entgegengesetzt gleich und haben die gleiche Wirkungslinie. Aber AMPÈRE betrachtete solche Kräfte nicht als elementar, da sie in vier getrennte Kräfte zerlegt werden können, die zwischen den entsprechenden Polen wirken und die alle entlang der Linien wirken, die die Pole paarweise verbinden. War er aber berechtigt anzunehmen, daß die Kräfte ,die zwischen Stromelementen wirken, in diesem Sinne „elementar" sein müssen? Seine Annahme schließt ein, daß Stromelemente nicht dazu neigen, gegeneinander zu rotieren. Stromelemente besitzen aber im Gegensatz zu den NEWTONschen Teilchen sowohl eine Richtung als auch einen Betrag, und ein Rotationseffekt sollte nicht ausgeschlossen sein. AMPÈRE argumentierte anders. Er konnte seine Annahme dadurch rechtfertigen, daß sie die einfachste war und daß sie sich schließlich als ausreichend erwies, um alle Erscheinungen zu berücksichtigen. Dies konnte man am Anfang jedoch nicht voraussehen, und es ist ein

Punkt, den zu diskutieren er versäumte. Diese Frage wurde später von einigen seiner Kritiker aufgegriffen.

Ampères dritter Versuch zeigte wirklich, daß die Kraft, die ein vollständiger Stromkreis auf ein Element eines anderen Stromkreises ausübt, senkrecht auf diesem Element steht. Außerdem gibt es keine Wechselwirkung, die das Element in Drehungen zu versetzen strebt. Dies beantwortet jedoch nicht die Frage, ob zwischen den Elementen der beiden Stromkreise eine solche Wechselwirkung existiert. Es könnte ja sein, daß sich diese Wechselwirkungen beim Summieren über den gesamten Stromkreis gegenseitig aufheben. Deshalb sind solche Betrachtungen nicht ausreichend, um die Schwierigkeiten, die die Möglichkeit einer derartigen Wechselwirkung zwischen den Elementen mit sich bringt, zu beseitigen.

Als Einführung in Ampères Bericht über seine Versuche ist nicht viel zu sagen, außer daß man ihre bemerkenswerte Genialität noch einmal ausdrücklich betont. Er gab die Hoffnung auf, die zwischen den Teilen von Stromkreisen wirkenden Kräfte direkt zu messen, und baute alle seine Experimente auf der Möglichkeit auf, Gleichgewichtslagen zu bestimmen. Das ist die Methode der „Nullexperimente". Die früheren Messungen, wie die von Coulomb und von Biot und Savart, waren alle direkt. Die Einführung der Nullmethode ist ein bemerkenswerter Fortschritt.

Die vier Experimente, von denen Ampère in seiner Arbeit berichtet, sind offensichtlich nicht die einzigen, die er auf diesem Gebiet durchgeführt hat. Sie sind vielmehr eine Auswahl aus einer großen Anzahl anderer Experimente, durch die er zu seinen theoretischen Ideen geführt wurde. Sie sind gerade ausreichend, aber auch nicht mehr als das, das Gesetz, nach dem er suchte, aufzustellen. Sie sind in ihrer Konzeption von einer Eleganz, die nur post hoc erreicht worden sein kann. Am Ende der gesamten Abhandlung befindet sich ein bedauernder Kommentar, der sich auf das entscheidende vierte

Experiment bezieht, das in dem in Teil 2, Abschnitt 4E gegebenen Auszug beschrieben wird.

„Ich sollte am Ende dieser Abhandlung eigentlich noch sagen (schrieb er), daß ich nicht die Zeit hatte, die in Abbildung 4 der ersten Tafel und in Abbildung 20 der zweiten gezeigten Geräte zu bauen.“ (Dies letztere hat nur eine geringe Bedeutung für die Theorie, aber das in Abbildung 4 ist tatsächlich das vierte Experiment des Auszugs). „Die Experimente, für die sie entworfen wurden, sind noch nicht durchgeführt worden; aber da diese Experimente nur den Zweck haben, Ergebnisse zu verifizieren, die schon auf anderem Weg erhalten wurden, und da sie als Bestätigung jener, die diese Ergebnisse erbracht hatten, nützlich sein könnten, glaube ich, daß ich die Beschreibung nicht weglassen sollte.“

Es ist schade, daß der Stil wissenschaftlicher Schriften damals noch nicht so weit entwickelt war, daß man es für nötig erachtete, das zu berichten, was wirklich getan worden war und nicht irgendeine elegante nachträglich verbesserte Beschreibung. AMPÈRE war viel zu sehr mit der Eleganz seines Berichtes beschäftigt. Ihm kann man wirklich keine Unehrlichkeit vorwerfen. Denn wäre er unehrlich gewesen, so hätte er dieses Eingeständnis überhaupt nicht gemacht. Man muß ihm jedoch vorwerfen, daß er nicht exakt darüber berichtete, was er gemacht hatte.

Es ist keineswegs schwierig, nach den Richtlinien der Abhandlung ein Experiment aufzubauen, das ohne besondere Vorsichtsmaßnahmen sehr genau ist, das sogar mit großer Wahrscheinlichkeit AMPÈRES Ergebnisse an Genauigkeit übertrifft. Zur Vorführung in einer Vorlesung bereitete der Autor zwei Paare kurzer Spulen vor. Jedes Paar besteht aus einer kleinen Spule, die in die größere des Paares hineingehängt wird und dabei von dem Arm einer Analysenwaage gehalten wird (vgl. Abb. 8). Durch beide Spulen wird der gleiche Strom geschickt. Dann wird die Kraft auf die aufgehängte Spule in verschiedenen vertikalen Lagen der festen gemessen. Aus diesen Ergebnissen wird das Maximum der auftretenden Kraft mittels einer graphischen Methode bestimmt. Das Spulenpaar wird dann durch das zweite ersetzt, dessen Dimensionen doppelt so groß sind wie die des ersten, das aber die gleiche

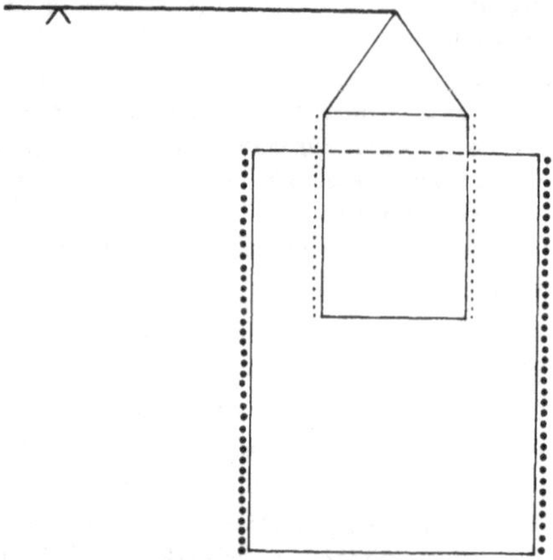

Abb. 8 (Photographie auf Tafel III)

Anzahl von Windungen hat. Wenn durch dieses Spulenpaar der gleiche Strom fließt wie bei dem ersten, so ist die maximale Kraft, die auf die aufgehängte Spule bei verschiedenen Lagen der festen ausgeübt wird, die gleiche wie bei dem ersten Paar, und zwar mit einer Genauigkeit von 1 zu 700. Wenn sich beide Paare in der Lage befinden, die dem Maximum der Kraft entspricht, so müssen sie in geometrisch ähnlichen Lagen zueinander sein. Somit muß die Kraft zwischen einem Paar von Stromkreisen von den linearen Abmessungen unabhängig sein, solange sie ähnlich zueinander angebracht sind. Daraus würde sich AMPÈRES Schlußfolgerung ergeben, wie aus seinem Experiment, bei dem sich Stromkreise in der Horizontalebene bewegen. Eine Photographie dieses Gerätes ist auf Tafel III wiedergegeben.

Tafel III
Ein Demonstrationsversuch zum Beweis dafür, daß die Kraft zwischen zwei stromführenden Stromkreisen unabhängig von deren linearen Ausdehnungen ist. Eine kleine Spule hängt von einem Waagebalken in eine größere hinein. Die Maximalkraft auf die aufgehängte Spule wird bestimmt, indem die große Spule langsam angehoben wird. Dieses Spulenpaar wird dann durch das kleinere Paar ersetzt, das neben dem Waagengehäuse zu sehen ist. Die Maximalkraft ist in beiden Fällen gleich groß, falls die Ströme gleich sind, obwohl die Ausmaße des kleineren Spulenpaares nur halb so groß sind wie die des größeren. (Nach School Service Reviews.)

F. Ampères Theorie über die Wirkung von Stromelementen

Wir kommen nun zu der Theorie, die AMPÈRE auf der Grundlage seiner vier Experimente aufbaute. Als ein Ergebnis erhielt er sein berühmtes Gesetz über die Wirkung von Stromelementen. Wie bereits erwähnt wurde, ist die Form, die er angab, nicht die, in der es heute allgemein verwendet wird. Die letztere ist als die Form von Biot und Savart bekannt. Inwieweit kamen diese Experimentatoren Ampère zuvor? Die wichtigsten Tatsachen, soweit sie nachgeprüft werden können, scheinen folgende zu sein. Wir haben uns bereits mit den Arbeiten von Biot und Savart bekannt gemacht. Es gibt keinen Zweifel darüber, daß Biot und Savart völlig unabhängig von Ampère arbeiteten und das Ergebnis für den langen geraden Draht und wahrscheinlich auch das für die zueinander geneigten Drähte aufstellten, ohne die Arbeit von Ampère zu kennen. Laplaces Herleitung eines Gesetzes des reziproken Abstandsquadrates für die Wirkung von Stromelementen auf magnetische Pole ging aus dem ersten dieser Ergebnisse hervor und scheint durch eine Dimensionsbetrachtung angeregt worden zu sein. Auf den Rechenfehler in der zweiten Reihe der Experimente von Biot und Savart ist hingewiesen worden; es ist schwierig zu entscheiden, wie ernst dieser Fehler war. Es könnte einfach ein Versehen gewesen sein. Andererseits könnten sie das richtige Ergebnis mittels einer völlig falschen Argumentation erhalten haben, die auf experimentellen Ergebnissen aufbaut, welche zu ungenau sind, um den Fehler zu offenbaren.

Biot und Savart untersuchten durchweg die von Strömen auf Magnete ausgeübten Kräfte. Ampère war der erste, der mit den Kräften experimentierte, die von einem Strom auf einen anderen ausgeübt werden. Seine quantitativen Ergebnisse scheinen vorwiegend späteren Datums zu sein als die von Biot und Savart, aber die genaue zeitliche Ordnung festzustellen ist wegen der großen Verzögerungen bis zur Veröffentlichung der Ergebnisse und wegen der Gewohnheit, in diesem Zeitraum neues Material in die Abhandlungen einzuarbeiten, unmöglich. Das zeigt eine schöne Geringschätzung der Priorität, die heute zum allgemeinen Nutzen weiter verbreitet sein könnte, und es schadet dem Gegenstand selbst nicht, macht aber die Aufgabe, bestimmte Errungenschaften bestimmten Menschen zuzuschreiben, außerordentlich schwierig.

AMPÈRE folgte seiner endgültigen Gedankenlinie bereits sehr früh. Zuerst gab er die Formel

$$\frac{i \cdot i' \cdot ds \cdot ds'}{r^2} \{\sin \theta \cdot \sin \theta' \cdot \cos \omega + k \cos \theta \cdot \cos \theta'\}$$

für die Kraft zwischen zwei Stromelementen an, die zu der Verbindungslinie um die Winkel θ und θ' geneigt sind, während die beiden Ebenen, die diese Linie und die entsprechenden Stromelemente enthalten, zueinander um den Winkel ω geneigt sind. Dies stand in einer Arbeit, die der Akademie am 4. Dezember 1820 überreicht wurde. In diesem Ausdruck war k eine Konstante, die AMPÈRE nicht bestimmen konnte. Vielleicht die größte Errungenschaft seiner Abhandlung von 1823 war die Bestimmung des Wertes dieser Konstentan, nämlich $-1/2$.

Viele Physiker arbeiteten gleichzeitig nach verschiedenen Methoden an dem gleichen Problem. Unter ihnen waren BIOT, SAVART und AMPÈRE zweifelsohne die führenden, und dem Autor scheint, daß die heute übliche Sprechweise von der BIOT-SAVARTschen Form des AMPÈREschen Gesetzes über die Wirkung von Stromelementen das Werk aller drei am besten würdigt.

Wir wollen die weitere Betrachtung des Zusammenhanges der beiden Formen des Gesetzes zurückstellen, bis wir dem Abschnitt von AMPÈRES Arbeit gefolgt sind, in dem er seine Theorie darlegt. Wir wollen ihm jetzt nur bis zur Bestimmung des Wertes der Konstanten k in seinem vorläufigen Ausdruck folgen, aber zuerst wollen wir ein oder zwei Beispiele für den Gebrauch der ersten Formel von AMPÈRE behandeln.

Beispiele für den Gebrauch von Ampères Formel

Wir werden in Teil 2, Abschnitt 4F sehen, daß AMPÈRES vollständige Formel folgendermaßen aussieht:

$$F = \frac{i \cdot i' \cdot \mathrm{d}s \cdot \mathrm{d}s'}{r^2} \times \left\{ \sin\theta \cdot \sin\theta' \cdot \cos\omega - \frac{1}{2} \cos\theta \cdot \cos\theta' \right\}.$$

Die Ersatzausdrücke, die er für weitere Rechnungen entwickelte, brauchen wir nicht weiter zu untersuchen. Es wird reichen, wenn wir zunächst zwei Beispiele für die Verwendung der Formel geben, um zu zeigen, daß sie in diesen Fällen die gleichen Ergebnisse liefert wie die Biot-Savartsche Formel, die jeder verwendet, und um das sogenannte elektrodynamische Maßsystem, das Ampère verwendete, zu diskutieren.

Zuerst wollen wir den Fall der Wirkung eines langen geraden Drahtes diskutieren. Wir betrachten die Kraft, die ein Strom i in dem langen geraden Draht AB (Abb. 9) auf ein Stromelement $i' \cdot \mathrm{d}s'$ ausübt, das sich bei Q befindet und in die Richtung cd zeigt, die parallel zu AB ist.

Wir betrachten die Kraft, die das Element $i \cdot \mathrm{d}s$ bei P auf das Element $i' \cdot \mathrm{d}s'$ bei Q ausübt. Hier ist $\omega = 0$. Die Kraft wirkt entlang der Linie PQ, und wegen $\theta = \theta'$ ist ihre Größe gleich

$$\frac{i \cdot i' \cdot \mathrm{d}s'}{r^2} \left\{ \sin^2\theta - \frac{\cos^2\theta}{2} \right\} \mathrm{d}s.$$

Durch Projektion auf die Richtung OQ finden wir für die Komponente in dieser Richtung:

$$\frac{i \cdot i' \cdot \mathrm{d}s'}{r^2} \left\{ \sin^2\theta - \frac{\cos^2\theta}{2} \right\} \sin\theta \cdot \mathrm{d}s.$$

Da

$$r = \frac{d}{\sin\theta} \quad \text{und} \quad r \cdot \frac{d\theta}{\mathrm{d}s} = -\sin\theta$$

gilt, erhalten wir für die gesamte Kraft, die der lange gerade Draht auf das Element $i' \cdot \mathrm{d}s'$ in der Richtung QO

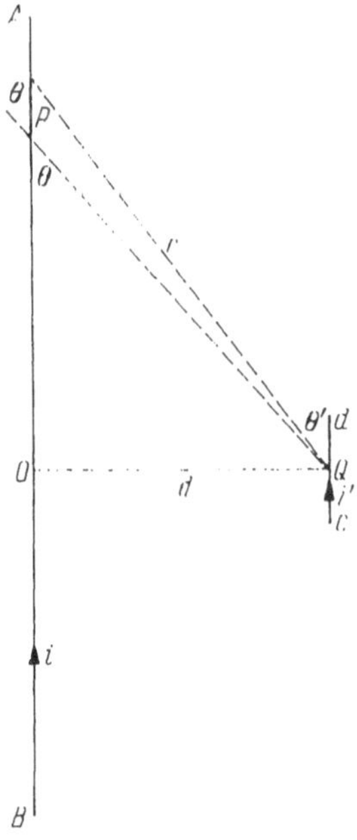

Abb. 9

ausübt,

$$\frac{i \cdot i' \cdot ds'}{d} \int_0^\pi \left(1 - \frac{3}{2}\cos^2\theta\right) \sin\theta \cdot d\theta$$

$$= \frac{i \cdot i' \, ds'}{d} \left\{\cos\theta - \frac{\cos^3\theta}{2}\right\}_0^\pi = \frac{i \cdot i'}{d} ds'.$$

Hätten wir wie gewöhnlich die Biot-Savartsche Formel in elektromagnetischen Einheiten verwendet, so hätten wie den bekannten Ausdruck für die Komponente der Kraft in dieser Richtung erhalten:

$$\frac{2i}{d} i' ds'.$$

Das Fehlen des Faktors 2 in dem Ergebnis der Rechnungen nach AMPÈRES Formel wird dadurch hervorgerufen, daß letzterer ein anderes Maßsystem verwendete, das als elektrodynamisches Maßsystem bekannt ist. Die Einheit des Stromes ist somit im elektrodynamischen System um den Faktor $\sqrt{2}$ kleiner als die im elektromagnetischen System. Das elektrodynamische Maßsystem hat nichts, weswegen man es empfehlen könnte, und ist längst nicht mehr im Gebrauch.

Fahren wir mit der Berechnung nach der AMPÈREschen Formel fort, so finden wir für die zu AB parallele Komponente der Kraft

$$\frac{i \cdot i' \mathrm{d}s'}{d} \int_0^\pi \left(\frac{3}{2} \sin^2 \theta - \frac{1}{2}\right) \cos \theta \cdot \mathrm{d}\theta$$

$$= \frac{i \cdot i' \mathrm{d}s'}{d} \left[\frac{\sin^3 \theta - \sin \theta}{2}\right]_0^\pi = 0 .$$

Die Kraft steht also rechtwinklig auf cd, wie wir erwartet haben.

Als weiteres Beispiel wollen wir den Fall nehmen, daß das Element $i' \cdot \mathrm{d}s'$ rechtwinklig zu AB ist, aber noch in der Ebene ABQ liegt, so daß ω gleich Null bleibt (Abb. 10).

Wir finden für die Kraftkomponente parallel zu AB:

$$\frac{i \cdot i' \cdot \mathrm{d}s'}{r^2} \int_\pi^0 \left(\sin \theta \cos \theta + \frac{1}{2} \sin \theta \cos \theta\right) \cos \theta \, \mathrm{d}s$$

$$= \frac{i \cdot i' \cdot \mathrm{d}s'}{d} \int_\pi^0 \frac{3}{2} \cos^2 \theta \cdot \sin \theta \cdot \mathrm{d}\theta$$

$$= \frac{i \cdot i' \cdot \mathrm{d}s'}{d} \left[\frac{\cos^3 \theta}{2}\right]_0^\pi = \frac{i \cdot i' \cdot \mathrm{d}s'}{d} .$$

Dies ist die gleiche Kraft, die auf ds' ausgeübt wird, wenn es parallel zu AB liegt, nur daß die Richtung um 90° gedreht ist. Das stimmt mit dem überein, was

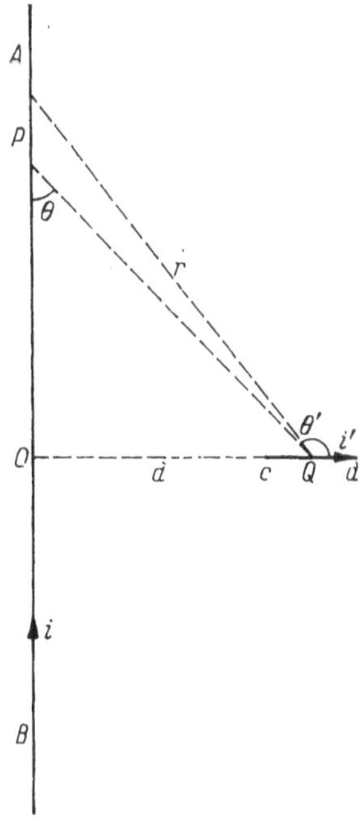

Abb. 10

wir nach unseren früheren Erfahrungen durch den Gebrauch der BIOT-SAVARTschen Formel erwarten würden. Es läßt sich leicht zeigen, daß die zu AB senkrechte Kraftkomponente Null wird und daß somit die Kraft wieder rechtwinklig zu dem Element liegt.

Wenn cd senkrecht auf der Ebene ABQ steht, so ist $\omega = \frac{\pi}{2}$ und $\theta' = \frac{\pi}{2}$, so daß

$$\sin\theta \cdot \sin\theta' \cdot \cos\omega - \cos\theta \cdot \cos\theta' = 0$$

für alle Elemente mit ds in AB gilt. Die Gesamtkraft auf $i' \cdot \mathrm{d}s'$ ist somit ebenfalls Null, was wieder mit den Rechnungen nach der BIOT-SAVARTschen Formel übereinstimmt.

Wir wollen unsere Beispiele für die Anwendung der AMPÈREschen Formel vervollständigen, indem wir die auf ein Stromelement $i' \cdot \mathrm{d}s'$ ausgeübte Kraft berechnen. Das Stromelement $i' \cdot \mathrm{d}s'$ liegt im Mittelpunkt eines kreisförmigen Stromes i mit dem Radius a und in der gleichen Ebene wie i (Abb. 11). Hierbei ist für alle Elemente ds des Kreisstromes $\theta = \frac{\pi}{2}$, $\omega = 0$ und $a \cdot \mathrm{d}\theta' = \mathrm{d}s$.

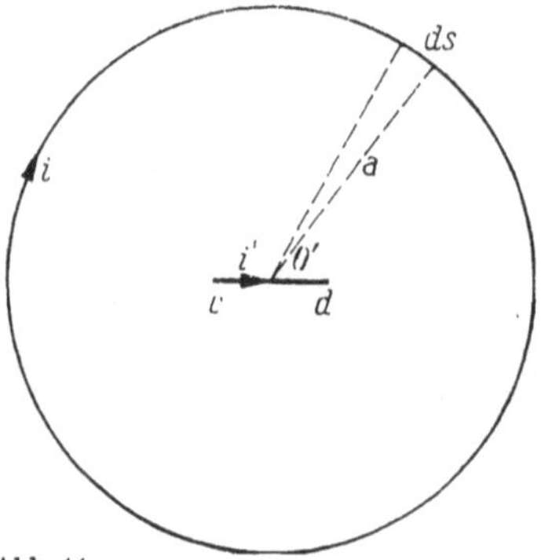

Abb. 11

Die zu cd rechtwinklige Kraftkomponente ist

$$\frac{i \cdot i' \cdot \mathrm{d}s'}{a^2} \int_0^{2\pi} \sin \theta' \cdot \sin \theta' \cdot \mathrm{d}s$$

$$= \frac{i \cdot i' \cdot \mathrm{d}s'}{a} \int_0^{2\pi} \left\{ \frac{1 - \cos 2\theta'}{2} \right\} \mathrm{d}\theta'$$

$$= \frac{i \cdot i' \cdot \mathrm{d}s'}{a} \left[\frac{\theta}{2} - \frac{\sin 2\theta}{4} \right]_0^{2\pi} = \frac{\pi \cdot i \cdot i' \cdot \mathrm{d}s'}{a}.$$

Setzen wir in diesen Ausdruck den Faktor 2 ein, so bedeutet das, daß wir elektromagnetische Einheiten verwenden, und wir erhalten das normale, bekannte Ergebnis.

Lösen wir nach der Richtung auf, die parallel zu *cd* ist, so erhalten wir für die entsprechende Kraftkomponente:

$$\frac{i \cdot i' \cdot \mathrm{d}s'}{a^2} \int_0^{2\pi} \sin\theta' \cdot \cos\theta' \cdot \mathrm{d}s$$

$$= \frac{i \cdot i' \cdot \mathrm{d}s'}{a} \int_0^{2\pi} \sin\theta' \cdot \cos\theta' \cdot \mathrm{d}\theta' = 0\,.$$

Wir finden wieder, daß die Kraft auf *cd* senkrecht auf dem Element steht, wie es auch der Fall sein muß.

Es bringt nicht viele Vorteile, anstelle des BIOT-SAVARTschen Ausdruckes den AMPÈREschen zu verwenden. Beim letzteren ist NEWTONS drittes Gesetz, das von der Gleichheit von Wirkung und Gegenwirkung, zwischen Stromelementen gültig, und es ist vielleicht in dieser Hinsicht einfacher, elementare Fehler zu vermeiden. Der prinzipielle Wert, den das Studium von AMPÈRES Theorie hat, ist, daß wir darauf hingewiesen werden, bei der Verwendung der BIOT-SAVARTschen Formel auf der Hut zu sein.

Es ist unmöglich, zwischen diesen beiden Formen des Gesetzes über die Wirkung von Stromelementen experimentell zu unterscheiden, und zwar aus dem einfachen Grunde, daß es niemals möglich ist, mittels eines isolierten Stromelementes auf einen stromführenden Leiter eine Kraft auszuüben. Die Theorie ist nur für konstante Ströme gültig, und diese kann man nur in einem geschlossenen Stromkreis erzeugen. Für komplette Stromkreise liefern beide Theorien die gleichen Ergebnisse. Das werden wir im weiteren sehen.

Die Identität der Formel von Ampère und von Biot und Savart bei Integration über einen vollständigen Stromkreis

Wir nehmen an, daß das Element $i' \cdot \mathrm{d}s'$, für das wir die Kraft, die auf dieses Element von einem anderen $i \cdot \mathrm{d}s$ ausgeübt wird, berechnen wollen, bei P' liegt und zur z-Achse parallel ist. Das Element $i \cdot \mathrm{d}s$ befinde sich am Punkt $P(x, y, z)$.

Wir verwenden den AMPÈREschen Ausdruck in der Form, die den Winkel ε zwischen den Elementen selbst enthält. Wegen

$$\cos \varepsilon = \sin \theta \cdot \sin \theta' \cdot \cos \omega + \cos \theta \cdot \cos \theta'$$

erhalten wir für die AMPÈREsche Formel

$$\frac{i \cdot i' \cdot \mathrm{d}s \cdot \mathrm{d}s'}{r^2} \left\{ \cos \varepsilon - \frac{3}{2} \cdot \cos \theta \cdot \cos \theta' \right\}.$$

Wir können den Ausdruck aber auch in der Form

$$K \frac{i \cdot i' \cdot \mathrm{d}s \cdot \mathrm{d}s'}{r^2} \{2 \cos \varepsilon - 3 \cos \theta \cdot \cos \theta'\}$$

schreiben, wenn wir andere Einheiten anstelle der elektrodynamischen verwenden wollen. Für AMPÈRES elektrodynamische Einheiten ist $K = \frac{1}{2}$, für elektromagnetische Einheiten ist $K = 1$, und für die MKS-Einheiten ist $K = 10^{-7} = \frac{\mu_0}{4\pi}$.

Der Abb. 12 können wir entnehmen, daß

$$\cos \varepsilon = \frac{\mathrm{d}z}{\mathrm{d}s}, \quad \cos \theta = \frac{\mathrm{d}r}{\mathrm{d}s} \quad \text{und } \cos \theta' = \frac{z}{r}$$

ist.

Für die durch AMPÈRES Ausdruck gegebene Kraftkomponente in z-Richtung erhalten wir deshalb

$$F_z = K \frac{i \cdot i' \cdot \mathrm{d}s \cdot \mathrm{d}s' \cdot z}{r^3} \left\{2 \cdot \frac{\mathrm{d}z}{\mathrm{d}s} - 3 \cdot \frac{z}{r} \cdot \frac{\mathrm{d}r}{\mathrm{d}s}\right\}$$

$$= K\, i \cdot i' \cdot \mathrm{d}s' \cdot \frac{d}{\mathrm{d}s} \left\{\frac{z^2}{r^3}\right\} \cdot \mathrm{d}s .$$

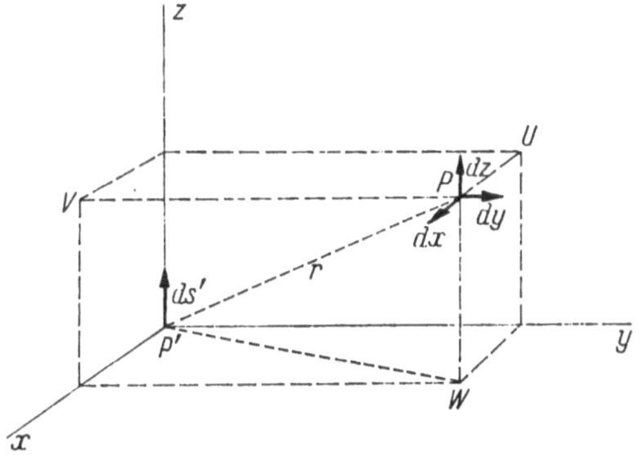

Abb. 12

Integriert man diesen Ausdruck über einen Stromkreis, von dem ds ein Teil ist, so verschwindet dieser Anteil. Dies beweist für den allgemeinen Fall das, was wir bereits in den bisher untersuchten Spezialfällen gesehen haben, nämlich daß die von einem vollständigen Stromkreis auf ein Stromelement ausgeübte Kraft senkrecht auf dem Element steht. Es war natürlich eines der Hauptziele von AMPÈRES Untersuchungen, ein solches Gesetz zu finden.

Die zur x-Achse parallele Komponente ist gleich

$$F_x = K \frac{i \cdot i' \cdot \mathrm{d}s' \cdot x}{r^3} \left\{2 \cdot \frac{\mathrm{d}z}{\mathrm{d}s} - 3 \cdot \frac{z}{r} \cdot \frac{\mathrm{d}r}{\mathrm{d}s}\right\} \mathrm{d}s$$

$$= K i \cdot i' \cdot \mathrm{d}s \cdot \mathrm{d}s' \, \frac{\mathrm{d}}{\mathrm{d}s} \left\{\frac{x\, z}{r^3}\right\}$$

$$+ \frac{K i \cdot i' \cdot \mathrm{d}s \cdot \mathrm{d}s'}{r^3} \left\{x \frac{\mathrm{d}z}{\mathrm{d}s} - z \frac{\mathrm{d}x}{\mathrm{d}s}\right\}.$$

Bei der Integration über den Stromkreis s verschwindet der erste Term. Der übrigbleibende Term ist der BIOT-SAVARTsche Ausdruck für die x-Komponente.

Um zu sehen, ob dies der Fall ist, entnehmen wir der Abb. 12, daß nach der BIOT-SAVARTschen Formel die Kraft in x-Richtung durch die Komponenten dz und dx hervorgerufen wird.

Das Element $i \cdot \mathrm{d}z$ verursacht eine Kraft

$$K \frac{i \cdot i' \cdot \mathrm{d}s' \cdot \mathrm{d}z \cdot P'W}{r^3},$$

deren Komponente in x-Richtung

$$K \frac{i \cdot i' \cdot \mathrm{d}s' \cdot \mathrm{d}z \cdot x}{r^3}$$

ist.

Das Element $i \cdot \mathrm{d}x$ erzeugt eine Kraft

$$K \frac{i \cdot i' \cdot \mathrm{d}s' \cdot \mathrm{d}x}{r^3} P'U \cdot \frac{z}{P'U},$$

die in der Richtung xP' liegt.

Die Gesamtkomponente in x-Richtung ist deshalb gleich

$$K \frac{i \cdot i' \cdot \mathrm{d}s'}{r^3} (x \cdot \mathrm{d}z - z \cdot \mathrm{d}x)$$

$$= K \frac{i \cdot i' \cdot \mathrm{d}s}{r^3} \left\{x \frac{\mathrm{d}z}{\mathrm{d}s} - z \frac{\mathrm{d}x}{\mathrm{d}s}\right\} \mathrm{d}s,$$

sie ist also dem nichtverschwindenden Teil des Ausdruckes, der aus AMPÈRES Formel hergeleitet wurde, genau gleich. Für die y-Komponente gilt eine ähnliche Überlegung.[1])

[1]) Ich bin Mr. R. C. LYNESS dafür zu Dank verpflichtet, daß er die Identität der Formeln von AMPÈRE und von BIOT und SAVART auf diesem Weg demonstriert hat.

In dieser analytischen Form leitete Ampère selbst das Biot-Savartsche Gesetz her. Er erkannte seine Richtigkeit für vollständige Stromkreise vorbehaltlos an, obwohl die Theorie der Experimentatoren bei ihm nicht viel Anerkennung fand. Das hatten wir bereits erwähnt.

Da man nicht in der Lage ist, nach der Erfahrung zwischen den beiden Formen des Ampèreschen Gesetzes zu unterscheiden, ist es völlig gerechtfertigt, nach Belieben die eine oder die andere Form zu verwenden. Verwenden wir die Biot-Savartsche Form, so können wir eine offensichtliche Verletzung des dritten Newtonschen Gesetzes vermeiden, wenn wir von Aussagen über Stromelemente Abstand nehmen und uns auf die integrierte, für vollständige Stromkreise gültige Form beschränken. Zum Zweck der Berechnung können wir sagen, daß sich geschlossene, stromführende elektrische Stromkreise so verhalten, als ob jedes Element des Stromkreises ein magnetisches Feld

$$K \frac{i \cdot \mathrm{d}\mathbf{s} \wedge \boldsymbol{r}}{r^3}$$

erzeugt. Dabei ist $\mathrm{d}\mathbf{s} \wedge \boldsymbol{r}$ das Vektorprodukt von $\mathrm{d}\mathbf{s}$ und $\boldsymbol{r}$. Und die Kraft, die auf ein in diesem Feld befindliches Stromelement $i' \cdot \mathrm{d}\mathbf{s}'$ wirkt, ist dann durch das Vektorprodukt von $i' \cdot \mathrm{d}\mathbf{s}'$ und

$$K \frac{i \cdot \mathrm{d}\mathbf{s} \wedge \boldsymbol{r}}{r^3}$$

gegeben.

Eine einfache Herleitung der Biot-Savartschen Formel aus den experimentellen Ergebnissen von Ampère

Es könnte hier von Interesse sein, über eine sehr einfache Methode zu berichten, die Biot-Savartsche Formel für einen vollständigen Stromkreis auf der Grundlage der ursprünglichen Postulate und der vier Versuche von Ampère herzuleiten. Jeder Stromkreis kann in ein Netz von *Stromkreiselementen*, das vom ursprünglichen Stromkreis begrenzt wird, zerlegt werden. Ampère selbst verwendete ein solches Gerät. Die Sache vereinfacht sich ganz beträchtlich, wenn wir anstelle der Kraft zwischen zwei *Strom*elementen diejenige Kraft untersuchen, die ein solcher elementarer Strom*kreis* auf ein Stromelement ausübt. Wir brauchen in Wirklichkeit nur den Fall zu untersuchen, daß das Stromelement die Ebene, in der der elementare Stromkreis liegt, schneidet (Abb. 13).

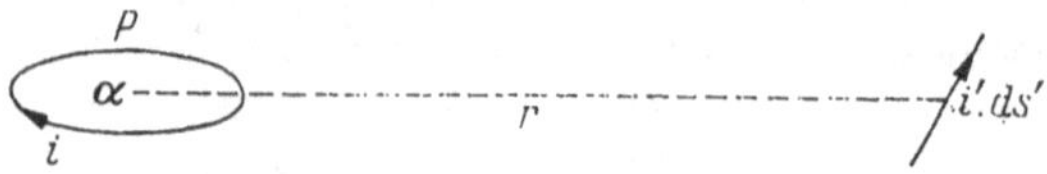

Abb. 13

Die Kraft, die ein elementarer Stromkreis verursacht, muß proportional zu seiner Fläche α sein, da er in gleiche Teilelemente zerlegt werden kann. Diese werden, von außen liegenden Punkten betrachtet, alle als äquidistant wahrgenommen und sind zueinander parallel. Also müssen sie alle gleiche Kräfte hervorrufen. Es folgt aus Ampères viertem Versuch, daß sich die Kraft auf ein Stromelement $i' \cdot \mathrm{d}s'$ in der Entfernung r wie

$$K \frac{i \cdot i' \cdot \alpha \cdot \mathrm{d}s'}{r^3}$$

verhalten muß. Dies folgt aus einer Dimensionsbetrachtung, die er selbst durchführte.

Wir betrachten zuerst ein Stromelement $i' \cdot \mathrm{d}s'$, das ganz in der Ebene von α liegt. Unter der Annahme, die auch Ampère machte, daß Newtons drittes Gesetz erfüllt ist, muß die Kraft auf das Stromelement ebenfalls in der gleichen Ebene liegen. Wir beweisen zunächst auf der Grundlage des dritten Versuches von Ampère, daß die Kraft auf das Stromelement $i' \cdot \mathrm{d}s'$ unabhängig von dessen Richtung in der Ebene von α ist. Das Stromelement $i' \cdot \mathrm{d}s'$ kann in ein beliebiges Paar von Elementen

$i' \cdot \mathrm{d}p$ und $i' \cdot \mathrm{d}q$ zerlegt werden, die im Winkel φ beziehungsweise φ' zu $\mathrm{d}s'$ liegen (Abb. 14). Angenommen, die Kräfte auf diese neuen Elemente seien $K_p \cdot \mathrm{d}p$ beziehungsweise $K_q \cdot \mathrm{d}q$. Wir berechnen dann die Projektion

Abb. 14

auf $\mathrm{d}s'$ und setzen das Ergebnis gleich Null. Denn AMPÈRES dritter Versuch zeigte, daß es keine dem Element parallele Kraftkomponente gibt. Daraus ergibt sich

$$K_p \cdot \mathrm{d}p \sin \varphi = K_q \cdot \mathrm{d}q \sin \varphi' .$$

Wegen

$$\frac{\mathrm{d}p}{\sin \varphi'} = \frac{\mathrm{d}q}{\sin \varphi}$$

gilt

$$K_p = K_q .$$

Mit Hilfe eines ähnlichen Argumentes für den Fall eines gegen die Ebene von α geneigten Elementes können wir zeigen, daß die Kraft auf ein senkrecht auf dieser Ebene stehendes Element Null ist. Wir betrachten das Element $i' \cdot \mathrm{d}s'$ in Abb. 15. Wir zerlegen es in die zur

Abb. 15

Ebene α senkrechte Komponente $i' \cdot \mathrm{d}z$ und in die zu dieser Ebene parallele Komponente $i' \cdot \mathrm{d}x$. Die Kraft auf $\mathrm{d}x$ wird wie vorhin in der Ebene von α liegen, muß also in die y-Richtung zeigen. Sie hat keine zu $\mathrm{d}s'$ parallele

Komponente. Die Kraft auf dz darf deswegen ebenfalls keine zu ds' parallele Komponente haben. Sie muß also ebenfalls in die y-Richtung zeigen, oder sie muß gleich Null sein. Wählt man ein Element ds', das in der y, z-Ebene liegt, so folgt daraus, daß die Kraft auf dz in x-Richtung zeigen oder gleich Null sein muß. Daraus folgt, daß die Kraft Null sein muß. Die Kraft auf ein beliebiges Stromelement $i' \cdot ds'$, das die Ebene von α in einem Punkt schneidet, ist somit proportional zu $(i \cdot \alpha)/r^3$ und zu der Projektion von $i' \cdot ds'$ auf die Ebene von α, und sie steht senkrecht auf dieser Projektion und liegt in dieser Ebene. Ist $\boldsymbol{n}$ der Normaleneinheitsvektor der Ebene von α, so erhalten wir für die Kraft auf $i' \cdot d\boldsymbol{s}'$

$$K \frac{i \cdot i' \cdot \alpha}{r^3} \boldsymbol{n} \wedge d\boldsymbol{s},$$

wobei K die normale, von den für die Messung des Stromes verwendeten Einheiten abhängige Konstante ist.

Angenommen, ab in Abb. 16 sei ein Element $i \cdot d\boldsymbol{s}$ des Stromkreises C_1C_1', und wir wollen die Kraft, die dieses Element auf das Stomelement $i' \cdot d\boldsymbol{s}'$ bei P ausübt, berechnen. Wir führen das kleine Kreiselement $abcd$ ein, in dem ein Strom i in Pfeilrichtung fließt. Es verursacht auf $i' \cdot d\boldsymbol{s}'$ eine Kraft

$$K \frac{i \cdot i' \cdot \alpha}{r^3} \boldsymbol{n} \wedge d\boldsymbol{s}'.$$

Führen wir entlang des Stromkreises C ähnliche Kreiselemente ein und lassen dabei das Verhältnis dr/r für alle gleich, so ist das Ergebnis einfach eine Verschiebung des Stromkreises von C_1C_1' nach C_2C_2'. Die Radialkomponenten des Stromes bc und da heben sich mit den Strömen in den benachbarten Kreiselementen weg. Der neue Stromkreis C_2C_2' ist zu C_1C_1' ähnlich und ist bezüglich P ähnlich angeordnet. Die Kraft auf $i' \cdot d\boldsymbol{s}'$ bleibt nach dem vierten Versuch von AMPÈRE unverändert, wenn der $i' \cdot d\boldsymbol{s}'$ enthaltende Stromkreis C' ebenfalls und im gleichen Verhältnis verkleinert wird. (Strenggenommen zeigt AMPÈRES vierter Versuch dies nur für einen vollständigen Stromkreis C'. Aber eine Änderung des Maßstabes kann die Richtung keiner der Kräfte

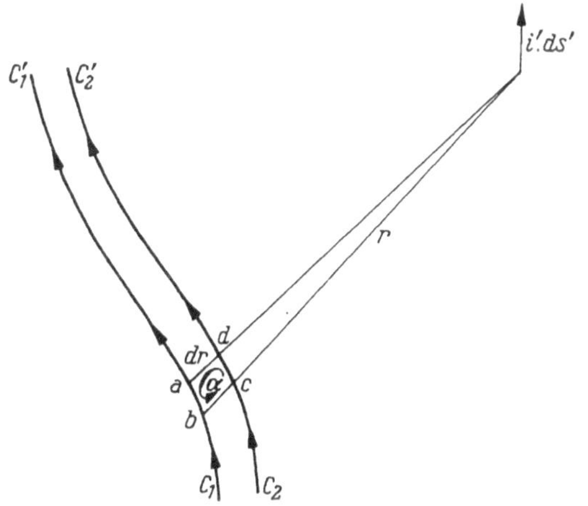

Abb. 16

ändern, sondern nur deren Beträge. Diese ändern sich in einem bestimmten konstanten Verhältnis. AMPÈRES Ergebnis muß also für die Elemente gelten, aus denen der zweite Stromkreis zusammengesetzt ist.) Bleibt $i' \cdot \mathrm{d}\boldsymbol{s}'$ unverändert, so muß sich folglich die Kraft, die es spürt, um den $\mathrm{d}r/r$-ten Teil ihres ursprünglichen Betrages vergrößern. Das muß für alle Elemente gelten, da die Winkel unverändert bleiben.

Durch vektorielle Addition aller dieser Kräfte

$$K \frac{i \cdot i' \cdot \alpha}{r^3} \boldsymbol{n} \wedge \mathrm{d}\boldsymbol{s}'$$

erhalten wir als Ergebnis $\boldsymbol{F} \cdot \mathrm{d}r/r$, wobei $\boldsymbol{F}$ die ursprüngliche auf $i' \cdot \mathrm{d}\boldsymbol{s}'$ wirkende Kraft ist.

Es ist also

$$\frac{\boldsymbol{F} \cdot \mathrm{d}r}{r} = \sum \left[\frac{Ki \cdot i' \cdot \alpha \cdot \boldsymbol{n}}{r^3}\right] \wedge \mathrm{d}\boldsymbol{s}'.$$

Setzen ir $\alpha = \mathrm{d}r \cdot \mathrm{d}s \cdot \sin\theta$ ein und dividieren durch den Faktor $\mathrm{d}r/r$, der durchweg konstant ist, so erhalten wir

$$\boldsymbol{F} = \sum \left[\frac{Ki \cdot i' \cdot \mathrm{d}s \sin\theta \cdot \boldsymbol{n}}{r^2}\right] \wedge \mathrm{d}\boldsymbol{s}'.$$

Das ist die Biot-Savartsche Formel. Der Vektor

$$\sum \left[\frac{Ki \cdot \mathrm{d}s \sin\theta \cdot \boldsymbol{n}}{r^2}\right]$$

wird jetzt magnetische Induktion genannt.

Das äquivalente magnetische Blatt

Wir werden jetzt die Betrachtung der verschiedenen Formen, in denen man das Ampèresche Gesetz über die Wirkung von Stromelementen ausdrücken kann, beenden. Vorher wollen wir aber noch seine Beziehung zu dem magnetischen Potential untersuchen. Dieses hängt in einem Punkt von dem Raumwinkel ab, unter dem der Stromkreis von diesem Punkt aus gesehen wird. Eine der Errungenschaften, über die Ampère in seiner berühmten Abhandlung berichtete, war die Entwicklung der Theorie des äquivalenten magnetischen Blattes. Ampère entwickelte diese Theorie mittels einer langwierigen mathematischen Analyse, für die wir auf die Arbeit selbst verweisen müssen. Das Ergebnis kann man jedoch sehr leicht aus dem Biot-Savartschen Ausdruck für Ampères Gesetz erhalten. Wir werden diese Theorie für die Betrachtung von Ampères Theorie des Magnetismus brauchen, und es erscheint zweckmäßig, sie hier herzuleiten. Das Ergebnis folgt unmittelbar aus einfachen geometrischen Betrachtungen. Die einzige Schwierigkeit dabei tritt bei der Interpretation der Abbildung auf. Wir haben zu zeigen, daß das von einem vollständigen Stromkreis hervorgerufene Feld, das durch den BIOT-SAVARTschen Ausdruck gegeben ist, proportional dem Gradienten einer bestimmten Größe ist. Diese Größe ist proportional dem Raumwinkel, unter dem der Stromkreis von dem betrachteten Punkt aus gesehen wird. Das heißt

$$\sum K \frac{i}{r^3} \,\mathrm{d}\boldsymbol{s} \wedge \boldsymbol{r} = Ki \,\mathrm{grad}\, \omega ,$$

wobei ω der Raumwinkel ist, unter dem der Stromkreis gesehen wird.

Wir wollen die Komponente des Feldes im Punkt P in einer bestimmten Richtung ϱ berechnen (Abb. 17).

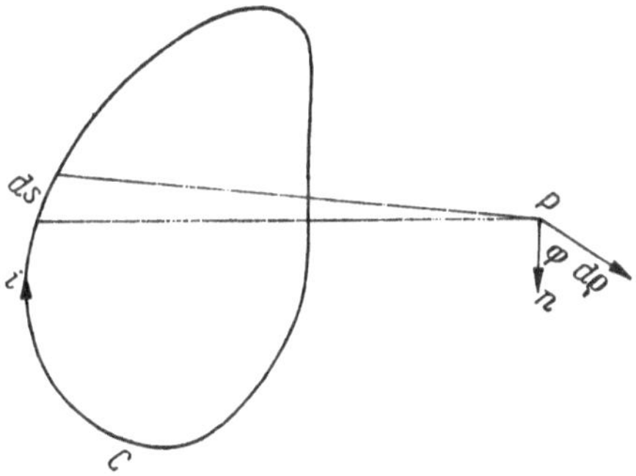

Abb. 17

Wir nehmen an, daß P in dieser Richtung um die Strecke $\mathrm{d}\varrho$ verschoben wird. Wir wollen das Produkt der Feldkomponente in dieser Richtung mit $\mathrm{d}\varrho$ berechnen. Anstatt den Punkt P in die Richtung ϱ zu verschieben, können wir auch den Stromkreis C um die gleiche Strecke $\mathrm{d}\varrho$ in die entgegengesetzte Richtung verschieben (Abb. 18). Abb. 19 zeigt eine Vergrößerung der Verschiebung des Elementes $i \cdot \mathrm{d}s$.

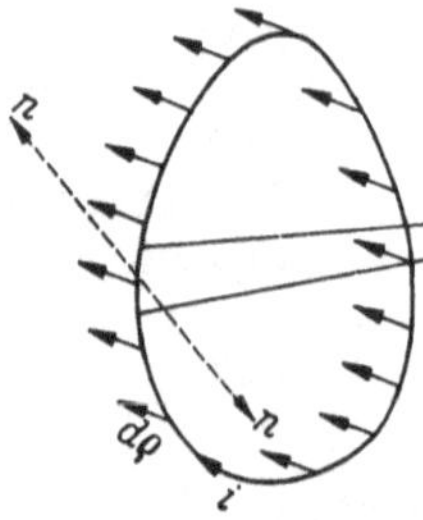

Abb. 18

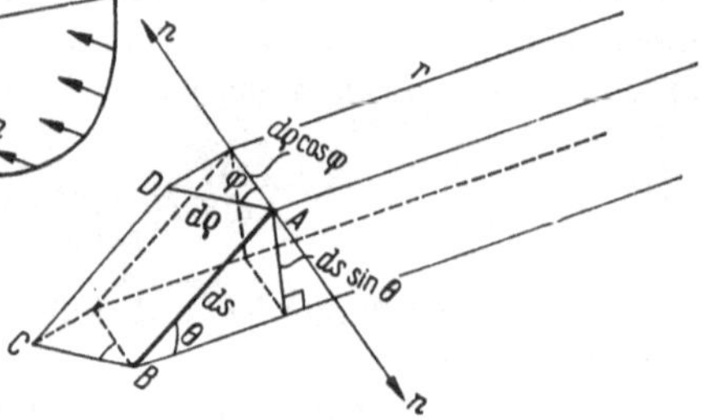

Abb. 19

Nach der Biot-Savartschen Formel ist das Feld im Punkt P gleich

$$\boldsymbol{B} = \sum K \frac{i \cdot \mathrm{d}s \sin \theta}{r^2} \boldsymbol{n}.$$

Hier ist $\boldsymbol{n}$ der Normaleinheitsvektor zu der Ebene, in der r und ds liegen.

Die Komponente von $\boldsymbol{B}$ in Richtung von ϱ ist gleich

$$B_p = B \cos \varphi = \sum K \frac{i \cdot \mathrm{d}s \sin \theta}{r^2} \cdot \cos \varphi \cdot \boldsymbol{\varrho}\,;$$

dabei ist $\boldsymbol{\varrho}$ der Einheitsvektor in Richtung von ϱ und φ der Winkel zwischen ϱ und der Normalen der durch ds und r gegebenen Ebene

$$B_\varrho\, d\varrho = \sum K \frac{i \cdot \mathrm{d}s \sin \theta}{r^2} \cdot \cos \varphi \cdot \mathrm{d}\boldsymbol{\varrho}.$$

Bei der Verschiebung um dϱ bewegt sich das Element $i \cdot$ ds von AB nach CD (Abb. 19). Nun sieht man aus Abb. 19, daß die Größe

$$\mathrm{d}s \cdot \mathrm{d}\varrho \sin \theta \cdot \cos \varphi$$

eine Fläche ist, die gleich der Projektion von $ABCD$ auf die Ebene ist, zu der der Ortsvektor von P ein Normalenvektor ist.
Somit ist

$$\frac{\mathrm{d}s \cdot \mathrm{d}\varrho \sin\theta \cdot \cos\varphi}{r^2}$$

gleich dem Raumwinkel, unter dem die kleine Fläche $ABCD$ vom Punkt P aus gesehen wird. Wir erhalten also durch Summation über den gesamten Stromkreis

$$B_p \,\mathrm{d}\varrho = Ki \cdot d\omega\,.$$

Hier ist $\mathrm{d}\omega$ die Änderung des Raumwinkels, unter dem der Stromkreis vom Punkt P aus gesehen wird, wenn wir den Stromkreis um $\mathrm{d}\varrho$ verschieben. Dieser Verschiebung entspricht genau eine Verschiebung des Punktes P um die gleiche Strecke in der entgegengesetzten Richtung. Daraus folgt, daß die magnetische Induktion, die an einem Punkt P von einem elektrischen Stromkreis hervorgerufen wird, einfach gleich dem Gradienten der Potentialfunktion

$$K \cdot i \cdot \omega$$

ist.

Somit ist

$$\boldsymbol{B} = K \cdot i \operatorname{grad} \omega\,.$$

Das richtige Vorzeichen hängt von der Vereinbarung ab, die man bezüglich des Vorzeichens des Raumwinkels getroffen hat.
Dem Leser wird bekannt sein, daß diese Potentialfunktion, $K \cdot i \cdot \omega$, nur dann verwendet werden kann, wenn die Ströme auf wohldefinierte Kreise von Drähten beschränkt sind und das Induktionsfeld außerhalb der stromführenden Leiter untersucht wird. Dieses Potential ist nicht eindeutig. Das Integral über $\boldsymbol{B}$ längs eines geschlossenen Weges ist nur dann gleich Null, wenn der Integrationsweg keinen Strom umschließt. Im letzteren Fall nimmt das Potential nicht wieder seinen Anfangs-

wert an, da sich der Raumwinkel längs des Weges kontinuierlich vergrößert oder verkleinert, je nachdem, in welcher Richtung der Weg durchlaufen wird. Falls nämlich $\boldsymbol{B}$ der Gradient eines skalaren Potentials ist, muß natürlich rot $\boldsymbol{B}$ gleich Null sein, da die Rotation eines beliebigen Gradienten identisch verschwindet. Wie wir im folgenden Paragraphen sehen werden, ist rot $\boldsymbol{B}$ nur in solchen Gebieten gleich Null, in denen keine Ströme fließen. Trotzdem gibt es viele Probleme, bei denen man die magnetische Induktion aus einem Potential berechnen kann, zum Beispiel bei elektrischen Meßinstrumenten und der Stromwaage.

Es gibt zwei wichtige Unterschiede zwischen dem magnetischen und dem elektrostatischen Potential. Erstens ist das magnetische Potential nicht eindeutig, wie wir gerade gesehen haben. Das elektrostatische Potential dagegen ist eindeutig. Zweitens ist das elektrostatische Potential eine skalare Größe, während das magnetische Potential ein Pseudoskalar ist. Das Vorzeichen, das man dem magnetischen Potential zuordnen muß, hängt von der Richtung des Stromes ab, d. h. davon, ob der das Feld erzeugende Strom rechts oder links herum fließt. Wird das Koordinatensystem an einer Ebene gespiegelt, so ändert sich das Vorzeichen des magnetischen Potentials. Das elektrostatische Potential dagegen bleibt bei einer solchen Transformation unverändert. Dieser Unterschied entspricht genau dem Unterschied zwischen polaren und axialen Vektoren. Ein gewöhnlicher Vektor, für den das Musterbeispiel die Verschiebung eines Punktes im Raum ist, wird polarer Vektor genannt. Er bleibt bei allen orthogonalen Transformationen unverändert, d. h. bei Translationen, Rotationen und Spiegelungen. In axiale Vektoren geht andererseits ein, ob das Koordinatensystem rechts- oder linkshändig ist. Sie transformieren sich bei Translationen und Rotationen des Koordinatensystems wie gewöhnliche Vektoren. Bei Spiegelungen ändert sich jedoch das relative Vorzeichen zwischen axialen und polaren Vektoren. Beispiele für axiale

Vektoren sind Drehmoment, Drehimpuls und die magnetische Induktion. Beispiele für polare Vektoren sind Geschwindigkeit, Beschleunigung, Kraft und die elektrostatische Verschiebung.

Das Durchflutungsgesetz

Aus dem Vorangegangenen folgt das bekannte Durchflutungsgesetz. Angenommen, wir integrieren über den Vektor $\boldsymbol{B}$ längs eines geschlossenen Weges, der einen Strom i einschließt. Dabei ändert sich der Raumwinkel, durch den das Potential zur Berechnung von $\boldsymbol{B}$ gegeben ist, kontinuierlich. Erreichen wir wieder den Ausgangspunkt, so ist die Gesamtänderung gleich 4π. Deswegen gilt

$$\int B \cdot \mathrm{d}s = 4\pi K \cdot i .$$

Umschließt der Integrationsweg keinen Strom, so ist

$$\int B \cdot \mathrm{d}s = 0 .$$

Die Modifikationen, die bei der Anwesenheit von magnetischen Substanzen nötig sind, werden wir erst nach der AMPÈREschen Theorie des Magnetismus betrachten. Dieses grundlegende Ergebnis ist also eine direkte Folge aus AMPÈRES Gesetz über die Wirkung von Stromelementen.

Haben wir mehr als einen solchen Strom vor uns, so addieren sich die Ergebnisse. In einem Gebiet, in dem Ströme fließen, kann jeder geschlossene Weg einen Strom einschließen. Integrieren wir der Reihe nach längs der elementaren Rechtecke $\mathrm{d}x \cdot \mathrm{d}y$, $\mathrm{d}y \cdot \mathrm{d}z$ und $\mathrm{d}z \cdot \mathrm{d}x$ über $\boldsymbol{B}$, so erhalten wir als Ergebnis den mit $4 \cdot \pi \cdot K$ multiplizierten Strom, der durch die Flächeneinheit fließt. Wird die Stromdichte durch den Vektor $\boldsymbol{j}$ dargestellt, so erhalten wir auf dem üblichen Weg

$$\operatorname{rot} \boldsymbol{B} = 4\pi K \boldsymbol{j} .$$

Der Vektor $\boldsymbol{B}$ ist dann nicht mehr als Gradient eines skalaren Potentials darstellbar.

Das Vektorpotential

Sind die elektrischen Ströme nicht auf bekannte Draht- oder andere Leiterkreise beschränkt, sondern über den Raum verteilt, so können wir mit Hilfe der differentiellen Form des AMPÈREschen Gesetzes ein Vektorpotential bestimmen. Auch in diesem Fall fließen konstante elektrische Ströme in geschlossenen Bahnen. Wir können deshalb die Schwierigkeiten, die die BIOT-SAVARTsche Form mit sich bringt, vermeiden, wenn wir über den gesamten, die Ströme enthaltenden Raum integrieren.

Wir wollen ein Element $i' \cdot \mathrm{d}s'$ betrachten, das sich im Ursprung des Koordinatensystems befindet und in z-Richtung zeigt, wie in Abb. 12. Der Betrag der magnetischen Induktion in einem Punkt $P(x, y, z)$ ist

$$K \frac{i' \cdot \mathrm{d}s' \sin\theta}{r^2} = Ki' \cdot \mathrm{d}s' \cdot \frac{PW}{r^3}.$$

Die Komponente in x-Richtung ist gleich

$$B_x = Ki' \cdot \mathrm{d}s' \cdot \frac{PW}{r^3} \cdot \frac{y}{PW}$$

$$= Ki' \cdot \mathrm{d}s' \cdot \frac{y}{r^3},$$

und die y-Kompenente ist gleich

$$B_y = Ki' \cdot \mathrm{d}s' \cdot \frac{x}{r^3}.$$

Außerdem ist

$$B_z = 0.$$

Wegen

$$r = \sqrt{(x^2 + y^2 + z^2)}$$

gilt

$$B_x = Ki' \cdot \frac{\mathrm{d}}{\mathrm{d}y} \left\{\frac{\mathrm{d}s'}{r}\right\},$$

$$B_y = -Ki' \cdot \frac{\mathrm{d}}{\mathrm{d}x} \left\{\frac{\mathrm{d}s'}{r}\right\},$$

$$B_z = 0.$$

Da $i' \cdot \mathbf{ds}'$ ein konstanter Vektor ist, dessen x-Komponente ebenso wie seine y-Komponente gleich Null ist, erhalten wir für die x-Komponente von rot $(i' \cdot \mathbf{ds}'/r)$

$$\frac{\mathrm{d}}{\mathrm{d}y}\left\{\frac{i' \cdot \mathrm{d}\mathbf{s}'}{r}\right\}$$

und für die y-Komponente

$$-\frac{\mathrm{d}}{\mathrm{d}y}\left\{\frac{i' \cdot \mathrm{d}\mathbf{s}'}{r}\right\}.$$

Die z-Komponente ist gleich Null. Mit

$$\boldsymbol{A} = K\,\frac{i' \cdot \mathrm{d}\mathbf{s}'}{r}$$

erhalten wir

$$\boldsymbol{B} = \operatorname{rot} \boldsymbol{A}.$$

Wenn der Strom über den gesamten Raum verteilt ist, müssen wir das lineare Stromelement $i' \cdot \mathrm{d}\mathbf{s}'$ durch die Stromdichte $\boldsymbol{j}$ ausdrücken. Fließt der Strom im Ursprung in die Richtung der z-Achse, so muß $i' \cdot \mathrm{d}\mathbf{s}'$ durch $\boldsymbol{j} \cdot \mathrm{d}x \cdot \mathrm{d}y \cdot \mathrm{d}z$ ersetzt werden, d. h. durch $\boldsymbol{j} \cdot \mathrm{d}v$, wobei $\mathrm{d}v$ ein Volumenelement ist.

Damit ergibt sich für den Beitrag dieses Volumenelementes zu $\boldsymbol{A}$

$$K\frac{\boldsymbol{j} \cdot \mathrm{d}v}{r},$$

und man erhält

$$\boldsymbol{A} = \int K\frac{\boldsymbol{j} \cdot \mathrm{d}v}{r}.$$

Vergleichen wir dieses Ergebnis mit dem Ausdruck für das elektrostatische Potential V, das durch eine Ladungsverteilung ϱ hervorgerufen wird,

$$V = \int \frac{\varrho \cdot \mathrm{d}v}{r},$$

so sehen wir, daß der Vektor $\boldsymbol{A}$ die POISSON-Gleichung

$$\nabla^2 \boldsymbol{A} = -4\pi K \boldsymbol{j}$$

erfüllt.

Außerdem gilt

$$\begin{aligned} \operatorname{rot} \boldsymbol{B} &= \operatorname{rot} \operatorname{rot} \boldsymbol{A} \\ &= \operatorname{grad} \operatorname{div} \boldsymbol{A} - \nabla^2 \boldsymbol{A} \\ &= 4\pi K \boldsymbol{j} \end{aligned}$$

und damit auch

$$\operatorname{grad} \operatorname{div} \boldsymbol{A} = 0 .$$

Hieraus ist zu sehen, daß div $\boldsymbol{A}$ eine Konstante ist. Es folgt aber nicht, daß div $\boldsymbol{A}$ gleich Null ist. Wir können jedoch zu $\boldsymbol{A}$ jederzeit einen Vektor addieren, dessen Rotation verschwindet, dessen Divergenz aber verschieden von Null sein kann. Mit anderen Worten, es ist immer möglich, $\boldsymbol{A}$ so zu wählen, daß div $\boldsymbol{A} = 0$ ist. Das so gewonnene $\boldsymbol{A}$ ist als Vektorpotential bekannt.[1])

Die Darstellung des magnetischen Feldes eines elektrischen Stromes durch Feldlinien. Die magnetische Induktion als divergenzfreier Vektor

Will man das Induktionsfeld in der Nähe eines elektrischen Stromes durch Induktionslinien darstellen, so muß man vorher zeigen, daß ein solches Feld die gleichen Eigenschaften hat wie ein durch Magnetpole verursachtes. Im magnetischen Fall kann man diese Eigenschaften aus dem Gesetz des reziproken Abstandsquadrates und

[1]) Diese Wahl von $\boldsymbol{A}$, durch die div $\boldsymbol{A} = 0$ wird, ist natürlich beliebig. Sie wird tatsächlich dann nicht mehr getroffen, wenn nichtstationäre Erscheinungen untersucht werden sollen. Aus der Bedingung der relativistischen Kovarianz findet man, daß man eine andere Wahl treffen muß, die mit den sogenannten Eichtransformationen zusammenhängt. Magnetische und elektrische Felder sind dann nicht mehr voneinander unabhängig, sondern werden verschiedene Aspekte der gleichen Sache. In diesem Buch werden wir uns jedoch auf stationäre Ströme beschränken, bei denen diese Fragen nicht auftreten. Die Wahl von $\boldsymbol{A}$ in der Weise, daß div $\boldsymbol{A} = 0$ ist, wird in diesem Fall zweckmäßigerweise getroffen.

dem davon abhängigen GAUSSschen Theorem herleiten. Falls die Felder von elektrischen Strömen hervorgerufen werden, muß das AMPÈREsche Gesetz diesen Platz einnehmen. Mit anderen Worten, man muß auf der Grundlage des AMPÈREschen Gesetzes zeigen, daß die von einem elektrischen Strom hervorgerufene Induktion durch einen divergenzfreien Vektor dargestellt werden kann. Ausgerüstet mit dem oben angegebenen Theorem über den Raumwinkel kann man ohne Schwierigkeiten zeigen, daß der Vektor $\boldsymbol{B}$ in außerhalb des Stromkreises liegenden Punkten divergenzfrei ist.

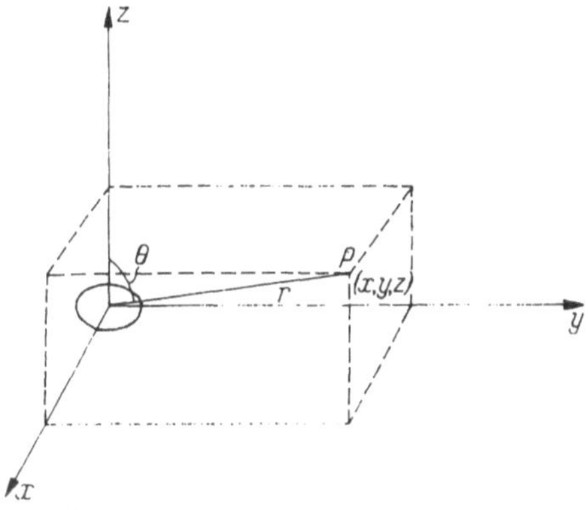

Abb. 20

Es reicht aus, dazu ein kleines Flächenelement α des Netzes, in das jeder Stromkreis zerlegt werden kann, zu betrachten. Wir legen den Koordinatenursprung in die Mitte eines solchen Flächenelementes, wobei die z-Richtung mit der Flächennormalen zusammenfällt (Abb. 20).

Der Raumwinkel, unter dem die Fläche α vom Punkt $P(x, y, z)$ aus gesehen wird, ist gleich

$$\omega = \frac{\alpha \cos \theta}{r^2} = \frac{\alpha \cdot z}{r^3}.$$

Es gilt

$$r = \sqrt{(x^2 + y^2 + z^2)}$$

und

$$\frac{\mathrm{d}r}{\mathrm{d}x} = \frac{x}{r}, \qquad \frac{\mathrm{d}r}{\mathrm{d}y} = \frac{y}{r}, \qquad \frac{\mathrm{d}r}{\mathrm{d}z} = \frac{z}{r}.$$

Damit ist

$$\frac{\mathrm{d}\omega}{\mathrm{d}x} = \frac{-3\alpha z}{r^4} \cdot \frac{\mathrm{d}r}{\mathrm{d}x} = \frac{-3\alpha z x}{r^5},$$

$$\frac{\mathrm{d}\omega}{\mathrm{d}y} = \frac{-3\alpha z y}{r^5},$$

$$\frac{\mathrm{d}\omega}{\mathrm{d}z} = \frac{-3\alpha z^2}{r^5} + \frac{\alpha}{r^3}.$$

Wir erhalten also für die drei Komponenten der magnetischen Induktion im Punkt P

$$B_x = \frac{-3\alpha z x}{r^5} \cdot K \cdot i,$$

$$B_y = \frac{-3\alpha z y}{r^5} \cdot K \cdot i,$$

$$B_z = \left\{ \frac{-3\alpha z^2}{r^5} + \frac{\alpha}{r^3} \right\} K \cdot i.$$

Somit ergibt sich

$$\frac{1}{K \cdot i} \frac{\mathrm{d}B_x}{\mathrm{d}x} = \frac{15\alpha z x^2}{r^7} - \frac{3\alpha z}{r^5},$$

$$\frac{1}{K \cdot i} \frac{\mathrm{d}B_y}{\mathrm{d}y} = \frac{15\alpha z y^2}{r^7} - \frac{3\alpha z}{r^5},$$

$$\frac{1}{K \cdot i} \frac{\mathrm{d}B_z}{\mathrm{d}z} = \frac{15\alpha z^3}{r^7} - \frac{6\alpha z}{r^5} - \frac{3\alpha z}{r^5}.$$

Hieraus erhalten wir durch Addition

$$\operatorname{div} \boldsymbol{B} = \frac{\mathrm{d}B_x}{\mathrm{d}x} + \frac{\mathrm{d}B_y}{\mathrm{d}y} + \frac{\mathrm{d}B_z}{\mathrm{d}z} = 0 .$$

Die magnetische Induktion, die von einem Element eines elektrischen Stromkreises erzeugt wird, ist also divergenzfrei. Diese Eigenschaft hängt nicht von der speziellen Lage ab, die wir oben für die Berechnung gewählt haben. Das Ergebnis ist für alle Elemente eines Stromkreises gültig und folglich für den Stromkreis als Ganzes.

Dieses Ergebnis ist von größter Bedeutung. Es zeigt, daß die Darstellung des von einem elektrischen Stromkreis hervorgerufenen Induktionsfeldes mittels stetiger Feldlinien in keiner Weise von einem Gesetz des reziproken Abstandsquadrates im Magnetismus abhängt. Die grundlegende Stellung, die der Magnetismus in der Theorie der Elektrizität einnimmt, muß man auf die Entwicklung der Theorie der Magnetfelder auf der Grundlage des Gesetzes des reziproken Abstandsquadrates für Magnetpole zurückführen. Elektrische Ströme wurden durch die ihnen entsprechenden magnetischen Beiträge ersetzt. Es ist natürlich durchaus zulässig, so vorzugehen. Man muß jedoch dieses Vorgehen durch Ampères Untersuchungen rechtfertigen. Trotzdem scheint dies ein ziemlich umständlicher Weg zu sein. Man erreicht das gleiche, ohne überhaupt eine Theorie der Magnetpole zu verwenden. Es schließt den Wunsch nach experimenteller Bestätigung eines Gesetzes des reziproken Abstandsquadrates für Magnetpole ein, das strenggenommen überhaupt nicht wesentlich ist und auf das man leicht verzichten kann. Darüber hinaus läßt sich das Gesetz des reziproken Abstandsquadrates für Magnetpole experimentell niemals so genau bestätigen, wie dies für die Genauigkeit der Messungen in der Elektrizität der Ströme nötig ist. Deshalb kann man es nicht gut als Grundlage für eine Theorie solcher Messungen verwenden. Ampères Vorschlag war, die gesamte Theorie auf der Grundlage der

Elektrizität der Ströme zu vereinigen. Diese Lösung wurde schließlich anerkannt. Allerdings wird dieses Ergebnis gewöhnlich erst nach einem überflüssigen, als Einleitung gedachten Abstecher in die Theorie des Magnetismus erreicht. Dies geschieht auf Grund eigenartiger Traditionen. Solange man dies in der Theorie des Magnetismus als grundlegend ansieht, können Irrtümer auftreten. Sobald wir wissen, daß die von elektrischen Strömen hervorgerufene magnetische Induktion $\boldsymbol{B}$ divergenzfrei ist, können wir das GAUSSsche Theorem anwenden. Die Induktionslinien schneiden die durch die Bedingung $\omega =$ const gegebenen Flächen unter rechten Winkeln. Wir wenden das GAUSSsche Theorem auf ein kleines Stück einer Induktionsröhre an, das durch die Feldlinien und zwei Flächen $\omega =$ const begrenzt wird. Wir finden, daß

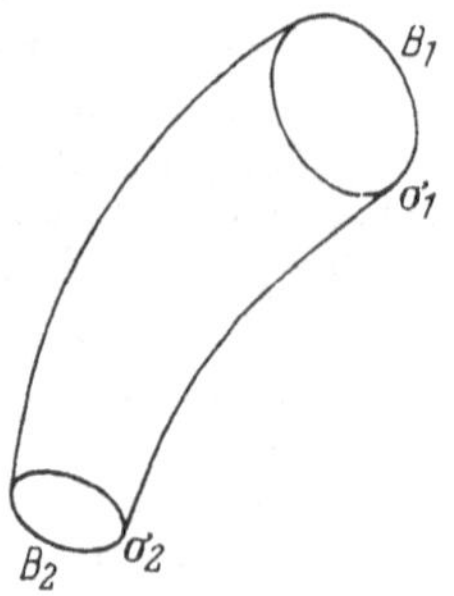

Abb. 21

$B_1\sigma_1 = B_2\sigma_2$ gilt. Dabei sind B_1 und B_2 die Beträge der magnetischen Induktion an den Enden, und σ_1 und σ_2 sind die Querschnittsflächen der Röhre an diesen Punkten. Damit kann man das von einem System elektrischer Ströme hervorgerufene Induktionsfeld sowohl in Betrag als auch in Richtung auf dem üblichen Weg darstellen, indem man die Zahl der Feldlinien pro Einheit der Querschnittsfläche proportional dem Betrag zeichnet.

Spätere Entwicklungen der Theorie des Elektromagnetismus basierten auf Feldtheorien. Die Vorteile einer

Feldtheorie sind nicht offensichtlich, wenn man sich auf die Betrachtung konstanter Ströme beschränkt. Dennoch sollte man vielleicht bemerken, daß die Felder selbst niemals wahrgenommen werden können. Der einzige Weg, auf dem man sie nachweisen kann, ist, ihre Wirkung auf in ihnen befindliche Körper zu beobachten. Felder als solche sind lediglich abstrakte Konzeptionen, die für die Interpretation des Verhaltens von Körpern brauchbar sind, das den Sinneswahrnehmungen direkter zugänglich ist. Ebenso verhält es sich mit vielen anderen hypothetischen Begriffen, die in der Physik verwendet werden. Es lohnt sich nicht, darüber zu streiten, ob sie „existieren" oder „nicht existieren".

Einheiten und Dimensionen

Wir wollen dieses Kapitel mit einer weiteren Betrachtung der Frage der Maßeinheiten abschließen. Dazu gehen wir von AMPÈRES Gesetz in seiner BIOT-SAVARTschen Form aus. Angenommen, die Kraft, die ein Stromelement $i \cdot d\mathbf{s}$ auf ein anderes $i' \cdot d\mathbf{s}'$ in der Entfernung r ausübt, sei durch

$$\boldsymbol{F} = K \left\{ \frac{i \cdot d\mathbf{s} \wedge \boldsymbol{r}}{r^3} \right\} \wedge i' \cdot d\mathbf{s}'$$

gegeben. Es ist unmöglich, das die Kraft hervorrufende Element ds zu isolieren, wie wir bereits diskutiert haben. Deswegen ist es besser, das Gesetz in der über den gesamten Stromkreis integrierten Form zu verwenden. Damit erhalten wir für $\boldsymbol{F}$

$$\boldsymbol{F} = K \left\{ \sum \frac{i \cdot d\mathbf{s} \wedge \boldsymbol{r}}{r^3} \right\} \wedge i' \cdot d\mathbf{s}' .$$

Wie bereits erwähnt, wurde die Konstante K eingeführt, um die Möglickeit der Anwendung verschiedener Maßsysteme zu berücksichtigen. Wir haben gesehen, daß bei der Verwendung von AMPÈRES elektrodynamischen

Einheiten $K = 1/2$ ist. Werden elektromagnetische Einheiten verwendet, so ist $K = 1$. In beiden Fällen wird die Kraft $\boldsymbol{F}$ in dyn gemessen. Wird andererseits das Ampere (ein Zehntel einer elektromagnetischen Einheit) für die Messung des Stromes, das Meter (100 cm) als Längeneinheit und das Newton (10^5 dyn) als Krafteinheit verwendet, so ist offensichtlich $K = 10^{-7}$.

Damit ist die Kraft im MKS-System (in Newton gemessen) durch das Vektorprodukt von

$$10^{-7}\left\{\sum \frac{i \cdot \mathrm{d}\boldsymbol{s} \wedge \boldsymbol{r}}{r^3}\right\} \quad \text{und} \quad i' \cdot \mathrm{d}\boldsymbol{s}'$$

gegeben.

Normalerweise bezeichnet man in jedem Maßsystem

$$K\left\{\sum \frac{i \cdot \mathrm{d}\boldsymbol{s} \wedge \boldsymbol{r}}{r^3}\right\}$$

als die magnetische Induktion, die vom Strom i im Stromkreis s an dem von $\mathrm{d}\boldsymbol{s}'$ eingenommenen Punkt hervorgerufen wird, und stellt sie durch den Vektor $\boldsymbol{B}$ dar.

Im MKS-System gibt es zwei verschiedene Möglichkeiten, den Vektor $\boldsymbol{B}$ im leeren Raum, außerhalb von magnetischen Stoffen, darzustellen. Es gibt zwei Systeme, das sogenannte „rationale“ und das „nichtrationale“ System. Es ist eine Frage der Zweckmäßigkeit und der Konvention, welches von ihnen man verwendet. Der Terminus geht auf Oliver Heaviside zurück. Er verwendete auch ein „rationales Stromelement“, für das vieles spricht. Allerdings läßt sich die Irrationalität, die dabei auf andere Konzeptionen übertragen wird, vermeiden. Im „nichtrationalen“ System wird der Vektor

$$\sum \frac{i \cdot \mathrm{d}\boldsymbol{s} \wedge \boldsymbol{r}}{r^3}$$

magnetische Feldstärke genannt und mit $\boldsymbol{H}$ bezeichnet. Die Konstante $K = 10^{-7}$ wird mit μ_0 bezeichnet und

„Permeabilität des Vakuums“ genannt. Somit ist im nichtrationalen System

$$\boldsymbol{B} = \mu_0 \cdot \boldsymbol{H} \qquad \text{und} \qquad \mu_0 = 10^{-7}.$$

Im „rationalen“ System trägt die Größe

$$\boldsymbol{H} = \frac{1}{4\pi} \cdot \sum \frac{i \cdot \mathbf{ds} \cdot \wedge \boldsymbol{r}}{r^3}$$

die Bezeichnung „magnetische Feldstärke“ und wird durch das Symbol $\boldsymbol{H}$ charakterisiert. Natürlich muß der Faktor 4π kompensiert werden. Deshalb wird er in der „Permeabilität des freien Raumes“ berücksichtigt, so daß

$$\mu_0 = 4\pi \cdot 10^{-7}$$

gilt.

Wieder ist

$$\boldsymbol{B} = \mu_0 \cdot \boldsymbol{H}.$$

Der Versuch, im freien Raum zwei verschiedene Vektoren $\boldsymbol{B}$ und $\boldsymbol{H}$ zu unterscheiden, hat zu ziemlich viel Verwirrungen geführt und scheint wenig zu nützen. Die grundlegende Tatsache, deren Folgerungen man experimentell testen kann, ist, daß elektrische Stromkreise aufeinander Kräfte ausüben. Diese Kräfte kann man durch Integration des AMPÈREschen Gesetzes für Stromelemente berechnen. Es scheint zweckmäßig zu sein, den Ausdruck in zwei Teile aufzuspalten, die den beiden Vektorprodukten entsprechen. Einer wird als Feld angesehen, das von dem einen Stromkreis erzeugt wird. Der andere Ausdruck gibt die Kraft an, mit der der zweite Stromkreis im Feld des ersten wirkt. Aber auch dies ist nur wenig mehr als eine Konvention. Es ist nur schwer einzusehen, daß eine weitere Zerlegung dieser Teilgrößen einen Vorteil mit sich bringt.

Ein anderer Fall liegt vor, wenn magnetische Medien zu berücksichtigen sind. Hier kann man experimentell zwischen zwei Vektoren unterscheiden.

Aber auch dann ist es günstig, beiden die gleiche Dimension zu geben. Wir können zu dieser Frage zurückkehren, wenn wir die Theorien des Magnetismus betrachtet haben, zu denen AMPÈRES Arbeit uns führen wird. In der Zwischenzeit scheinen einige Worte über Dimensionen allgemein am Platze zu sein.

Gewöhnlich führt man die Dimension einer physikalischen Größe auf die drei grundlegenden Dimensionen von Masse, Länge und Zeit zurück. So folgt zum Beispiel aus NEWTONS Postulat, nach dem die Kraft proportional dem Produkt aus Masse und Beschleunigung ist, bzw. aus der Gleichung

$$F = K \cdot M \cdot a,$$

daß die Dimension der Kraft gleich

$$MLT^{-2}$$

ist, wenn die Konstante L dimensionslos sein soll. In diesem Falle ist es nicht sinnvoll, K eine Dimension zuzuordnen. Diese Entscheidung ist jedoch in gewissem Grade willkürlich. Entscheiden wir uns, K eine Dimension zuzuordnen, so können wir die Dimension der Kraft beliebig ändern. Wir können auch die Kraft als Grundeinheit ansehen. Dann hat K die Dimension

$$FM^{-1}L^{-1}T^{2}.$$

Die Stromeinheit können wir durch Messen der Kraft zwischen zwei Stromkreisen bestimmen, die wir nach AMPÈRES Gesetz über die Wirkung von Stromelementen berechnen können. Wir können zum Beispiel die Kraft pro Längeneinheit ds zwischen zwei unendlich langen Drähten messen, die beide vom Strom i durchflossen werden und sich im Abstand d voneinander befinden. Nach AMPÈRES Gesetz ist die Kraft gleich

$$F = K \frac{2 \cdot i^2 \cdot \mathrm{d}s}{d}.$$

Wir können die Konstante K hier genauso behandeln wie die entsprechende Konstante in der Beziehung, durch die die Kraft definiert ist. Gehen wir so vor und machen wir die Konstante ebenfalls dimensionslos, so muß die Dimension des Stromes gleich

$$M^{1/2}L^{1/2}T^{-1}$$

sein.

Andererseits können wir, falls es erwünscht ist, eine neue Grundeinheit, die des elektrischen Stromes, einführen. In diesem Falle wird die Dimension von K

$$MLT^{-2}I^{-2}.$$

Solche Überlegungen führen zu den Dimensionen, die μ_0, $\boldsymbol{B}$ und $\boldsymbol{H}$ im MKS-System tragen. Damit erhalten wir im rationalen System für die Kraft zwischen Stromelementen im leeren Raum

$$\boldsymbol{F} = \frac{\mu_0}{4\pi}\left\{\sum \frac{i \cdot \mathrm{d}\boldsymbol{s} \wedge \boldsymbol{r}}{r^3}\right\} \wedge i' \cdot \mathrm{d}\boldsymbol{s}',$$

für $\boldsymbol{H}$

$$\boldsymbol{H} = \frac{1}{4\pi}\left\{\sum \frac{i \cdot \mathrm{d}\boldsymbol{s} \wedge \boldsymbol{r}}{r^3}\right\}$$

und für $\boldsymbol{B}$

$$\boldsymbol{B} = \mu_0 \cdot \boldsymbol{H}.$$

Nehmen wir den elektrischen Strom in unsere Liste der Grundeinheiten auf, so erhalten wir als Dimension von μ_0

$$MLT^{-2}I^{-2}.$$

Die Dimension von $\boldsymbol{H}$ ist

$$L^{-1}I$$

und die von $\boldsymbol{B}$

$$MT^{-2}I^{-1}.$$

Treffen wir diese Vereinbarungen, so müssen wir uns damit abfinden, daß $\boldsymbol{B}$ und $\boldsymbol{H}$ unterschiedliche Maßeinheiten haben. Außerdem kann dann μ_0 nicht mehr eine dimensionslose Konstante sein. Anderseits ist es ein offensichtlicher Fehler, dieser Sachlage irgendeine tiefere Bedeutung zuzumessen. Die Dimension von μ_0 hat mit den „Eigenschaften des leeren Raumes" nur insofern etwas zu tun, als diese Eigenschaften durch die von uns getroffenen Vereinbarungen bestimmt werden. Vereinbarungen können aus Gründen der Bequemlichkeit getroffen werden. Erweisen sie sich als zweckmäßig, so gibt es keinen Grund, sie nicht anzuwenden. Wir müssen jedoch die Vor- und Nachteile sehr sorgfältig abwägen, bevor wir unser System komplizierter machen und die zu behandelnden Größen vermehren. Wir sollten es uns genau überlegen, bevor wir zwei Größen einführen, wo eine genügt.

Es ist zweckmäßig, an dieser Stelle noch eine weitere Betrachtung vorzunehmen. Wir bezeichnen die elektrische Ladung mit q und den Strom mit q/t. Dann erhalten wir aus der Gleichung für die Kraft zwischen Stromelementen, daß

$$\mu_0 \cdot q^2 \cdot T^{-2}$$

die Dimension einer Kraft hat.

Wenden wir uns der Elektrostatik zu und benutzen wir die Gleichung für die Kraft zwischen zwei elektrischen Ladungen im leeren Raum

$$F = \frac{1}{4\pi\varepsilon_0} \cdot \frac{q \cdot q'}{r^2}$$

(ebenfalls in MKS-Einheiten), so sehen wir, daß

$$\varepsilon_0^{-1} \cdot q^2 \cdot L^{-2}$$

ebenfalls die Dimension einer Kraft haben muß. Daraus folgt, daß $1/(\varepsilon_0/\mu_0)$ die Dimension L^2T^{-2} haben muß, d. h. die Dimension eines Geschwindigkeitsquadrates. Es stellt sich natürlich in der Theorie des Elektromagnetismus heraus, daß $\varepsilon_0\mu_0$ gleich $1/c^2$ ist, wobei c die Lichtgeschwindigkeit ist. Das Produkt $\varepsilon_0\mu_0$ ist also eine experimentell bestimmbare Größe und kann nicht beliebig festgelegt werden. Im rationalen MKS-System gibt man μ_0 willkürlich den Wert $4\pi \cdot 10^{-7}$ Kilogramm · Meter · Sekunde^{-2} · Ampere^{-2} oder, wie man gewöhnlich sagt, Henry pro Meter. Das ist natürlich kein experimenteller Wert. Folglich hat ε_0 in diesem System einen experimentell zu bestimmenden Wert, nämlich

$$\varepsilon_0 = 8{,}85 \cdot 10^{-12}\,\mathrm{kg^{-1}\,m^{-3}s^4A^2}$$

oder auch Farad pro Meter. ε_0 ist im Prinzip meßbar, indem man die Kraft zwischen zwei Ladungen von je einem Coulomb, die einen Meter voneinander entfernt sind, bestimmt.

Im Moment können wir diese Diskussion nicht weiterführen, bevor wir nicht untersucht haben, was in magnetischen Substanzen vor sich geht. Die Grundlage für diese Untersuchungen wird die Ampèresche Theorie des Magnetismus bilden, der wir uns nun zuwenden müssen.

G. Ampères quantitative Theorie des Magnetismus

Nun haben wir nur noch Ampères Theorie des Magnetismus zu betrachten. Diese veröffentlichte er in der gleichen Abhandlung, in der er auch die Theorie des Gesetzes über die Wirkung von Stromelementen entwickelte. Eine qualitative Beschreibung der Theorie des Magnetismus findet man in der oben erwähnten Abhandlung (Teil 2, Abschnitt 3). Dieser Teil ist leicht verständlich. Es ist nicht schwer, sich Magnete als eine Anzahl von Teilchen vorzustellen, die alle in die gleiche Richtung zeigen und von ununterbrochenen elektrischen Strömen umflossen werden. In der Abhandlung von 1834, aus der die Auszüge in Teil 2, Abschnitt 4G stammen, wird die mathematische Entwicklung dieser Idee behandelt. Ampère zeigt dort, daß sein Gesetz über die Wirkung von Stromelementen die Tatsache befriedigend beschreibt, daß die von einem Magneten wahrgenommenen Kräfte auf zwei Punkte oder Pole an den Enden des Magneten gerichtet sind. Außerdem wird das COULOMBsche Gesetz, daß die Kräfte proportional dem reziproken Abstand sind, für die Kräfte zwischen den Polen erklärt. Er zeigte weiterhin, daß die Kräfte auf die Elemente eines elektrischen Stromkreises in der Nähe eines Magneten zwar senkrecht auf diesen Elementen stehen, daß aber trotzdem die Kraft auf den Pol selbst durch den Pol geht. Es wird auch gezeigt, daß die Kraft zwischen zwei Polen, in Übereinstimmung mit der Theorie, entlang der Verbindungslinie der Pole wirkt. Damit gelang es AMPÈRE, die Erscheinungen der beiden Gebiete, Magnetismus und Elektrizität der Ströme, im Detail in einer Theorie zusammenzufassen.

Wir können die Rechnungen, die AMPÈRE in seiner Abhandlung angab, abkürzen, indem wir bereits bekannte Ergebnisse verwenden. Zuerst müssen wir jedoch die Theorie, die wir bereits betrachtet haben, erweitern, zum Beispiel um die Herleitung einiger Ausdrücke, die er in seiner Theorie des Magnetismus verwendete. Wir wollen der mathematischen Theorie folgen, die er auf der Basis seiner Konzeption für den Magnetismus entwickelte. Dazu beginnen wir an der Stelle, wo er die Wirkung einer langen Spule mit kleinem Querschnitt diskutiert, auf der seine Theorie des Magnetismus aufgebaut ist. Als Element einer solchen Spule betrachtete er einen gegeschlossenen Stromkreis der Fläche λ. Wir erhalten die Formel, von der er in diesem Teil seiner Abhandlung ausgeht, durch eine sehr einfache Überlegung.

Wir wählen, wie AMPÈRE, das Koordinatensystem so, daß der Ursprung in der Mitte des kleinen Stromkreises liegt. Die Winkel zwischen der Flächennormalen und den drei Koordinatenachsen seien ξ, η und ζ. Wir wollen das Feld berechnen, das am Punkt $P(x, y, z)$ erzeugt wird (Abb. 22).

Der Winkel θ zwischen OP und der Normalen des Stromkreises ist durch

$$\cos\theta = \frac{x}{l}\cdot\cos\xi + \frac{y}{l}\cdot\cos\eta + \frac{z}{l}\cdot\cos\zeta$$

gegeben.

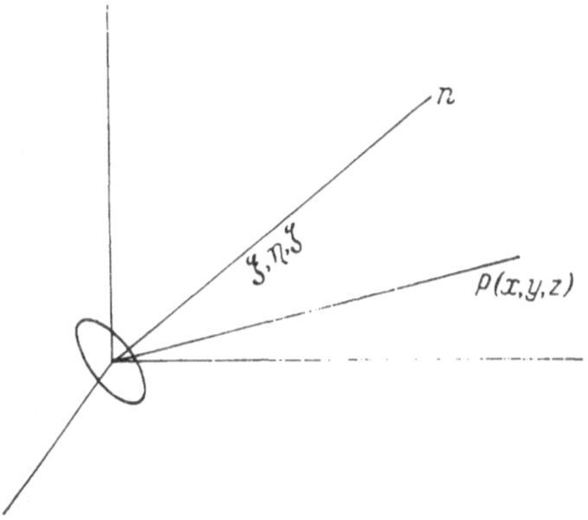

Abb. 22

Der Raumwinkel ω, unter dem der Stromkreis vom Punkt P aus gesehen wird, ist gleich

$$\omega = \frac{\lambda\cos\theta}{l^2} = \lambda\left\{\frac{x\cos\xi}{l^3} + \frac{y\cos\eta}{l^3} + \frac{z\cos\zeta}{l^3}\right\}.$$

Wegen

$$l = \sqrt{x^2+y^2+z^2}$$

und

$$\frac{dl}{dx} = \frac{x}{l}$$

gilt

$$\frac{1}{K\cdot i}B_x = \frac{d\omega}{dx} = \frac{-3\lambda\cdot x\,(x\cos\xi + y\cos\eta + z\cos\zeta)}{l^5} + \frac{\lambda\cos\xi}{l^3} = \frac{-3\lambda x\cdot l\cos\theta}{l^5} + \frac{\lambda\cos\xi}{l^3}.$$

Nun ist $l \cdot \cos \theta$ die Projektion des Ortsvektors $\boldsymbol{l}$ auf die Normale des Stromkreises. Diese Größe wurde von Ampère mit q bezeichnet. Damit erhalten wir für das erste Integral den Wert

$$A = \lambda \left\{ \frac{\cos \xi}{l^3} - \frac{3qx}{l^5} \right\}.$$

In den folgenden Paragraphen integriert Ampère dann diesen Ausdruck und ähnliche Ausdrücke für B_y und B_z für eine seiner elementaren Spulen.

Wir sind nun in der Lage, Ampères Rechnungen zu verfolgen, die zu seiner Theorie des Magnetismus führen. Nach diesen Rechnungen kommt ein langer, mathematisch sehr aufwendiger Abschnitt, in dem die Theorie des äquivalenten magnetischen Blattes für ein System von geschlossenen Stromkreisen ausgearbeitet wird. Es wird gezeigt, daß die Kräfte auf die Stromkreise die gleichen sind wie die auf die äquivalenten magnetischen Blätter. Damit ist Ampère in der Lage, die Stromkreise durch die äquivalenten magnetischen Blätter zu ersetzen. Abgesehen von der Bewunderung für Ampères mathematische Genialität, die diese Arbeit hervorruft, gibt es an dieser Stelle nur wenig, was ein detailliertes Studium lohnt. So, wie Ampère diese Theorie angibt, bringt sie gegenüber der aus der Theorie der Stromelemente gewonnenen nur wenig Neues. Außerdem sind beide Theorien natürlich vollkommen äquivalent. Tatsächlich stellt dieser Abschnitt eine Bewegung in eine Richtung dar, die der Grundrichtung in den übrigen Teilen seiner Arbeit entgegengesetzt ist. Letztere war natürlich, daß der Magnetismus durch elektrische Ströme erklärt werden soll und nicht umgekehrt, wie es in diesem Abschnitt seiner Arbeit zum Ausdruck zu kommen scheint. Mit Hilfe der in diesem Kommentar bereits beschriebenen Potentialfunktion, die proportional dem von einem Stromkreis aufgespannten Raumwinkel ist, können wir alle Ergebnisse der Theorie des Magnetismus in der Form magnetischer

Blätter verwenden. Wir brauchen uns aber dabei keine verteilten Magnete vorzustellen. Wird AMPÈRES These akzeptiert, so brauchen wir nur elektrische Ströme zu berücksichtigen und uns nicht um Verteilungen von Magnetpolen zu kümmern.

Mit Hilfe der dem Raumwinkel proportionalen Potentialfunktion können wir AMPÈRES Arbeit, die uns zu seiner Theorie des Magnetismus führt, viel einfacher darstellen. Wir wollen die von einer seiner, in einer Richtung unendlich langen, Elementarspulen hervorgerufene magnetische Induktion berechnen.

Dazu betrachten wir den Abschnitt AB einer solchen Spule mit der Dicke ds (Abb. 23). Für den entlang des

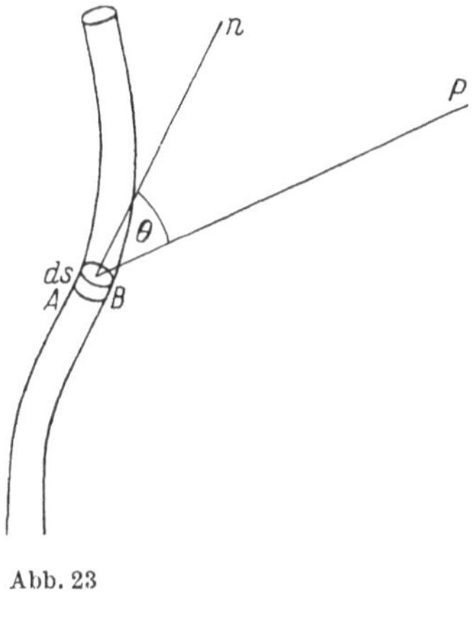

Abb. 23

Umfangs fließenden Strom schreiben wir wie AMPÈRE[1]) ds/g. Wir werden allerdings nicht AMPÈRES elektrodynamisches Maßsystem verwenden. $1/g$ ist also der die Spule pro Längeneinheit umfließende Strom in beliebigen Einheiten. Damit ist das von AB bei P hervor-

[1]) AMPÈRE schreibt dafür in Wirklichkeit $i \cdot ds/g$.

gerufene magnetische Potential gleich

$$K \cdot \frac{\omega \cdot \mathrm{d}s}{g};$$

ω ist der Raumwinkel, unter dem der Querschnitt der Spule bei AB von P aus gesehen wird. Für das von AB bei P hervorgerufene magnetische Potential ergibt sich damit

$$K \frac{\lambda \cos\theta}{r^2} \frac{\mathrm{d}s}{g}.$$

Wegen $\cos\theta = \mathrm{d}r/\mathrm{d}s$ erhalten wir für das magnetische Potential eines Querschnittselements der Spule

$$K \frac{\mathrm{d}}{\mathrm{d}s} \left\{\frac{\lambda}{g} \cdot \frac{1}{r}\right\} \mathrm{d}s.$$

Das magnetische Potential der gesamten Spule erhalten wir durch Integration dieses Ausdruckes über die gesamte Spulenlänge, d. h. durch Integration über ds. Wir erhalten für dieses Potential

$$K \frac{\lambda}{g} \left\{\frac{1}{r_1} - \frac{1}{r_2}\right\}.$$

Dabei sind r_1 und r_2 die Verbindungslinien von P zu den beiden Spulenenden. Ist die Spule in einer Richtung unendlich lang, wie die von AMPÈRE betrachteten Spulen, so ergibt sich für das magnetische Potential einfach

$$K \frac{\lambda}{g} \cdot \frac{1}{r}.$$

Dabei ist r die Entfernung zwischen P und dem nahegelegenen Ende der Spule.

Das von der Spule erzeugte Induktionsfeld ist der Gradient dieser Größe. Offensichtlich zeigt es radial nach außen und ist dem Quadrat des Abstandes vom Spulenende umgekehrt proportional. Damit zeigt dieser Teil der Theorie deutlich, daß das bekannte Verhalten eines langen Magneten durch das einer langen Spule beschrieben werden kann, solange es sich um die Wirkung auf ein oder mehrere Stromelemente handelt. Ordnet man eine Anzahl solcher Spulen nebeneinander an, kann man auch das Verhalten von Magneten mit endlicher Querschnittsfläche erklären. Darüber hinaus kann man, wie schon AMPÈRE zeigte, berücksichtigen, daß sich die Pole eines Magneten nicht ausschließlich an dessen Enden befinden. Dazu braucht man nur anzunehmen, daß die Spulen nicht völlig ausgerichtet sind.

Damit haben wir gezeigt, daß mit der auf der Wechselwirkung zwischen Stromelementen aufgebauten Theorie die Wechselwirkung zwischen zwei oder mehreren Stromkreisen und die von einem Magneten auf einen elektrischen Strom ausgeübte Kraft beschrieben werden kann. Um das Bild abzurunden, ist zu zeigen, daß die Wechselwirkung zwischen Magneten in gleicher Weise berücksichtigt werden kann. Dazu müssen wir die Kraft untersuchen, die eine Spule auf eine andere ausübt. Zuerst wollen wir die Kraft auf ein Stromelement $i \cdot \mathbf{ds}$ bestimmen, das sich in einem in die Richtung r weisenden magnetischen Induktionsfeld $\boldsymbol{B}$ befindet. Der Winkel zwischen dem Feld und dem Stromelement sei α (Abb. 24). Diese Kraft ist gleich $B \cdot i \cdot \mathrm{d}s \sin \alpha$ und steht auf der durch $\mathbf{ds}$ und $\boldsymbol{B}$ gegebenen Ebene senkrecht. Die Kraftkomponente in einer beliebigen Richtung ist durch $B \cdot i \cdot \mathrm{d}s \sin \alpha \cos \varphi$ gegeben, wobei φ der Winkel zwischen dieser Richtung und der Richtung der Gesamtkraft ist. Die Arbeit, die bei einer Verschiebung des Elementes um die Strecke $\mathrm{d}\varrho$ in dieser beliebigen Richtung verrichtet werden muß, ist dann $B \cdot i \cdot \mathrm{d}s \cdot \sin \alpha \cos \varphi \cdot \mathrm{d}\varrho$. Abb. 24 ist mit Abb. 19 geometrisch identisch. Die Größe $\mathrm{d}s \cdot \mathrm{d}\varrho \cdot \sin \alpha \cdot \cos \varphi$ ist gleich der Fläche AEFG. Deswegen ist $B \cdot \mathrm{d}s \cdot \mathrm{d}\varrho \times \sin \alpha \cdot \cos \varphi$ gleich der Anzahl der Feldlinien δN, die von dem Stromelement bei der Verschiebung $\mathrm{d}\varrho$ von AB nach CD geschnitten werden.

In der früheren Diskussion anhand von Abb. 19, als über einen gesamten Stromkreis summiert wurde, waren die Verschiebungen aller Elemente gleich. Addieren wir

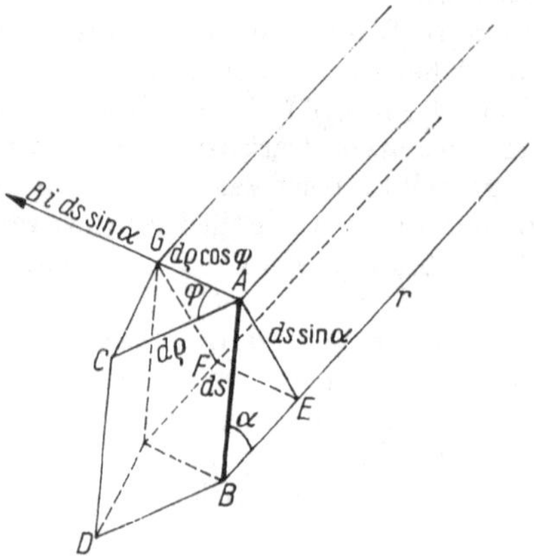

Abb. 24

im vorliegenden Fall die Beiträge der einzelnen Elemente eines vollständigen Stromkreises, so ist diese Einschränkung jedoch nicht mehr nötig. Das Ergebnis gilt für jedes einzelne Element und nicht nur dann, wenn über den gesamten Stromkreis summiert wird. Die Arbeit muß tatsächlich an jedem Element verrichtet werden. Es stimmt zwar, daß wir uns bei der Anwendung der Biot-Savartschen Formel auf vollständige Stromkreise beschränken müssen, wenn wir Ampères Grundannahmen akzeptieren. Dies haben wir aber im vorliegenden Fall schon getan, da wir $\boldsymbol{B}$ als gegeben ansehen. Aufgabe der Biot-Savartschen Formel ist es, uns die Berechnung von $\boldsymbol{B}$ zu ermöglichen. Dabei müssen wir jedoch nach Ampère stets über einen vollständigen Stromkreis integrieren. Hier nehmen wir an, daß dies schon gemacht worden ist. Da wir zulassen können, daß $d\varrho$ im vorliegenden Fall für verschiedene Teile des Stromkreises verschieden ist, gilt unser Ergebnis zum Beispiel auch für Drehungen und für Drehungen mit gleichzeitigen Translationen.

Beim Verschieben von ds von AB nach CD wird also die Arbeit $i \cdot \delta N$ verrichtet. Wir sehen, daß die bei einer kleinen Verschiebung des gesamten Stromkreises verrichtete Arbeit gleich $i \cdot \mathrm{d}N$ ist, wenn wir über den gesamten Stromkreis summieren. Dabei ist dN die Änderung der Anzahl der vom Stromkreis umschlossenen Feldlinien.

Das Ergebnis kann natürlich integriert werden und ist damit auf endliche Verschiebungen anwendbar. Wird nämlich der Stromkreis aus einer Lage, in der er N_1 Induktionslinien einschließt, in eine Lage gebracht, in der N_2 Induktionslinien umschlossen werden, so muß die Arbeit

$$i(N_2 - N_1)$$

verrichtet werden.

Dabei wurde angenommen, daß bei dieser Verschiebung nicht nur der Strom i in dem Stromkreis konstant bleibt, sondern auch der Strom in dem Stromkreis oder dem System von Stromkreisen, die das Induktionsfeld $\boldsymbol{B}$ erzeugen. Im allgemeinen erfordert dies ein ständiges Nachjustieren in beiden Stromkreisen.

Wir betrachten nun die Kraft, die zwischen zwei, in einer Richtung unendlich langen Spulen wirkt. Mit Hilfe des vorhergehenden Ergebnisses wollen wir zeigen, daß die Wirkungslinie dieser Kraft durch die Spulenenden verläuft. Dazu betrachten wir die Wirkung einer solchen halbunendlichen Spule PQ (Abb. 25), die bei P endet, auf ein Element einer anderen Spule MN, die bei M endet und sich in der Nähe befindet. Wir sehen, daß die von der Spule PQ erzeugten Induktionslinien strahlenförmig von deren Ende P ausgehen. Eine bestimmte Anzahl von diesen Induktionslinien durchstößt den elementaren Stromkreis AB, der ein Teil der zweiten Spule MN ist.

Wir betrachten die Verschiebung von AB, die durch eine Drehung um eine beliebige durch P gehende Achse erzeugt wird. Da die Induktionslinien strahlenförmig von P ausgehen, wird dabei die Zahl der AB durchstoßenden Induktionslinien nicht geändert. Die auf AB

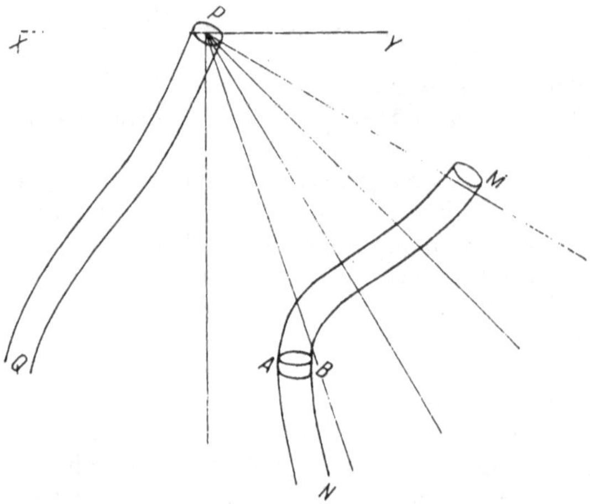

Abb. 25

wirkenden Kräfte verrichten also bei dieser Verschiebung keine Arbeit und können folglich bezüglich dieser Achse XY kein Drehmoment besitzen. Sie müssen sich deshalb entweder auf eine einzige, XY schneidende Kraft oder auf ein Kräftepaar in einer XY enthaltenden Ebene reduzieren lassen. Da aber XY eine beliebige, durch P verlaufende Achse ist, reduzieren sich die auf AB wirkenden Kräfte auf eine Einzelkraft. Diese Kraft schneidet immer die Achse XY, wie diese auch liegen mag. Folglich muß die Wirkungslinie der resultierenden Kraft durch den Punkt P verlaufen.

Dies gilt für alle Elemente der Spule MN. Die Wirkungslinie der Gesamtkraft auf diese in der Nähe von PQ befindliche Spule muß also ebenfalls durch P verlaufen. Es ist einfach, den Betrag und die Richtung dieser Gesamtkraft zu berechnen.

Wir haben bereits gesehen, daß das von einer halbunendlichen Spule erzeugte magnetische Potential durch den Ausdruck

$$K\frac{\lambda}{g}\cdot\frac{1}{r}$$

gegeben ist. Dabei ist λ die Querschnittsfläche der Spule, $1/g$ ist der in geeigneten Maßeinheiten gemessene Strom, der die Spule pro Einheitslänge umfließt, r ist der Abstand vom Ende der Spule. Die magnetische Induktion ist der Gradient dieser Größe. Wir erhalten für ihren Betrag

$$B=-K\frac{\lambda}{g}\cdot\frac{1}{r^2}$$

und sehen, daß sie radial vom Spulenende nach außen zeigt. Die Größen λ und g sollen sich auf die Spule PQ (Abb. 25) beziehen, und λ' und g' sollen die gleichen Größen für die Spule MN bezeichnen.

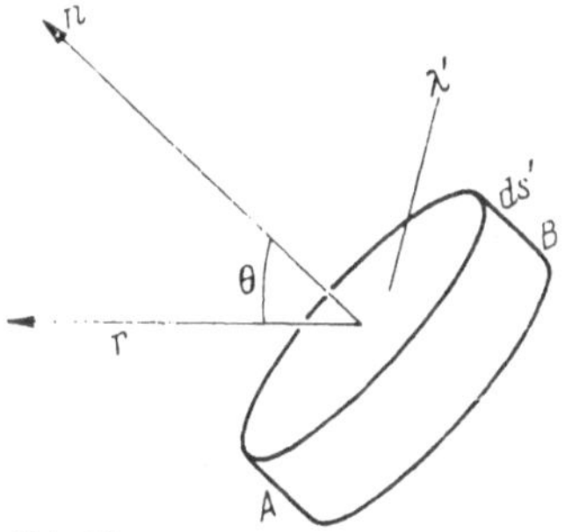

Abb. 26

Die Anzahl der Induktionslinien der Spule PQ, die den elementaren Stromkreis AB, einen Teil der Spule MN (Abb. 26), schneiden, ist gleich

$$N=K\frac{\lambda}{g}\cdot\frac{1}{r^2}\lambda'\cos\theta\,.$$

Dabei ist θ der Winkel zwischen r und der Normalen von AB.

Wir erhalten für die Kraftkomponente in einer beliebigen Richtung ϱ

$$\delta F_p = \frac{\mathrm{d}s'}{g} \cdot \frac{\mathrm{d}N}{d\varrho} = K \frac{\lambda \cdot \lambda'}{g \cdot g'} \cdot \frac{\mathrm{d}}{\mathrm{d}\varrho} \left\{\frac{\cos\theta}{r^2}\right\} \mathrm{d}s'.$$

Damit ergibt sich für die der gleichen Richtung entsprechende Komponente der gesamten auf die Spule MN wirkenden Kraft

$$F_p = K \frac{\lambda \cdot \lambda'}{g \cdot g'} \frac{\mathrm{d}}{\mathrm{d}\varrho} \int \frac{\cos\theta}{r^2} \mathrm{d}s'.$$

Nun ist aber

$$\cos\theta = \frac{\mathrm{d}r}{\mathrm{d}s'}.$$

Es gilt also

$$F_p = K \frac{\lambda \cdot \lambda'}{g \cdot g'} \frac{\mathrm{d}}{\mathrm{d}\varrho} \int \frac{1}{r^2} \cdot \mathrm{d}r$$

$$= K \frac{\lambda \cdot \lambda'}{g \cdot g'} \frac{\mathrm{d}}{\mathrm{d}\varrho} \left\{\frac{1}{r_1} - \frac{1}{r_2}\right\},$$

wobei r_1 und r_2 die Entfernungen des Punktes P von den beiden Enden der Spule MN sind. Wenn MN in der Richtung N unendlich ausgedehnt ist, reduziert sich dieser Ausdruck auf

$$F_p = K \frac{\lambda \cdot \lambda'}{g \cdot g'} \frac{\mathrm{d}}{\mathrm{d}\varrho} \left\{\frac{1}{r}\right\}.$$

Dabei ist r jetzt der Abstand zwischen M und P.

Die Kraft zwischen den beiden Spulen wirkt also offensichtlich entlang der Verbindungslinien MP und ist dem Quadrat des Abstandes zwischen M und P umgekehrt proportional. Sie ist gleich

$$F = K \frac{\lambda \cdot \lambda'}{g \cdot g'} \frac{1}{r^2}.$$

Diesen Ausdruck leitete auch schon AMPÈRE her. Allerdings benutzte er das elektromagnetische Maßsystem. Deshalb steht in seiner Formel anstelle des Faktors K der Wert von K in diesem Maßsystem, nämlich 1/2.

Dies ist in aller Kürze AMPÈRES Theorie des Magnetismus. Um sie auf endliche Spulen und damit auf Magnete endlicher Länge anwenden zu können, verwendete AMPÈRE folgendes Bild. Er betrachtete zwei halb unendliche Spulen, die die gleiche Achse hatten und in denen gleiche Ströme in entgegengesetzter Richtung kreisten. Diese Spulen waren axial gegeneinander verschoben. Damit konnte er das Verhalten von Magnetpolen mit Hilfe seiner äquivalenten Spulen vollständig simulieren.

Obwohl AMPÈRE weitergehen wollte, muß man seine Theorie keineswegs für mehr halten als für eine Beschreibung magnetischer Erscheinungen mit Hilfe der Wechselwirkung zwischen elektrischen Strömen. Dadurch konnte er beide Erscheinungen in einem System zusammenfassen. Seine Theorie erfordert lediglich die Anerkennung des Prinzips, daß sich magnetische Materialien, wenn sie magnetisiert sind, so verhalten, als ob sie von elektrischen Strömen umkreist werden. Die Ebene, in der der Kreisstrom fließt, liegt senkrecht zur Magnetisierungsrichtung. Die Wirkungen von Strömen innerhalb von homogen magnetisierten Substanzen heben sich gegenseitig auf. Dadurch erzeugt nur die Oberfläche Kräfte auf andere magnetische Körper oder auf elektrische Ströme. Es ist interessant zu sehen, wie weit diese einfachen Ideen von AMPÈRE reichen. Auf jeden Fall ist es nicht nötig, die Natur dieser Kreisströme zu untersuchen.

Durchfließt ein Strom i eine ebene Schleife der Fläche α, so besitzt er ein magnetisches Moment der Größe $i \cdot \alpha$, d. h., um ihn einem magnetischen Induktionsfeld der Stärke 1 parallel zu halten, ist eine Kopplung dieser Größe erforderlich. Die Komponente der Magnetisierung in einer beliebigen Richtung hängt von den gesamten von Strömen umflossenen Fläche ab, die senkrecht zu dieser Richtung ist. Somit erhalten wir, wenn $\sum$ die

Summation über das Einheitsvolumen bedeutet,

$$M_x = \sum i \cdot \alpha_x.$$

Würde dieses magnetische Moment von einem Strom i_x, der die Fläche $\mathrm{d}y \cdot \mathrm{d}z$ des elementaren Parallelepipeds $\mathrm{d}x \cdot \mathrm{d}y \cdot \mathrm{d}z$ umfließt, hervorgerufen (Abb. 27), gälte

$$i_x \mathrm{d}y \cdot \mathrm{d}z = M_x \mathrm{d}x \cdot \mathrm{d}y \cdot \mathrm{d}z,$$

so daß

$$i_x = M_x \cdot \mathrm{d}x$$

ist.

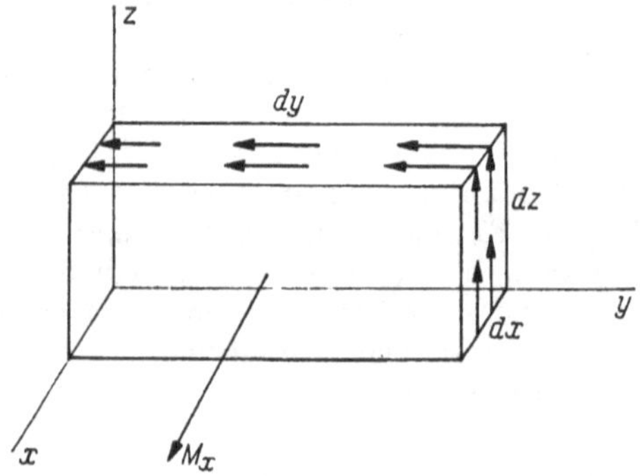

Abb. 27

Somit muß der Strom, der den elementaren Quader umfließt, gleich M_x, dividiert durch die Einheitslänge in x-Richtung, sein, falls er ein magnetisches Moment der Größe M_x pro Einheitsvolumen erzeugen soll. Größere Volumina können aus elementaren Quadern aufgebaut werden. Im Falle homogen magnetisierter Körper heben sich die Ströme auf inneren Oberflächen gegenseitig auf. Übrig bleibt ein äußerer Kreisstrom der Größe M_x pro Einheitslänge in x-Richtung.

Ist die Magnetisierung nicht gleichmäßig, kann man innerhalb des Materials eine Stromdichte definieren, deren z-Komponente durch

$$j_z' = \frac{\delta M_y}{\delta x} - \frac{\delta M_x}{\delta y}$$

gegeben ist. Die gesamte Stromdichte ist

$$\boldsymbol{j}' = \operatorname{rot} \boldsymbol{M}.$$

Existiert zusätzlich zu der AMPÈREschen Stromdichte $\boldsymbol{j}'$ noch eine „wirkliche" Stromdichte $\boldsymbol{j}$, so ist der Induktionsfluß durch

$$\boldsymbol{j} + \boldsymbol{j}'$$

gegeben, so daß

$$\operatorname{rot} \boldsymbol{B} = 4\pi\, K\,(\boldsymbol{j} + \boldsymbol{j}') = \mu_0(\boldsymbol{j} + \boldsymbol{j}')$$

(im MKS-System) gilt. Es ist also

$$\operatorname{rot}\,(\boldsymbol{B} - \mu_0\boldsymbol{M}) = \mu_0\boldsymbol{j}.$$

An dieser Stelle wird gewöhnlich der Vektor

$$\boldsymbol{H} = (\boldsymbol{B}/\mu_0) - \boldsymbol{M}$$

eingeführt, der als magnetische Feldstärke bekannt ist. Wir haben in diesem Kommentar bereits darauf hingewiesen, daß es üblich ist, zwischen den beiden Vektoren $\boldsymbol{B}$ und $\boldsymbol{H}$ im Vakuum zu unterscheiden (dort ist $\boldsymbol{M} = 0$), wo sie sich nur durch den Faktor μ_0 unterscheiden. Bevor der Vektor $\boldsymbol{H}$ auch im Falle magnetischer Körper verwendet wird, ist es ratsam, die Lage noch ein wenig genauer zu untersuchen.

Innerhalb der Atome und in den Zwischenräumen zwischen den Atomen ändert sich der Vektor $\boldsymbol{B}$ sehr stark, fast diskontinuierlich. Seine Brauchbarkeit in speziellen Fällen hängt davon ab, nach welchem Verfahren gemittelt wird. Um in einem magnetischen Material eine magnetische Messung durchzuführen, muß normalerweise ein Hohlraum geschaffen werden, in dem die Messung vorgenommen wird. Die Ergebnisse der Messung hängen von der Form dieses Hohlraumes ab. Es ist sinnvoll, einen langen schmalen Hohlraum einerseits und einen breiten flachen andererseits zu verwenden. Diese beiden Formen wurden zuerst von Lord KELVIN verwendet. Wir wollen diese beiden Fälle mit Hilfe der AMPÈREschen Ströme deuten.

Der Einfachheit halber wollen wir einen langen, gleichmäßig magnetisierten Stab betrachten. Im Innern dieses Stabes bringen wir einen langen schmalen Hohlraum an, dessen Achse der Stabachse parallel ist. Die Magnetisierung soll ebenfalls in die Richtung der Achse zeigen. Die AMPÈREschen Ströme kreisen um die Oberfläche des Stabes, wie in Abb. 28 dargestellt ist. Wird der Hohl-

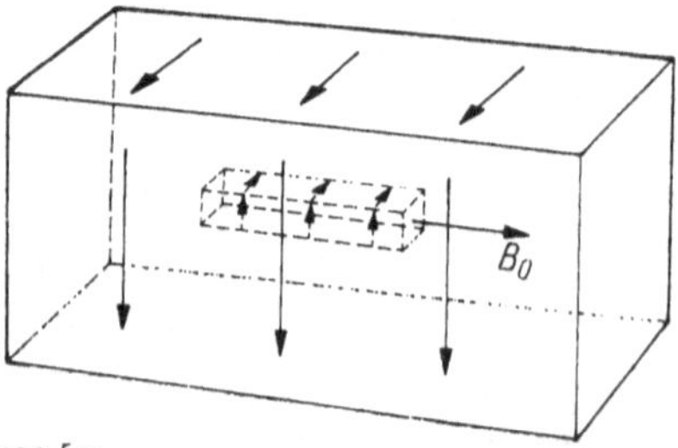

Abb. 28

raum angebracht, so kreisen weitere AMPÈREsche Ströme um die Oberfläche des Hohlraumes. Sie sind denen auf der Oberfläche des Stabes entgegengesetzt. Beide Ströme haben die gleiche Amperezahl pro Meter in der Richtung von $\boldsymbol{M}$. Sind sowohl der Stab als auch der Hohlraum lang, dann liegen die inneren Punkte in zwei koaxialen Spulen, die vom gleichen Strom pro Längeneinheit durchflossen werden. Damit erzeugt die Magnetisierung des Stabes an diesen Punkten keinen Induktionsfluß.

Messen wir andererseits die magnetische Induktion in einem breiten flachen Hohlraum, der senkrecht zur Magnetisierungsrichtung des Stabes liegt (Abb. 29), so tritt keine derartige Kompensation auf. Damit kann die

Magnetisierung des Stabes ihre volle Wirkung entfalten. Da der äquivalente AMPÈREsche Strom des Stabes gleich M Ampere pro Meter ist, erhalten wir für die magnetische Induktion

$$\boldsymbol{B} = \mu_0 \cdot \boldsymbol{M}.$$

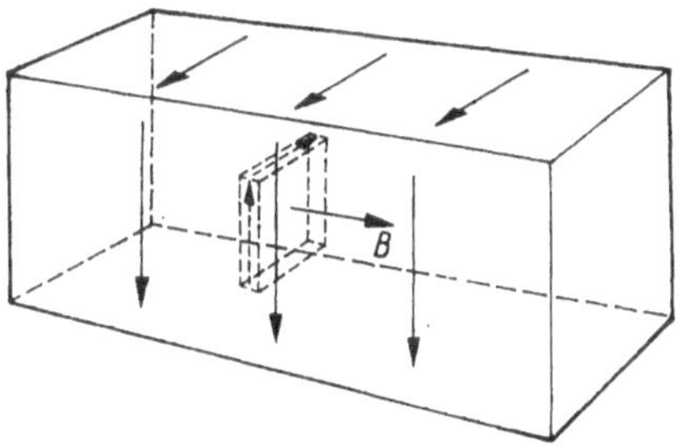

Abb. 29

Wir möchten noch Folgendes bemerken. Interpretieren wir nach AMPÈRE alle Erscheinungen, die mit den magnetischen Effekten von konstanten Strömen und Magneten zusammenhängen, mit Hilfe der äquivalenten Kreisströme, so können wir bei einer Messung an einem Raumpunkt nur die Kräfte auf Ströme bestimmen. Die Ergebnisse aller Messungen müssen deshalb den Wert der magnetischen Induktion an diesem Punkt ergeben. Keine Messung ergibt den Wert von $\boldsymbol{H}$, der magnetischen Feldstärke, die nicht direkt beobachtbar ist und nur indirekt über eine Messung von $\boldsymbol{B}$ bestimmt werden kann.

In elektromagnetischen Einheiten, in denen der Proportionalitätsfaktor K gleich 1 ist, stimmt der Wert der magnetischen Induktion in dem langen schmalen Hohlraum mit dem Wert der magnetischen Feldstärke $\boldsymbol{H}$ überein. Im MKS-System unterscheiden sich diese beiden Größen durch den Faktor μ_0, der dimensionsbehaftet ist. Das Problem ist eine Frage der Bezeichnung. Es wäre zweckmäßig, einen Terminus für die magnetische Induktion innerhalb des langen schmalen Hohlraumes zu haben, und es wäre ausreichend, den Terminus „magnetische Feldstärke“ in diesem Sinne zu verwenden. Es ist nicht sinnvoll, im MKS-System den Terminus „magnetische Feldstärke“ anders zu wählen. In diesem Stadium so vorzugehen, würde jedoch nur nutzlos Verwirrung anrichten, und der Autor ist der Meinung, daß die Bezeichnung „ursprüngliche magnetische Induktion“ und das Symbol $\boldsymbol{B}_0$ für diese Größe verwendet werden könnten. Bei allen Messungen wird nämlich nicht $\boldsymbol{H}$, sondern vielmehr $\boldsymbol{B}_0$ bestimmt. Der Zusammenhang ist allerdings trivial. $\boldsymbol{B}_0$ ist natürlich das gleiche wie $\mu_0\boldsymbol{H}$.

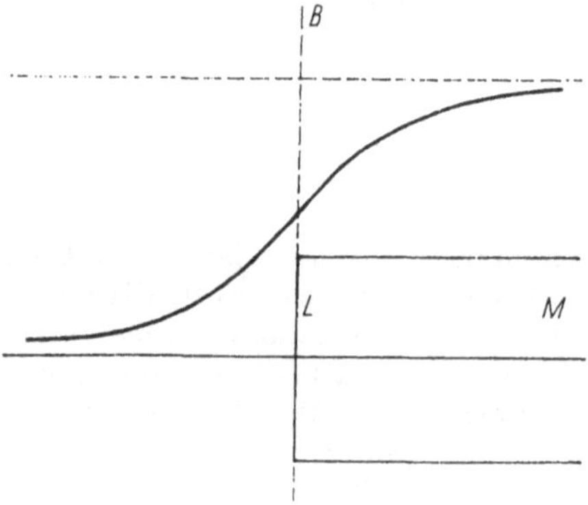

Abb. 30

Es ist interessant, das Verhalten der beiden Größen $\boldsymbol{B}$ und $\boldsymbol{B}_0$ entlang der Achse eines gleichmäßig magnetisierten Stabes zu betrachten. Im Falle von $\boldsymbol{B}$ ist das Verhalten das gleiche wie das in einer langen Spule. Die magnetische Induktion vergrößert sich beim Näherkommen des Stabes. Sie erreicht am Ende der Probe die Hälfte ihres Maximalwertes und nähert sich dann asymptotisch dem Maximalwert $\mu_0\boldsymbol{M}$ im Innern (Abb. 30).

Das Verhalten der ursprünglichen magnetischen Induktion $\boldsymbol{B}_0$ ist ganz anders. Außerhalb der Probe besteht zwischen B_0 und B kein Unterschied. Am Ende der

Probe jedoch kommen wir in den langen schmalen Hohlraum. Damit tritt eine zusätzliche entgegengesetzte magnetische Induktion auf, deren Betrag gleich dem Maximalwert von B ist, da in dem langen schmalen Hohlraum „Randeffekte" keine Rolle spielen. An diesem Punkt hat B erst den Wert $\mu_0 M/2$ erreicht. Also ist B_0 an der Oberfläche unstetig. Weiter im Innern erreicht B_0 auf der Achse den Wert Null (Abb. 31).

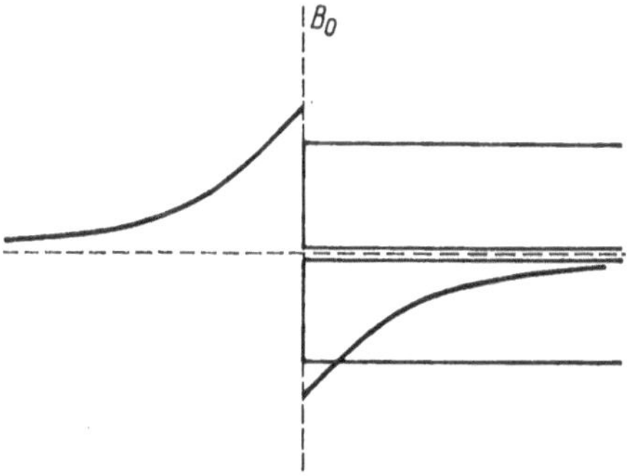

Abb. 31

Das Verhalten von B und B_0 entlang der Achse eines Stabmagneten kann experimentell demonstriert werden. Dazu verwendet man eine Anzahl von rechtwinkligen Magneten, wie sie in elektrischen Meßinstrumenten und Lautsprechern benutzt werden. Zur Messung von B werden die Magnete auf einer Leiste aus Holz, Aluminium oder aus einem anderen nichtmagnetischen Material so angeordnet, daß zwischen ihnen kleine Zwischenräume bleiben. Die magnetische Induktion in diesen Zwischenräumen kann mit Hilfe einer flachen Probespule gemessen werden, die an ein ballistisches Galvanometer angeschlossen ist. So eine Anordnung zeigt Abb. 32. Die Ergebnisse einer Meßreihe, die der Autor durchgeführt hat, sind in Abb. 33 dargestellt.

Um die ursprüngliche magnetische Induktion B_0 zu bestimmen, werden kleine Magnete mit einer Bohrung in der Mitte wie in Abb. 34 verwendet. Aus lackiertem Draht, der auf einen Hartgummistab aufgewickelt wurde, wurde eine kleine Probespule hergestellt, die in diese Bohrungen paßt. In Abb. 35 ist der Ausschlag des balli-

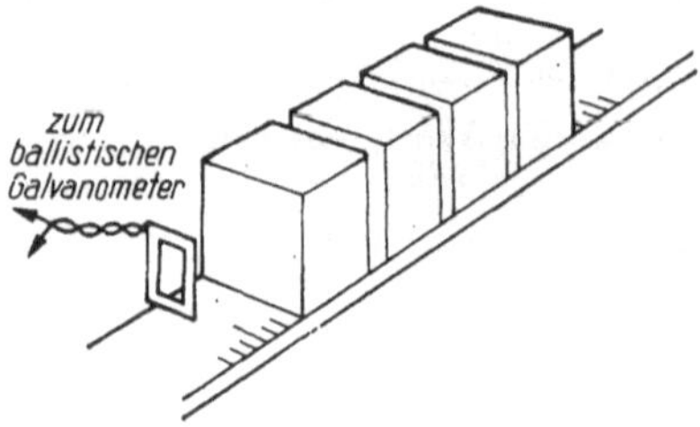

Abb. 32

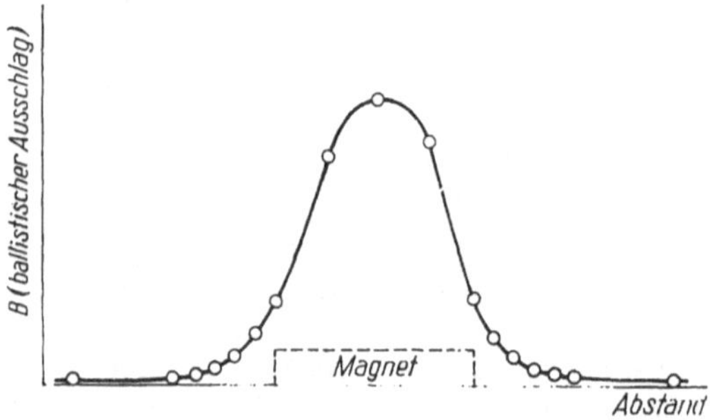

Abb. 33

stischen Galvanometers in Abhängigkeit von der Lage der Probespule auf der Achse dargestellt. Beim Versuch wurde die Probespule von dieser Lage aus an einen weit entfernten Punkt gebracht und der ballistische Ausschlag abgelesen. Die Kurve stimmt gut mit den theoretischen Voraussagen von Abb. 31 überein.

Wir wenden uns nun wieder der Gleichung

$$\operatorname{rot} \boldsymbol{B} = \mu_0(\boldsymbol{j} + \boldsymbol{j}')$$

zu.

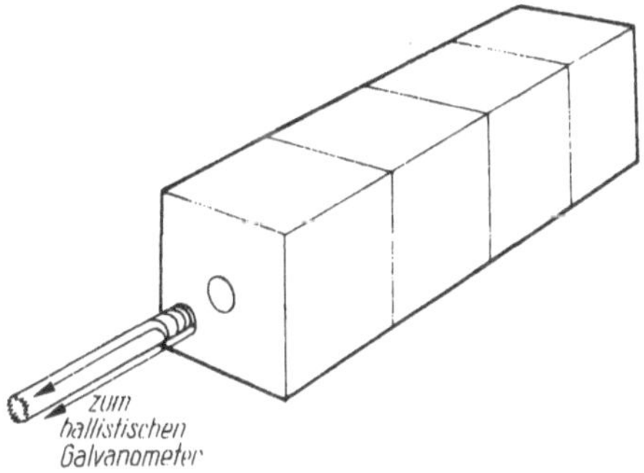

Abb. 34

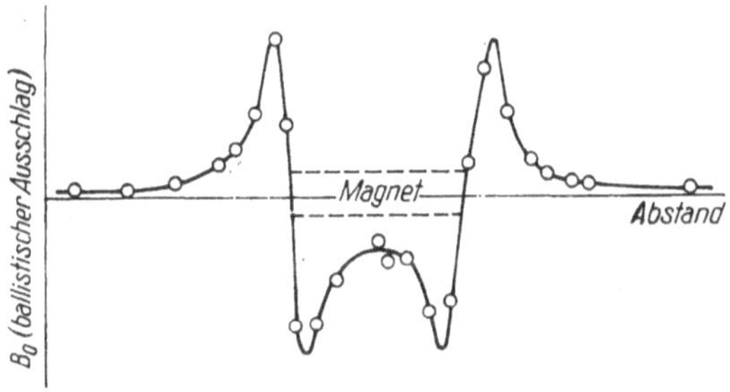

Abb. 35

In dem langen schmalen Hohlraum ist die Wirkung der lokalen Magnetisierung des Materials aufgehoben. Berechnen wir die Integrale über $B_0 \mathrm{d}s$ längs der elementaren Rechtecke $\mathrm{d}x \cdot \mathrm{d}y$, $\mathrm{d}y \cdot \mathrm{d}z$ und $\mathrm{d}z \cdot \mathrm{d}x$, so sehen wir, daß

$$\operatorname{rot} \boldsymbol{B}_0 = \mu_0 \cdot \boldsymbol{j}$$

ist. Wir erhalten also

$$\operatorname{rot} \boldsymbol{B} = \operatorname{rot} \boldsymbol{B}_0 + \mu_0 \operatorname{rot} \boldsymbol{M}$$

oder

$$\boldsymbol{B} = \boldsymbol{B}_0 + \mu_0 \boldsymbol{M}.$$

Für schwach magnetisierte paramagnetische und diamagnetische Substanzen ist

$$\mu_0 \boldsymbol{M} = k \cdot \boldsymbol{B}_0,$$

wobei k Suszeptibilität genannt wird. Ist ferner μ die Permeabilität der Substanz

$$\boldsymbol{B} = \mu \boldsymbol{B}_0,$$

so erhalten wir

$$\mu = 1 + k.$$

Wir wollen nun ein Element eines magnetischen Stoffes betrachten, das die Form einer flachen Scheibe der Dicke dt hat und in Richtung seiner Achse magnetisiert ist. Wenn M die Stärke der Magnetisierung ist, so ist der den Umfang umfließende AMPÈREsche Strom gleich $M \cdot \mathrm{d}t$. Wir betrachten jetzt das Integral

$$\int B \cdot \mathrm{d}s.$$

Der Integrationsweg ist durch eine unterbrochene Linie in Abb. 36 dargestellt. Er beginnt im Punkt A, der dicht über der Scheibenoberfläche auf der einen Seite liegt,

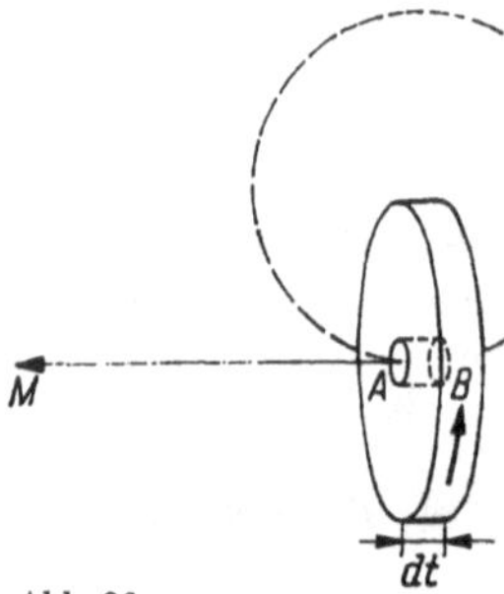

Abb. 36

und endet im Punkt B, der sich auf der anderen Seite, aber noch außerhalb der Scheibe, befindet. Wenn die Dicke des Elementes dt im Vergleich zum Durchmesser klein ist, ist dieses Integral gleich $\mu_0 \cdot i = \mu_0 \cdot M \cdot \mathrm{d}t$, da der Weg bis auf die kleine Strecke dt geschlossen ist. Außerhalb der Probe sind B und B_0 gleich. Wir wollen nun den Weg durch einen schmalen Hohlraum entlang der Scheibenachse schließen. Im Innern ist das Feld entgegengesetzt gerichtet, und die magnetische Induktion B_0 innerhalb des Materials ist

$$-\mu_0 \cdot M .$$

Damit ist

$$\int_B^A B_0 \mathrm{d}s = -\mu_0 \cdot M \cdot \mathrm{d}t .$$

Addieren wir dazu das Integral

$$\int_A^B B_0 \cdot \mathrm{d}s$$

über den anderen Weg APB, so sehen wir, daß bei der Integration entlang des geschlossenen Weges A über P nach B und zurück durch die Probe nach A

$$\int B_0 \cdot \mathrm{d}s = 0$$

ist. Die AMPÈREschen Ströme tragen also zu diesem Integral nicht mit bei.

Umschließt der Weg $APBA$ außerdem noch einen „realen" Strom i, so erhalten wir

$$\int B_0 \cdot \mathrm{d}s = \mu_0 \cdot i .$$

Dies stimmt mit dem Ergebnis, das wir bereits gefunden haben, überein, daß nämlich

$$\mathrm{rot}\, \boldsymbol{B}_0 = \mu_0 \cdot \boldsymbol{j}$$

gilt.

Als Anwendungsbeispiel für die Idee der AMPÈREschen Ströme betrachten wir den magnetischen Kreis. Wir wollen den Fall untersuchen, daß sich Proben von magnetischen

Materialien im Innern einer Ringspule mit n Windungen pro Längeneinheit befinden. Durch die Spule soll der Strom I fließen. N sei die Gesamtwindungszahl der Spule.

Durch Integration entlang der Mittellinie der Spulenquerschnitte erhalten wir

$$\int B_0 \cdot \mathrm{d}s = \mu_0 \cdot N \cdot I .$$

Diese Größe $\mu_0 \cdot N \cdot I$ wird magnetomotorische Kraft (MMK) genannt.

Wenn das Material die Permeabilität μ hat, gilt

$$\boldsymbol{B} = \mu \cdot \boldsymbol{B}_0$$

und damit auch

$$\int B_0 \cdot \mathrm{d}s = \int \frac{B \cdot \mathrm{d}s}{\mu} .$$

Wenn φ der gesamte Fluß durch die Probe ist und A deren Querschnittsfläche, erhalten wir

$$B = \frac{\varphi}{A} .$$

Damit ist

$$\mathrm{MMK} = \int B_0 \cdot \mathrm{d}s = \int \frac{\varphi \cdot \mathrm{d}s}{\mu A} .$$

Wenn wir annehmen, daß kein Fluß verlorengeht, so daß φ entlang der gesamten Spule konstant bleibt, erhalten wir für eine Reihe von Proben mit unterschiedlicher Permeabilität, die ohne Zwischenräume im Innern der Spule angebracht sind,

$$\mathrm{MMK} = \int \frac{\varphi}{\mu A} \cdot \mathrm{d}s = \sum \frac{\varphi L}{\mu A} .$$

Dabei ist L die Länge der Probe und die Summation erstreckt sich über alle Proben in der Spule.

Damit erhalten wir für den erzeugten Fluß den Ausdruck

$$\varphi = \frac{\text{MMK}}{\sum (L/\mu A)} = \frac{\mu_0 \cdot N \cdot I}{\sum (L/\mu A)}.$$

Die Größe $L/\mu A$ wird Reluktanz der Probe genannt. Wir sehen also, daß der magnetische Fluß in einem geschlossenen magnetischen Kreis gleich der magnetomotorischen Kraft, dividiert durch die Summe der Reluktanzen der Proben ist, die in der Spule liegen.

Die Theorie der magnetischen Kreise wird vor allem im Zusammenhang mit ferromagnetischen Materialien verwendet, zum Beispiel bei der Konstruktion von Motoren und Transformatoren. In einem solchen Falle kann der Wert von μ für Eisen durchaus in der Größenordnung von 2000 sein. Deshalb kann im Vergleich zu Luft die Reluktanz einer Eisenprobe als klein angesehen werden. Angenommen, wir haben es mit einer Spule zu tun, die auf einen Eisenring gewickelt ist, in dem ein schmaler Luftspalt ist. Bezeichnen wir die Spaltbreite mit G, so erhalten wir für die Reluktanz dieses Luftspaltes G/A, denn die Permeabilität μ für Luft ist gleich 1. Wenn die Reluktanz des Eisenringes klein gegen die des Luftspaltes ist, erhalten wir für den Fluß den Ausdruck

$$\varphi = \frac{\mu_0 \cdot N \cdot I}{G/A}$$

oder für die Induktion

$$B = \frac{\varphi}{A} = \frac{\mu_0 \cdot N \cdot I}{G}.$$

Diesen Betrag der magnetischen Induktion würde man erhalten, wenn man eine lange Spule mit sehr viel Windungen pro Längeneinheit herstellen würde. Die Induktion ist so groß, als ob alle Windungen der Spule auf die Länge des Spalts zusammengedrängt wären.

IV. Die Kritiker

Die von AMPÈRE entwickelte Theorie der Elektrodynamik der konstanten Ströme wurde von seinen Zeitgenossen sofort akzeptiert. Ihre mathematische Eleganz, die Ähnlichkeit der Methoden mit denen von NEWTON, die Analogie mit der Gravitationstheorie und dem Gesetz des reziproken Abstandsquadrates von COULOMB und die Gültigkeit der NEWTONschen Bewegungsgesetze in dieser Theorie erwiesen sich zusammen mit der Fähigkeit der Theorie, alle damals bekannten Erscheinungen einheitlich zu behandeln, als vollkommen überzeugend. Seine Theorie ist wirklich ein grundlegender Bestandteil der modernen Elektrodynamik. Im Jahre 1873 schrieb MAXWELL:

> „Die experimentellen Untersuchungen, auf deren Grundlage AMPÈRE die Gesetze der mechanischen Wechselwirkung zwischen elektrischen Strömen aufstellte, sind eine der glänzendsten Leistungen der Wissenschaft. Die Gesamtheit von Theorie und Experiment scheint mit einem Mal vollkommen zu sein; erdacht und mit allem ausgestattet von dem ‚NEWTON der Elektrizität'. Sie ist in ihrer Form vollendet und unanfechtbar in ihrer Genauigkeit. Sie ist in einer Formel zusammengefaßt, aus der alle Erscheinungen hergeleitet werden können und die immer eine der wichtigsten Formeln der Elektrodynamik bleiben muß."

Nichtsdestoweniger kritisieren viele Autoren AMPÈRES Interpretation der Wechselwirkung zwischen zwei Stromkreisen. AMPÈRE betrachtete diese Wechselwirkung als die Summe von Wechselwirkungen zwischen Paaren von Elementen der beiden Stromkreise. Jedes Element übt auf das andere eine Kraft aus, die entlang der Verbindungslinie wirkt und der Kraft, die das andere Element auf das erste ausübt, entgegengesetzt gleich ist. Es wäre verständlich und durchaus gerechtfertigt, die Grundidee als nicht durch Experimente überprüfbar zu kritisieren, denn Kräfte zwischen Stromelementen kann man nicht messen. Aber die meiste Kritik richtet sich gegen die spezielle Form des AMPÈREschen Ausdruckes. Wir möchten hier noch einmal MAXWELL zitieren, denn er stellte diesen Punkt sehr klar dar.

„Man kann im Zusammenhang mit diesen (AMPÈRES) Experimenten bemerken, daß jeder elektrische Strom einen geschlossenen Stromkreis bildet. Die von AMPÈRE verwendeten Ströme, die von einer VOLTAschen Batterie erzeugt wurden, waren natürlich geschlossene Ströme. Man könnte vermuten, daß bei der Entladung eines Leiters durch einen Funken ein Strom auftritt, der einen endlichen, offenen Weg fließt. Aber in Übereinstimmung mit den Ansichten dieses Buches (*Treatise on Electricity and Magnetism*) haben wir es auch in diesem Falle mit einem geschlossenen Stromkreis zu tun. Über die gegenseitige Wechselwirkung zwischen nicht geschlossenen Stromkreisen wurden keine Experimente durchgeführt. Man kann also sagen, daß keine Aussage über die Wechselwirkung zwischen zwei Stromelementen auf rein experimentellen Beobachtungen beruht. Natürlich können wir einen Teil eines Stromkreises beweglich anbringen, um so die Wirkung des anderen Stromes auf diesen Teil beobachten zu können. Aber diese Ströme bilden notwendigerweise zusammen mit dem beweglichen Teil wieder geschlossene Stromkreise. Damit kann man als Ergebnis eines lediglich die Wirkung eines oder mehrerer geschlossener Stromkreise auf einen vollständigen Stromkreis oder auf einen Teil eines vollständigen Stromkreises erhalten.“

MAXWELL fährt folgendermaßen fort und gibt die korrekte Interpretation des Begriffes „Stromelement“:

„Bei der Untersuchung der Erscheinungen können wir jedoch die Wirkung eines Stromkreises auf ein Element von sich selbst oder auf ein Element eines anderen Stromkreises als Resultierende einer Anzahl von Einzelkräften betrachten. Diese Einzelkräfte hängen von den Teilen ab, in die man sich den ersten Stromkreis für die mathematische Behandlung zerlegt denken kann. Dies ist lediglich eine mathematische Untersuchung der Wirkung und deshalb völlig gerechtfertigt; unabhängig davon, ob diese Kräfte wirklich wirken können oder nicht.“

Es ist bemerkenswert, daß die Diskussionen über die Form des Gesetzes von der Wirkung von Stromelementen so lange angehalten haben, sogar bis auf den heutigen Tag. Der Leser kann durchaus der Ansicht sein, daß Fragen, die nicht einmal prinzipiell an der Praxis geprüft werden können, nicht zur Wissenschaft gehören. Aber trotzdem wurde AMPÈRE viel kritisiert. Merkwürdigerweise scheint der einzige wunde Punkt seiner Theorie kaum kritisiert worden zu sein. Aber er glaubte nämlich, wie die meisten seiner Kritiker, er habe das Gesetz gefunden, das die wirkliche Wechselwirkung zwischen Stromelementen beschreibt. Und er begnügte sich nicht mit der Feststellung, daß sich vollständige Stromkreise so verhalten, als ob die einzelnen Elemente dieses Gesetz befolgen.

Der erste Kritiker, den wir anführen, ist GRASSMANN. Seine Arbeit befindet sich im zweiten Teil. HERMANN GÜNTHER GRASSMANN wurde am 15. April 1809 in Stettin geboren. Er lehrte dort bis zu seinem Tode am 26. September 1877. Er entwickelte die Idee, zur Darstellung geometrischer Größen Symbole zu benutzen, die nach bestimmten Regeln gehandhabt werden. Obwohl seine Ideen wegen seiner ungewöhnlichen Darstellungsweise nur langsam Anerkennung fanden, wird er als Schöpfer der Vektoranalysis angesehen. Deswegen ist die Vektordarstellung des AMPÈREschen Gesetzes normalerweise unter seinem Namen bekannt. Seine Kritik an AMPÈRES Ausdruck scheint jedoch wirklich nicht sehr tiefgründig gewesen zu sein. Wir drucken diese Arbeit als ein Beispiel einer Kritik ab, die AMPÈRE selbst zweifelsohne als metaphysische Spitzfindigkeit bezeichnet hätte; vor allem, da sie wirklich in keiner Weise wesentlich zur Theorie der Elektrodynamik beitrug. GRASSMANN erkannte an, daß der AMPÈREsche Ausdruck für geschlossene Stromkreise richtig ist, und baute seine eigene Arbeit auf dieser Annahme auf. Sein Beitrag bestand darin, daß er einen eleganteren Ausdruck vorschlug, der mit dem AMPÈREschen für geschlossene Stromkreise übereinstimmt. Nur für endliche Ströme stimmen die beiden Ausdrücke nicht überein. Er wies darauf hin, daß mit solchen Strömen noch nie experimentiert worden war, und hielt solche Versuche offensichtlich für möglich.

Grassmann brachte zwei Kritiken an. Eine von ihnen ist durchaus richtig, aber nicht überzeugend. Die andere ist metaphysisch und gehört nicht in das Gebiet der Wissenschaft. Die erste Kritik ist, daß Stromelemente sowohl eine Richtung als auch einen Betrag haben. Es gibt deshalb a priori keinen Grund, weshalb sie sich nach den gleichen Gesetzen wie Massenpunkte verhalten sollten. Es gäbe auch dann keinen Grund, daß sie sich so verhalten müßten, wenn sie einfache skalare Größen wären und nicht Vektorcharakter tragen würden. Sie sind nämlich keine Materieteilchen. Nur die Praxis kann Fragen über ihr Verhalten beantworten. Ampères Antwort auf diese Kritik von Grassmann wäre völlig klar. Es hat sich herausgestellt, daß die Wechselwirkung zwischen elektrischen Stromkreisen durch ein einfaches Gesetz beschrieben werden kann, das dem der Wechselwirkung zwischen Materieteilchen ähnlich ist. Es gibt keinen Grund, weshalb man die Theorie unnötig kompliziert machen sollte.

Die zweite Kritik von Grassmann trägt metaphysischen Charakter und betrifft zwei zueinander parallele Stromelemente. Ampères Formel zeigt, daß die Kraft zwischen zwei solchen Elementen gleich Null ist, wenn sie in einem Winkel von $\frac{1}{2}\cos^{-1}\frac{1}{3}$ zu der sie verbindenden Linie stehen. Außerdem wird aus der anziehenden Kraft eine abstoßende, wenn die Elemente gedreht werden und der Winkel mit der Verbindungslinie diesen Wert durchläuft. Grassmann findet dies zu unwahrscheinlich, um es akzeptieren zu können. Vor dieser Kritik braucht Ampère keine Angst zu haben. Grassmann kann seine Ansicht in keiner Weise auf Experimente stützen, und es gibt keinen Grund, weshalb sich die Natur nach den besonderen Ansichten eines jeden richten sollte.

Zu den Kritikern von AMPÈRE muß auch OLIVER HEAVISIDE gezählt werden. Er war ein sehr origineller und ziemlich ausdrucksstarker Autor. Er hatte wirklich Einwände gegen den Begriff des Stromelementes, wie er von AMPÈRE geprägt worden war. HEAVISIDE war durch und durch ein Maxwellianer und unterstrich besonders die Bedeutung der zirkularen Natur des elektrischen Stromes. Auf Seite 64 seiner *Theorie der Elektrizität* schrieb er:

„OERSTED und AMPÈRE schufen die Grundlagen für das erste Gesetz (dies ist das sogenannte Durchflutungsgesetz, daß nämlich $\oint H.\,ds$ gleich dem eingeschlossenen Strom ist, wenn dieser in passenden Maßeinheiten gemessen wird). OERSTED entdeckte, daß der elektrische Konflikt[1]) zylindersymmetrisch wirkt, und AMPÈRE führte fast gleichzeitig seine bemerkenswerten Untersuchungen durch. Das Gesetz lag damals jedoch noch nicht in der oben angegebenen Form vor. In der Tat war es üblich, in der langen Reihe von Untersuchungen zur Elektrodynamik, die der Entdeckung von OERSTED und den Arbeiten von AMPÈRE, HENRY und FARADAY folgten, Stromelemente zu betrachten. Man nahm an, daß diese Stromelemente ein bestimmtes magnetisches Kraftfeld hervorrufen. So natürlich dieses Vorgehen auch erscheinen mag, es war unglücklich gewählt, da es die Frage nach der Geschlossenheit der Ströme offen ließ. Man kann jetzt leicht sehen, daß allein diese Tatsache den weiteren Fortschritt stark hemmte. Betrachtet man nur geschlossene Ströme in einem Medium konstanter Induktivität, so liefert diese Möglichkeit, den Zusammenhang zwischen Strömen und der magnetischen Kraft zu berücksichtigen, den Umständen entsprechend richtige Ergebnisse. Sie sind denen äquivalent, die man aus dem Durchflutungsgesetz in seiner begrenzten Form erhält.

Angenommen, C ist die Stromdichte an einem bestimmten Ort. Dann ist die entsprechende magnetische Kraft durch

$$H = \frac{VC \cdot \boldsymbol{r}_1}{4\pi r^2} \tag{1}$$

---

[1]) Anmerkung der dt. Redaktion: Zum Begriff „elektrischer Konflikt" vgl. die Arbeit von OERSTED S. 37.

gegeben. Dabei ist r der Abstand vom Stromelement C und $\mathbf{r}_1$ ist ein Einheitsvektor, der vom Stromelement zu dem Punkt zeigt, an dem H bestimmt werden soll. ... Vom MAXWELLschen Standpunkt aus gesehen, entspricht das Feld H einer bestimmten zirkularen Stromverteilung, von der das betrachtete Stromelement nur ein Teil ist. Dieser geschlossene Strom verhält sich zu dem Stromelement genauso wie die magnetische Induktion eines Elementarmagneten zur Magnetisierung dieses Magneten. Wir nennen das vollständige System von elektrischen Strömen rationales Stromelement. Man kann leicht sehen, daß sich in einer zirkularen Verteilung von rationalen Stromelementen die äußeren Anteile des Stromes gegenseitig aufheben. Es bleibt nur der geschlossene Strom übrig, der aus den Elementen im früheren Sinne aufgebaut wird. Wir können deshalb ohne weiteres die Formel (1) zur Berechnung der magnetischen Kraft einer beliebigen zirkularen Stromverteilung verwenden. Dies trifft nicht nur für Leitungsströme (die einzigen, die den älteren Elektrizitätstheoretikern bekannt waren) zu, sondern auch für elektrische Ströme im weiteren Sinne, wie sie von MAXWELL eingeführt wurden.

... Aber diese Methode, von elektrischen Strömen auf die magnetischen Kräfte zu schließen, (oder äquivalente Methoden, bei denen Potentiale verwendet werden) ist für die Behandlung elektromagnetischer Wellen völlig ungeeignet. Sie erweist sich dabei als ausgesprochen unpraktisch."

Dieser Abschnitt wird vielleicht etwas klarer, wenn wir uns noch ein wenig mehr mit dem Werk dieses Mannes beschäftigen. HEAVISIDE baut seine Theorie auf gewisse Axiome auf. Hier wurde eines davon behandelt, das Durchflutungsgesetz. HEAVISIDES Standpunkt ist, wie der von NEWTON und AMPÈRE, seinem Charakter nach euklidisch. Sein Ziel ist es, auf der Grundlage weniger Axiome ein einheitliches logisches Schema aufzubauen. Wie diese Axiome aus bekannten Tatsachen hergeleitet werden können, wird nicht diskutiert. Vermutlich sollen sie a posteriori verifiziert werden.

HEAVISIDES sogenanntes rationales Stromelement besteht aus einem Strom i entlang des Elementes AB (Abb. 37) „im früheren Sinne". Der Kreisstrom wird im umliegenden Raum geschlossen. Er fließt entlang der

Kraftlinien eines Magneten, der mit AB zusammenfällt. Als Ursache dieses räumlichen Rückflusses kann man eine Senke der Stärke i bei A und eine Quelle gleicher Stärke bei B ansehen. Bringt man solche Stromelemente hintereinander an, so heben sich die Ströme im umliegenden Raum offensichtlich gegenseitig auf. Darauf hat schon Heaviside hingewiesen. Solange wir uns nur mit geschlossenen Stromkreisen beschäftigen, bringt diese Neuerung keine Änderung mit sich.

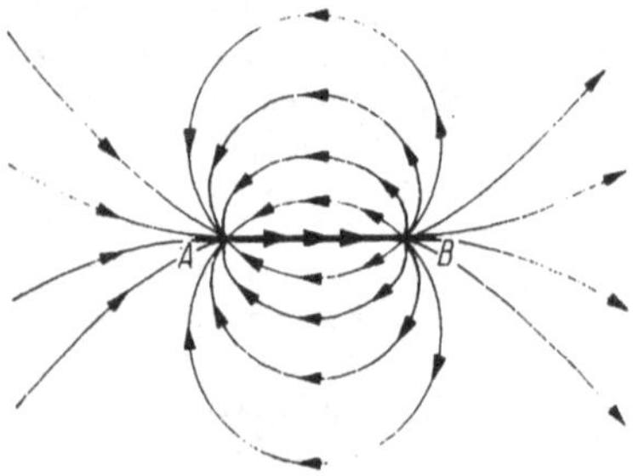

Abb. 37

Wir betrachten nun das Feld, das ein Heavisidesches Stromelement AB am Punkt P (Abb. 38) erzeugt. Aus Symmetriegründen ist es auf dem Kreis PP' mit der Achse

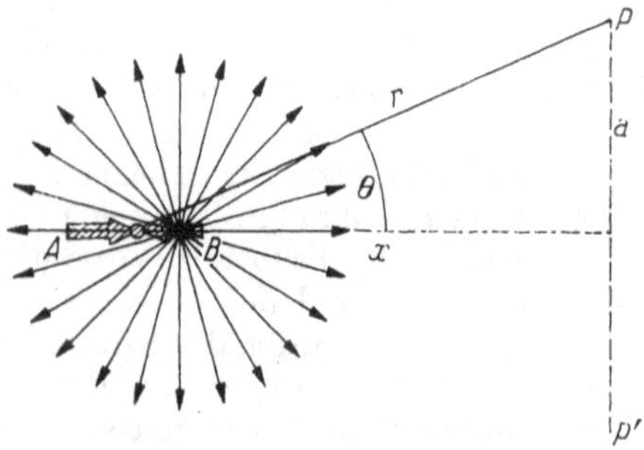

Abb. 38

AB und dem Radius a überall gleich. Der Raumwinkel, unter dem dieser Kreis von A bzw. von B aus gesehen wird, sei ω_1 bzw. ω_2. Der Strom, der durch diesen Kreis hindurch nach A fließt, ist $\frac{i}{4\pi} \cdot \omega_1$, und der Strom, der, von B herkommend, in entgegengesetzter Richtung durch diesen Kreis fließt, ist $\frac{i}{4\pi} \cdot \omega_2$. Der insgesamt durch den Kreis fließende Strom ist deshalb gleich

$$\begin{aligned}\frac{i}{4\pi}(\omega_1 - \omega_2) &= \frac{i}{4\pi} \cdot \frac{\mathrm{d}\omega}{\mathrm{d}x} \cdot \mathrm{d}s \\ &= \frac{i}{4\pi} \cdot \frac{\mathrm{d}}{\mathrm{d}x}\{2\pi(1 - \cos\theta)\}\,\mathrm{d}s \\ &= \frac{i}{2} \cdot \frac{\mathrm{d}}{\mathrm{d}\theta}\{1 - \cos\theta\} \cdot \frac{\sin\theta}{r} \cdot \mathrm{d}s \\ &= \frac{i}{2} \cdot \frac{\sin^2\theta}{r} \cdot \mathrm{d}s.\end{aligned}$$

Wenden wir das Durchflutungsgesetz an und verwenden wir in Übereinstimmung mit HEAVISIDE die Bezeichnung H für das magnetische Feld, so erhalten wir

$$2\pi \cdot a \cdot H = \mu_0 \frac{i}{2} \cdot \frac{\sin^2\theta}{r} \cdot \mathrm{d}s$$

und daraus

$$H = \mu_0 \frac{i \cdot \mathrm{d}s \sin\theta}{4\pi r^2}.$$

Dies ist HEAVISIDES Gleichung (1).

Wir haben gesehen, daß das Durchflutungsgesetz aus AMPÈRES Gesetz über die Wirkung von Stromelementen hergeleitet werden kann. Deshalb zeigt diese Diskussion lediglich, daß ein HEAVISIDEsches Stromelement, das mit der MAXWELLschen Idee „Ströme sind kontinuierliche Kreisbewegungen" verträglich ist, der Biot-Savartschen Form des Ampèreschen Gesetzes gehorcht.

Wir müssen noch etwas zu Heavisides letztem Paragraphen nachtragen, da wir in diesem Buch gerade die magnetischen Kräfte aus den Strömen bestimmen wollen. Obwohl er das Gegenteil behauptet, geht er ebenso vor. Er verschleiert diese Tatsache, indem er von den Umlaufgesetzen ausgeht und diese als Axiome nimmt. Der Ursprung dieser Axiome in der Natur, in der Beobachtung des Verhaltens von linearen elektrischen Strömen, wird in ein bis zwei Sätzen abgehandelt.

Um diesen Punkt klarzustellen, ist es zweckmäßig, zwischen logischer und erkenntnistheoretischer Priorität zu unterscheiden. Erkenntnistheoretisch gesehen waren die Eigenschaften von linearen elektrischen Stromkreisen vor den Axiomen bekannt, von denen Heaviside ausging. Nichtsdestoweniger erscheinen diese Eigenschaften bei ihm als Schlußfolgerungen. Er scheint die Schlußfolgerungen als Rechtfertigung seiner Voraussetzungen zu benutzen. In Wirklichkeit entwickelte er ein in sich geschlossenes logisches System. In diesem System erscheinen die älteren Stromelemente als Folgerungen aus den Axiomen und stehen nicht vor ihnen. Der Zweck dieser Darstellung kann deshalb nur sein, die Verallgemeinerung zu rechtfertigen, indem die Übereinstimmung mit den bereits bekannten Tatsachen gezeigt wird. Er vereinigt diese Teile des vorhandenen Wissens mit neuen Tatsachen, die aus seiner allgemeineren Theorie hergeleitet werden können. Dadurch vergrößert er etwas die Sicherheit, mit der sie bekannt sind. In diesem Falle allerdings nur wenig. Die wahrscheinlich beste Bestätigung von Ampères Gesetz ist die Übereinstimmung mit der Messung von Strömen mittels der Stromwaage. Diese Messungen sind sehr genau und bestätigen sein Gesetz mit einer Genauigkeit von 1 zu 10^5.

Später verwarf Whittaker[1]) die Formel von Biot-

[1]) Theories of the Aether und Electricity 1, 87.

SAVART und GRASSMANN, da diese nicht mit dem dritten NEWTONschen Axiom verträglich ist. Damit würde sich AMPÈRE natürlich völlig einverstanden erklärt haben. Aber WHITTAKER verwarf ebenso den Ausdruck von AMPÈRE. Denn dieser berücksichtigt nicht, daß neben einfachen anziehenden und abstoßenden Kräften auch Drehmomente auf Stromelemente wirken können. Dieser Punkt ist im wesentlichen der gleiche, der auch von GRASSMANN angegriffen wurde. Aber WHITTAKER gibt im weiteren einen allgemeineren Ausdruck an. AMPÈRE war die Möglichkeit des Auftretens solcher Drehmomente wohl bekannt, denn er bezieht sich auf sie im Falle der magnetischen Moleküle. AMPÈRE hatte ganz bestimmte Vorstellungen davon, was eine „wirklich elementare Kraft" ist. Auf Grund dieser Vorstellung wählte er, wie wir gesehen haben, einfache anziehende bzw. abstoßende Kräfte zur Beschreibung der Wechselwirkung zwischen Stromelementen. Nachdem er aber das Problem auf dieser Grundlage lösen konnte, vermochte er sich mit dem Hinweis, daß eine weitere Komplizierung überflüssig sei, völlig ausreichend zu verteidigen. Seine Lösung war die einfachste. Darüberhinaus steht seine Verteidigung auf einer festen, pragmatischen Grundlage. Er brauchte nicht einmal auf irgendein metaphysisches Prinzip, daß die Natur einfach aufgebaut ist, hinzuweisen. Es ist jedoch sicherlich vernünftig, die Rechnungen nicht unnötigerweise zu komplizieren. Nach den bisher bekannten Tatsachen reicht es zur Beschreibung der Natur aus, wenn man annimmt, konstante elektrische Ströme verhalten sich in geschlossenen Stromkreisen so, als ob die sie aufbauenden Elemente AMPÈRES Gesetz befolgen; in welcher Form es auch angewendet wird.

Auf den ersten Blick scheint es möglich zu sein, zwischen dem AMPÈREschen und dem BIOT-SAVARTschen Ausdruck zu unterscheiden, indem man die Kraft bestimmt, die ein Teil eines Stromkreises auf den Rest ausübt. Und wirklich, 100 Jahre nach AMPÈRE wurden zu diesem Zweck Experimente durchgeführt. Diese führten zu einigen Diskussionen, die 1936 begannen und sich etwa über zehn Jahre erstreckten.[1]) Das Problem läßt sich aber nicht so lösen. Denn beide Formeln führen auf divergente Integrale, wenn man annimmt, daß der Stromkreis aus linearen Strömen besteht. Man kann diese Schwierigkeit umgehen, wenn man sich den Stromkreis in einzelne elementare Stromfäden zerlegt denkt. Dann berechnen wir allerdings die Kraft, die alle übrigen Stromfäden auf einen ausüben. Diese Stromfäden bilden aber geschlossene Kreise, so daß beide Formeln gleiche Ergebnisse liefern. Es ist an sich Zeitverschwendung, wenn man über solche Experimente diskutiert, aber es ist auch interessant zu sehen, wie diese Situation entsteht.

Man kann leicht sehen, daß die Integrale wirklich divergieren, wenn lineare Ströme betrachtet werden. Wir wollen versuchen, die Kraft zu berechnen, die auf ein Element ds eines kreisförmigen Stromes von dem Rest des Stromkreises ausgeübt wird. Nach der BIOT-SAVARTschen Formel ist die vom Element ds' bei B auf das Element ds bei A ausgeübte Kraft (Abb. 39)

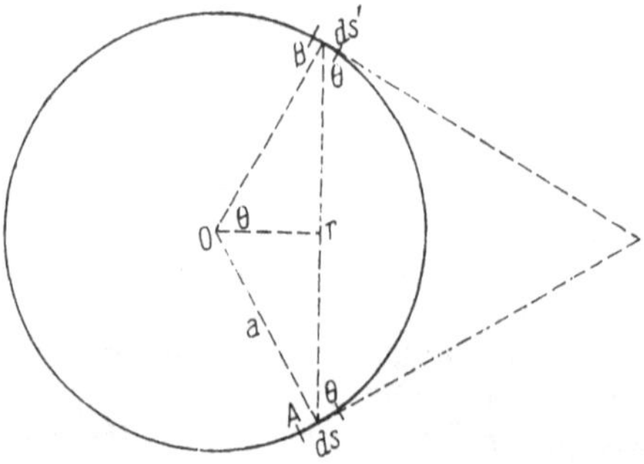

Abb. 39

[1]) F. F. CLEVELAND, Phil. Mag. **22** (1936), 416. DUNTON, Nature **140** (1937), 245. MATHUR, Phil. Mag. **32** (1941), 171. ROBERTSON, Phil. Mag. **36** (1945). 32.

betragsmäßig gleich

$$\frac{i^2 ds ds' \sin \theta}{r^2} = \frac{i^2 ds\, d\theta}{2a \sin \theta}.$$

Sie wirkt entlang der Linie OA. Für die Gesamtkraft auf ds ergibt sich

$$\frac{i^2 ds}{2a} \int_0^\pi \operatorname{cosec} \theta\, d\theta = \frac{i^2 ds}{2a} \left[\ln \tan \frac{\theta}{2} \right]_0^\pi.$$

Sie ist also unendlich.

Durch ähnliche Überlegungen erhält man aus dem AMPÈREschen Ausdruck für die Kraft entlang OA

$$i^2 ds \int_0^\pi \frac{(\cos^2 \theta + 2 \sin^2 \theta) \sin \theta}{2a \sin^2 \theta} d\theta$$

$$= \frac{i^2 ds}{2a} \int_0^\pi (\operatorname{cosec} \theta + \sin \theta)\, d\theta,$$

also ebenfalls unendlich.

Beide Formeln zeigen also, daß man die endliche Dicke des Drahtes berücksichtigen muß. Bevor wir diesen Fragenkomplex verlassen, wollen wir noch die Kraft auf ein Element eines Drahtes mit dem Radius r berechnen, der zu einem Kreis mit dem Radius a gebogen ist.

Zunächst betrachten wir die Wechselwirkung zwischen zwei Stromfäden F_1F_1' und F_2F_2' mit den Radien a_1 bzw. a_2 (Abb. 40). n_1 soll die Anzahl der von F_2F_2' erzeugten Induktionslinien sein, die durch F_1F_1' hindurchgehen; p_1 sei die Kraft, die pro Längeneinheit auf F_1F_1' wirkt. Wenn wir nun zulassen, daß sich F_1F_1' ausdehnt, und dabei F_2F_2' festhalten, erhalten wir

$$2\pi a_1 p_1 = j\, \frac{\partial n_1}{\partial a_1} d\alpha_1.$$

Dabei ist $d\alpha_1$ die Querschnittsfläche des Stromfadens F_1F_1'; j ist die Stromdichte.

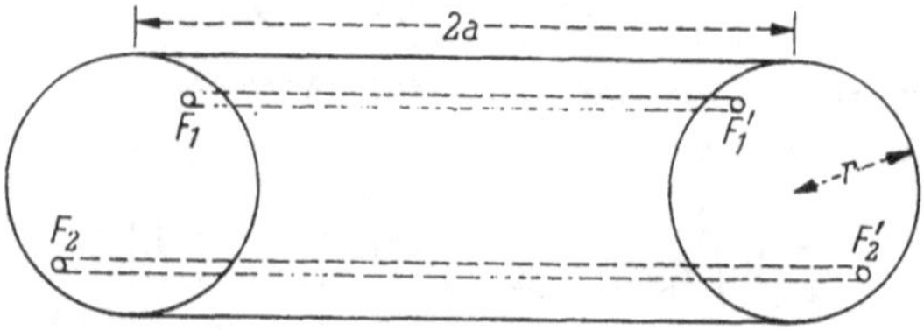

Abb. 40

Auf dem gleichen Wege erhält man für die auf F_2F_2' pro Längeneinheit wirkende Kraft

$$2\pi\alpha_2 p_2 = j\,\frac{\partial n_2}{\partial a_2}\,d\alpha_2 .$$

Wenn m der Koeffizient der gegenseitigen Induktion zwischen beiden Stromfäden ist, gilt

$$n_1 = mj d\alpha_2 \text{ und } n_2 = mj d\alpha_1 .$$

Damit gilt für den Fall, daß sich beide Stromfäden um den gleichen Betrag ausdehnen,

$$2\pi\,(a_1p_1 + a_2p_2) = j^2 d\alpha_1 d\alpha_2 \left\{\frac{\partial m}{\partial a_1} + \frac{\partial m}{\partial a_2}\right\}$$

$$= j^2 d\alpha_1 d\alpha_2\,\frac{dm}{da} .$$

Wenn P die radiale Kraft pro Längeneinheit ist, die auf den ganzen Draht wirkt, erhalten wir

$$2\pi a P = \sum 2\pi a_1 p_1$$

$$= \frac{1}{2}\sum 2\pi\,(a_1p_1 + a_2p_2) .$$

Der Faktor 1/2 im letzten Ausdruck erscheint, weil jeder Stromfaden doppelt gezählt wird.

Damit ist

$$2\pi a P = \frac{j^2}{2} \sum \mathrm{d}\alpha_1 \mathrm{d}\alpha_2 \frac{\mathrm{d}m}{\mathrm{d}a} = \frac{i^2}{2} \frac{\mathrm{d}L}{\mathrm{d}a}, \tag{1}$$

wobei L die Selbstinduktivität des Drahtkreises und i der Gesamtstrom ist. Ist r der Radius des Drahtquerschnittes, so ist der Wert von L in der ersten Ordnung von r/a gleich

$$L = 4\pi a \left\{\ln \frac{8a}{r} - \frac{7}{4}\right\}.$$

Das ergibt

$$P = \frac{i^2}{2} \left\{\ln \frac{8a}{r} - \frac{3}{4}\right\}.$$

Gleichung (1) kann man auch direkt aus dem Energieerhaltungssatz herleiten. Bei der Anwendung dieses Prinzips auf elektrische Stromkreise muß man aufpassen. Enthält der betrachtete Stromkreis nämlich eine Batterie, so kann diese Energie liefern, und man kann nicht von vornherein sagen, daß die Änderung der elektromagnetischen Energie gleich der äußeren Arbeit ist. Bei den oben durchgeführten Rechnungen benutzen wir lediglich Ampères Gesetz. In diesem Buch wollten wir uns auf die Betrachtung konstanter elektrischer Ströme beschränken. Damit dürfen wir strenggenommen gar nicht den von Faraday eingeführten Begriff der elektromagnetischen Energie verwenden. Wir wollen jedoch diese Einschränkungen einmal kurz fallenlassen. Um die Schwierigkeiten, die eine Batterie mit sich bringt, zu umgehen, betrachten wir einen Ring aus einem supraleitenden Material. In einem solchen Material kann ein konstanter Strom fließen, ohne daß eine äußere Stromquelle vorhanden ist. Außerdem kann in diesem Stromkreis keine EMK erzeugt werden. Damit gilt

$$\frac{\mathrm{d}}{\mathrm{d}t}(Li) = 0,$$

woraus sich

$$L\,\frac{\mathrm{d}i}{\mathrm{d}t} = -i\,\frac{\mathrm{d}L}{\mathrm{d}t}$$

ergibt.

Dehnt man einen Ring aus diesem Material, so muß die geleistete Arbeit gleich der Änderung der Feldenergie sein. Also ist

$$2\pi aP = -\frac{\mathrm{d}}{\mathrm{d}a}\left\{\frac{L\,i^2}{2}\right\} = -\left\{\frac{1}{2}\,i^2\,\frac{\mathrm{d}L}{\mathrm{d}a} + Li\,\frac{\mathrm{d}i}{\mathrm{d}a}\right\}$$

$$= \frac{i^2\mathrm{d}L}{2\,\mathrm{d}a}$$

und das ist Gleichung (1). Diese Methode ist auch in allgemeineren Fällen anwendbar.

Es gibt noch eine weitere Kritik, die vor kurzem an AMPÈRES Arbeiten geübt wurde. Diese wollen wir zum Abschluß betrachten. Sie sprengt wiederum den Rahmen dieses Buches, da sie mit Stromelementen operiert, die Strahlung aussenden, also nicht konstant sind. Die Elektrodynamik hat zwei Wurzeln. Die eine ist das Werk von AMPÈRE, der sich mit konstanten Strömen befaßte. Daraus ging das hervor, was HEAVISIDE „das erste Zirkulationsgesetz" nannte. Die zweite Wurzel ist das Werk von FARADAY, in dem veränderliche Ströme behandelt wurden und das zum „zweiten Zirkulationsgesetz" führte. Es ist nützlich, den Ursprung dieser Wurzeln zu betrachten. Man lernt dabei mehr als die mehr oder weniger schematische Anwendung eines deduktiven, auf Axiome aufgebauten Systems, wobei die Axiome alles andere als selbstverständlich sind. Es ist der Gegenstand dieses Buches, die Entwicklung und einige der Konsequenzen des Durchflutungsgesetzes zu verfolgen.

Die letzte Kritik, die wir betrachten wollen, stammt von GEOFFREY BUILDER[1]) und von ROSSER[2]). Beide nehmen

[1]) G. BUILDER, Bull. Inst. Phys. 9 (1958), 12.

[2]) W. G. V. ROSSER, Contemporary Physics, Vol. 3, 1961.

an, daß ein Stromelement aus negativen Ladungen besteht, die in einem kleinen Leiterstück an festen positiven Ladungen vorbeifließen. Sie gehen vom COULOMBschen Gesetz für statische Ladungen aus und wenden dann die relativistischen Gleichungen für den Fall bewegter Ladungen an. Dabei erhalten sie in der gesamten Ordnung in v/c den BIOT-SAVARTschen Ausdruck. Deswegen behauptete BUILDER, die AMPÈREsche Formel sei falsch. Sie sei mit der speziellen Relativitätstheorie und der allgemein anerkannten Elektrodynamik der Elektronen nicht verträglich.

Sind die eben betrachteten Stromelemente isoliert, so senden sie Strahlung aus. Am Anfang, zum Zeitpunkt $t = 0$, fallen die Ladungen mit entgegengesetzten Vorzeichen zwar zusammen, das ist aber zu späteren Zeitpunkten nicht mehr der Fall. Wenn sich die Ladungen trennen, entsteht ein elektrischer Dipol, und das ruft Strahlung hervor. PAGE und ADAMS[1]) zeigten, daß der von der Strahlung getragene Impuls gerade den Unterschied zwischen den Kräften ausgleicht, die zwei Stromelemente aufeinander ausüben. ROSSER betont, man solle die Stromelemente nicht als völlig von den Stromkreisen getrennt ansehen. Hierin hat er völlig recht. In einem geschlossenen Stromkreis entstehen gar keine Dipole, denn sie heben sich gegenseitig auf. Solange die Stromelemente jedoch Teile von geschlossenen Stromkreisen sind, kann man zwischen den Ausdrücken von AMPÈRE und BIOT-SAVART nicht unterscheiden. Für geschlossene Stromkreise sind entweder alle beide Ausdrücke mit der Relativitätstheorie verträglich oder keiner. Das Ergebnis der gesamten Diskussion ist deshalb notwendigerweise einfach, man soll das Gesetz über die Wechselwirkung von Stromelementen nur in seiner integrierten Form anwenden. Ein einzelnes Element eines konstanten Stromes ist ein Widerspruch in sich. Trotzdem ist es zulässig, wie MAXWELL sagte, daß man sich die Stromkreise zur

---

[1]) PAGE and ADAMS, Amer. J. Phys. 13 (1945), 141.

Berechnung in einzelne Stromelemente zerlegt denken kann. Und man kann sich vorstellen, daß zwischen diesen Stromelementen Kräfte wirken, unabhängig davon, ob es diese Kräfte in Wirklichkeit gibt oder nicht.

TEIL 2

1

A. Oersted

Versuche über die Wirkung eines elektrischen Stromes auf die Magnetnadel[1])

Die ersten Versuche über den hier behandelten Gegenstand führte ich im letzten Winter durch; und zwar in meinen Vorlesungen über Elektrizität, Magnetismus und Galvanismus. Diese Versuche scheinen zu zeigen, daß sich eine Magnetnadel mittels eines galvanischen Apparates aus ihrer Ruhelage bringen läßt. Allerdings muß der galvanische Kreis geschlossen sein und nicht offen. Bei offenem Kreis haben sehr berühmte Wissenschaftler vergebens nach diesem Effekt gesucht. Diese Experimente wurden mit einem schwachen Apparat durchgeführt und scheinen deshalb in Anbetracht der Wichtigkeit dieser Angelegenheit nicht ausreichend zu sein. Deshalb nahm ich meinen Freund ESMARCK zu Hilfe, um die Versuche mit einer sehr starken, von uns gemeinsam gebauten Batterie zu wiederholen und zu vervollkommnen. Auch der Regierungspräsident WLEUGEL war bei den Versuchen anwesend und half. Außerdem waren anwesend Herr HAUCH, ein hervorragender Naturwissenschaftler, der Professor der Medizin JACOBSEN, der Professor der Naturgeschichte REINHARDT und der sehr geschickte Chemiker und Doktor der Philosophie ZEISE. Ich habe auch oft allein experimentiert. Aber alle Versuche, bei denen ich neue Erscheinungen beobachten konnte, habe ich in Gegenwart dieser Herren wiederholt.

Der von uns verwendete galvanische Apparat besteht aus 20 kupfernen Zellen. Jede dieser Zellen ist 12 Zoll

---

[1]) Nach THOMSONS *Annals of Philosophy* vom Oktober 1820. Übersetzung eines gedruckten Berichtes, der vom Autor in Latein verfaßt wurde und von ihm dem Herausgeber der *Annals of Philosophy* zugeschickt wurde.

lang und 12 Zoll hoch, aber nur wenig mehr als 2 1/2 Zoll breit. Jede Zelle ist mit zwei Kupferstreifen versehen, die so gebogen sind, daß sie einen Kupferstab tragen können, der die in der Flüssigkeit der benachbarten Zelle schwebende Zinkplatte hält. Das Wasser in den Zellen enthielt ein sechzigstel seines Gewichtes Schwefelsäure und die gleiche Menge Salpetersäure. Der in jeder Zelle eingetauchte Teil der Zinkplatte war ein Quadrat von etwa 10 Zoll Seitenlänge. Es kann auch ein kleinerer Apparat verwendet werden, wenn er nur stark genug ist, einen Draht zur Rotglut zu bringen.

Die entgegengesetzten Enden der galvanischen Batterie wurden mit einem Metalldraht verbunden. Diesen werden wir der Kürze halber den *verbindenden Draht* oder den *verbindenden Leiter* nennen. Den Effekt, der in diesem Leiter und in dessen Umgebung auftritt, werden wir als *elektrischen Konflikt* bezeichnen.

Ein geradliniges Stück dieses Drahtes wird nun horizontal über der sich frei bewegenden Magnetnadel so angeordnet, daß es zu der Magnetnadel parallel ist. Falls es sich als notwendig erweisen sollte, kann der verbindende Draht in eine für das Experiment geeignete Lage gebogen werden. Ist alles so eingerichtet, so wird sich die Magnetnadel bewegen. Dabei wird der dem negativen Ende der Batterie nähere Teil nach Westen ausgelenkt.

Ist die Entfernung des Drahtes von der Magnetnadel nicht größer als 3/4 Zoll, so beträgt die Auslenkung etwa 45°. Vergrößert sich der Abstand, so verringern sich die Ablenkwinkel im gleichen Verhältnis. Die Abweichung hängt auch von der Stärke der Batterie ab.

Hält man den verbindenden Draht der Nadel parallel, so bewirkt eine Verschiebung des Drahtes nach Osten oder Westen lediglich eine Änderung der Größe des Ablenkwinkels. Folglich kann der Effekt nicht einer einfachen Anziehung zugeschrieben werden. Würde diese Auslenkung auf Anziehung und Abstoßung beruhen, so müßte ein bestimmter Pol der Magnetnadel von dem verbindenden Draht in Abhängigkeit von der Lage des Drahtes einmal angezogen und einmal abgestoßen werden, je nachdem, ob sich der Draht östlich oder westlich von der Magnetnadel befindet. Der verbindende Draht kann aus mehreren Drähten oder Metallstreifen bestehen, die gebündelt sind. Die Art des Metalls ändert den Effekt nicht, höchstens dessen Größe. Drähte aus Platin, Gold, Messing und Eisen, Streifen aus Blei und Zinn sowie Quecksilber wurden mit gleichem Erfolg verwendet. Der Leiter verliert seine Wirkung auch dann nicht, wenn er durch eine Wasserstrecke unterbrochen wird; es sei denn, die Unterbrechung ist mehrere Zoll lang.

Die Wirkung des verbindenden Drahtes durchdringt Glas, Metalle, Holz, Wasser, Harz, Steingut und Steine. Er verschwindet nicht, wenn zwischen den Draht und die Magnetnadel Platten aus Glas, Metall oder Holz gebracht werden. Sogar wenn gleichzeitig Glas, Metall und Holz dazwischen gebracht werden, verschwindet der Effekt nicht, er scheint nur wenig geschwächt zu sein. Die Scheibe eines Elektrophors, Porphyrplatten und ein Tongefäß, das auch mit Wasser gefüllt sein kann, wurden mit dem gleichen Erfolg zwischen den Draht und die Nadel gebracht. Wir fanden, daß sich der Effekt nicht ändert, wenn die Nadel in eine mit Wasser gefüllte Messingdose eingeschlossen ist. Es ist überflüssig zu erwähnen, daß der Durchgang eines Effekts durch alle diese Materialien in der Elektrizität und dem Galvanismus noch nie beobachtet wurde. Deshalb sind die Wirkungen, die in dem elektrischen Konflikt stattfinden, von allen anderen Wirkungen der verschiedenen elektrischen Kräfte verschieden.

Befindet sich der verbindende Draht unter der Magnetnadel in einer horizontalen Ebene, sind die Wirkungen die gleichen, als wenn er sich über der Nadel befindet. Sie sind lediglich entgegengesetzt. Der Pol der Magnetnadel, der dem negativen Ende der Batterie am nächsten ist, wird nach Osten ausgelenkt.

Um dies besser im Gedächtnis zu behalten, kann man

sich folgender Formel bedienen. Der Pol, *über* dem die *negative* Elektrizität in den Draht eintritt, dreht sich nach *Westen*, der Pol *unter* dem sie eintritt, nach *Osten*.

Wird der verbindende Draht in der horizontalen Ebene gedreht, so daß er allmählich in immer größerem Winkel zum magnetischen Meridian steht, ändert sich die Abweichung der Nadel. Sie wird *größer*, wenn der Draht zur ausgelenkten Nadel hingedreht wird, *verringert* sich aber, wenn der Draht von dieser Stelle weggedreht wird.

Bringt man den verbindenden Draht in der gleichen horizontalen Ebene, in der sich die mit einem Gegengewicht versehene Magnetnadel bewegt, parallel zur Magnetnadel an, so weicht diese weder nach Osten noch nach Westen ab. Die *Inklination* der Nadel ändert sich. Der Pol, bei dem die negative Elektrizität in den Draht eintritt, wird *heruntergedrückt*, wenn sich der Draht *westlich* von der Nadel befindet, er wird *angehoben*, wenn sich der Draht auf der *östlichen* Seite befindet.

Wird der verbindende Draht senkrecht zu der Ebene des magnetischen Meridians angeordnet, über oder unter der Nadel, so bleibt diese in Ruhe; es sei denn, der Draht ist dem Pol sehr nahe. In diesem Falle wird der Pol *angehoben*, wenn der Eintritt der Elektrizität auf der *westlichen* Seite des Drahtes ist, und *heruntergedrückt*, wenn er auf der *östlichen* Seite ist.

Wird der verbindende Draht senkrecht einem Pol der Magnetnadel gegenüber angebracht und fließt in das obere Ende des Drahtes die negative Elektrizität ein, so wird dieser Pol nach Osten gedreht. Befindet sich der Draht dagegen bei einem Punkt zwischen dem Pol und der Nadelmitte, so wird der Pol nach Westen ausgelenkt. Tritt in das obere Ende des Drahtes die positive Elektrizität ein, so sind die Erscheinungen entgegengesetzt.

Wird der verbindende Draht so gebogen, daß er zwei zueinander parallele Schenkel bildet, stößt er die magnetischen Pole ab oder zieht sie an, je nachdem, wie er angeordnet ist. Angenommen, der Draht befindet sich bei einem Pol der Nadel und die Ebene der parallelen Schenkel steht senkrecht auf dem magnetischen Meridian, dann sei noch der östliche Schenkel mit dem negativen Ende der Batterie verbunden und der westliche mit dem positiven. In diesem Fall wird der nächste Pol abgestoßen, je nach Lage der Ebene der Schenkel nach Osten oder nach Westen. Wird der östliche Schenkel mit dem positiven und der westliche Schenkel mit dem negativen Ende der Batterie verbunden, so wird der nächste Pol angezogen. Wird die Ebene der Schenkel senkrecht bei einer Stelle zwischen Pol und Nadelmitte angeordnet, dann treten die gleichen Effekte auf, nur entgegengesetzt.

Eine Messingnadel, die wie eine Magnetnadel aufgehängt ist, wird durch die Wirkung des verbindenden Drahtes nicht bewegt. Ebenso bleiben Nadeln aus Glas und Gummilack in Ruhe.

Wir können nun versuchen, diese Erscheinungen zu erklären.

Der elektrische Konflikt wirkt nur auf die magnetischen Materieteilchen. Alle nichtmagnetischen Körper scheinen für den elektrischen Konflikt durchlässig zu sein, während magnetische Körper, oder besser deren magnetische Teilchen, dem Durchgehen des Konfliktes widerstehen. Deshalb können sie, angetrieben durch die kämpfenden Kräfte, in Bewegung versetzt werden.

Es ist auf Grund der oben genannten Tatsachen klar, daß der elektrische Konflikt nicht auf den Leiter beschränkt ist, sondern ziemlich weit in den umgebenden Raum hineinreicht.

Aus den genannten Tatsachen läßt sich außerdem schließen, daß dieser Konflikt Kreise bildet. Denn ohne diese Annahme scheint es unverständlich zu sein, weshalb ein und derselbe Teil des verbindenden Drahtes die Nadel einmal nach Osten und einmal nach Westen treibt, je nachdem, ob er sich über oder unter der Nadel befindet. Eine Kreisbewegung hat nämlich in gegenüberliegenden Punkten entgegengesetzte Richtungen. Außerdem müßte eine Überlagerung eine Kreisbewegung und einer Bewegung in Richtung des Leiters eine Schneckenlinie oder eine Spirale bilden. Wenn ich mich nicht irre, trägt dieses aber nicht zur Erklärung der bisher beobachteten Erscheinungen bei.

Alle oben genannten Wirkungen auf den Nordpol[1]) lassen sich leicht verstehen, wenn man annimmt, daß die negative Elektrizität entlang einer nach rechts gewundenen Spirale fließt und den Nordpol fortstößt, aber nicht auf den Südpol wirkt. Die Wirkungen auf den Südpol[1]) kann man erklären, wenn man der positiven Elektrizität eine entgegengesetzte Bewegung und die Fähigkeit, auf den Südpol und nicht auf den Nordpol zu wirken, zuschreibt. Die Übereinstimmung dieses Gesetzes mit der Natur sieht man leichter durch eine Wiederholung der Versuche als durch lange Erklärungen. Sehr viel einfacher würde die Beurteilung der Versuche durch einige Abbildungen werden, auf denen die Wege der verschiedenen Elektrizitäten in dem verbindenden Draht dargestellt sind.

Ich möchte dem bereits Gesagten nur noch hinzufügen, daß ich in einem vor 5 Jahren veröffentlichten Buch gezeigt habe, daß Wärme und Licht aus dem elektrischen Konflikt bestehen. Aus den jetzt gemachten Beobachtungen läßt sich schließen, daß auch bei diesen Effekten eine Kreisbewegung auftritt. Das könnte meiner Meinung nach sehr viel zur Erklärung der Erscheinung beitragen, die man als Polarisation des Lichtes bezeichnet.

Kopenhagen, 21. Juli 1820 Hans Christian Oersted

---

[1]) Anmerkung von R. A. R. Tricker: Oersted verwendet die Ausdrücke „Omnes in polum septentrionalem" und „Effectus in polum meridionalem". Falls er eine Rechtsschraube als „nach rechts gebogene Linie" bezeichnet, dann muß er den Ausdruck septentrionalem in dem gleichen Sinne gebraucht haben, in dem zu dieser Zeit der Ausdruck boreal verwendet wurde; nämlich zur Bezeichnung des Süden-suchenden Poles. Der Ausdruck Nordpol in der Übersetzung bedeutet deshalb soviel wie ein Süden-suchender Pol, d. h. ein Pol, der dem Nordpol der Erde entspricht.

B. Biot und Savart

I. Eine Bemerkung zum Magnetismus der Voltaschen Säule[1])

Auf der Sitzung der Akademie der Wissenschaften am 30. Oktober 1820 stellten die Herren Biot und Savart eine Dissertation vor, in der sie die physikalischen Gesetze über die Wirkung von mit beiden Polen der Voltaschen Säule verbundenen Drähten auf magnetische Körper mittels sehr genauer Messungen bestimmten. Bei ihren Versuchen verwendeten sie rechteckige Platten oder zylindrische Drähte aus getempertem Stahl, die nach der Doppelkontaktmethode aufmagnetisiert worden waren. Diese Körper hängten sie an dünnen Seidenfäden auf. Dann wurden die Schwingungsdauern und die Gleichgewichtslagen bei verschiedenen Lagen des Metalldrahtes, der die beiden Pole der Batterie verbindet, gemessen. Es wurde sowohl der Abstand als auch die Richtung des Drahtes variiert. Einmal traten die Wirkung des Erdmagnetismus und die Wirkung des Drahtes gleichzeitig auf. Ein anderes Mal wurde die Wirkung des Erdmagnetismus durch einen in einiger Entfernung aufgehängten künstlichen Magneten kompensiert und aufgehoben. Es wurde eine Batterie mit zehn Trogpaaren verwendet. Jeder Trog besaß eine Oberfläche von 1 dm². Es wurden auch Experimente gemacht, bei denen alle Teile der Versuchsanordnung entgegengesetzt waren, um jede mögliche progressive Veränderung auszugleichen. Als Zeitmesser diente ein hervorragender Doppelankerchronometer von Bréguet mit einer Genauigkeit von einer halben Sekunde.

Mit diesen Mitteln erhielten die Herren Biot und Savart ein strenges Gesetz für die Wirkung, die ein Mole-

[1]) Ann. Chim. Phys. 15 (1820), 222–223.

kül borealen oder australen Magetismus erfährt, wenn es sich in einiger Entfernung von einem dünnen, zylindrischen Draht befindet, der durch einen VOLTAschen Strom magnetisch gemacht wurde. Zieht man von dem Punkt, an dem sich das magnetische Molekül befindet, eine Senkrechte durch die Drahtachse, so steht die auf das Molekül wirkende Kraft senkrecht auf dieser Linie und der Drahtachse. Ihre Stärke ist der Entfernung umgekehrt proportional. Die Natur der Wirkung ist die gleiche wie die einer Magnetnadel, die auf der Drahtoberfläche in einer bestimmten, von der Stromrichtung abhängigen Richtung angebracht ist. Damit ist die Kraft auf ein Molekül borealen Magnetismus der Kraft auf ein Molekül australen Magnetismus entgegengesetzt. Beide Kräfte liegen jedoch auf der gleichen Linie, die durch die oben angeführte Konstruktion gegeben ist.

Mit diesem Gesetz kann man alle Bewegungen von Magnetnadeln, die durch einen die Pole der Batterie verbindenden Draht hervorgerufen werden, bei beliebiger Lage des Drahtes berechnen. Ein Stahl- oder Eisendraht läßt sich durch Aufrechterhalten dieser Wirkung magnetisieren. Man kann mit Hilfe der üblichen Gesetze des Magnetismus den Winkel zwischen der Magnetisierung und der Drahtachse berechnen.

II. Auszüge aus dem Buch „Précis Elémentaire de Physique"[1])

Magnetisierung von Metallen mittels sich bewegender Elektrizität

(*i*)[2])

Ich werde mich überhaupt nicht an die historische Reihenfolge der Entdeckungen halten und möglichst schnell das behandeln, was bereits zur Vervollständi-

---

[1]) *Précis Elémentaire de Physique*, Band II, 3. Auflage, 1824.

[2]) Ebenda, Seite 707–723.

gung der Untersuchung der elektromagnetischen Kräfte getan wurde. OERSTED hatte als erster dieses Gebiet mit Erfolg untersucht.

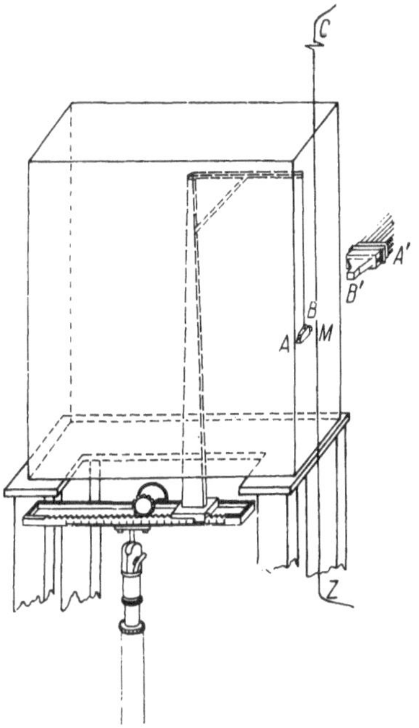

Abb. 41

Die erste Entdeckung war das Gesetz, das die Verringerung der Kraft eines leitenden Drahtes mit der Vergrößerung des Abstandes von der Drahtachse behandelt. Dieses Gesetz war der Gegenstand einer Arbeit, die ich zusammen mit Herrn SAVART durchführte, über dessen geniale Entdeckungen auf dem Gebiet der Akustik ich bereits berichtete. Wir benutzten eine magnetisierte Stahlnadel von der Form eines kurzen Parallelogrammes wie AB in Abb. 41. Um diese frei beweglich zu machen, hängten wir sie in horizontaler Lage an einem einzelnen, nicht zusammengedrehten Seidenfaden auf und stülpten darüber einen Glaskasten. Wir eliminierten die Kraft des Erdmagnetismus, indem wir einen Stabmagneten so anbrachten, daß er diese Kraft exakt ausglich. Dadurch wirkte auf die Nadel ausschließlich die Kraft des verbindenden Drahtes. Dieses Eliminieren des Erdmagnetismus ist stets möglich. Unabhängig von der Ursache des Erdmagnetismus, der auf die magnetischen Körper wirkt, und unabhängig von der Art der Verteilung der durch ihn hervorgerufenen Kräfte ist es gewiß, daß überall nur die resultierende Gesamtkraft wirkt. Diese treibt alle Teilchen des Körpers in eine ganz bestimmte Richtung. Daraus folgt, daß dieser immer sehr schwache Einfluß durch die Wirkung eines Magneten eliminiert werden kann. Der Magnet muß dazu so angebracht sein, daß er auf den betrachteten Körper einen gleich großen, aber entgegengesetzten Effekt ausübt. Um auf unserer Erdhälfte die Kraft des hier wirkenden borealen Magnetismus auszugleichen, müssen wir, wenn die Nadel horizontal liegt, folgendermaßen vorgehen. Zuerst lassen wir die Nadel sich frei in den magnetischen Meridian hineindrehen. Dann messen wir die Zahl der Schwingungen, die die Nadel unter dem Einfluß des Erdmagnetismus in einem bestimmten Zeitraum ausführt. Danach nehmen wir einen möglichst starken und langen Stabmagneten, den wir horizontal in der Höhe der Nadel auf der Verlängerung des magnetischen Meridians in Richtung Norden oder Süden anbringen. Damit seine Wirkung der des Erdmagnetismus entgegengesetzt ist, muß sein borealer Pol nach Norden und sein australer Pol nach Süden zeigen. Ist der Stabmagnet zunächst weit von der Nadel entfernt, so ist die Resultierende der von ihm hervorgerufenen Kräfte sehr klein oder sogar nicht bemerkbar. Das kann man nachprüfen, indem man die Nadel in Schwingungen versetzt. Dabei wird man feststellen, daß die Schwingungsdauer nahezu die gleiche ist wie beim alleinigen Wirken des Erdmagnetismus. Bringt man den Stabmagneten der

Nadel Stück für Stück näher, so werden die Schwingungen der Nadel langsamer. Allmählich erreicht man eine Lage, in der der Einfluß der noch wirkenden Gesamtkraft auf die Schwingungen vernachlässigbar ist. Das kann man unmittelbar an den Schwingungen sehen; zumindest dann, wenn — wie empfohlen — die Energie des Stabmagneten groß ist im Vergleich zur Länge der Nadel. In diesem Fall richten sich die Pole der Nadel so aus, daß sie dem Stabmagneten parallel sind; unabhängig davon, wohin sie beim Schwingen der Nadel gelangen. Der Erdmagnetismus stellt die Nadel, noch wesentlich genauer, ebenfalls parallel ein. Die Schwingungen unter dem Einfluß der Differenz dieser beiden Kräfte sind deshalb die gleichen wie die unter dem Einfluß einer sehr schwachen Kraft, die offenbar immer die Nadel dem magnetischen Meridian parallel zu stellen strebt. Dadurch ist das Quadrat der Schwingungsdauer bei kleiner Amplitude der Stärke der Kraft umgekehrt proportional. Damit ist die Restkraft für jede Lage, in die wir den Stabmagneten bringen können, bekannt, und wir können die Lage auswählen, in der die Schwingungen langsam genug sind und wir den Einfluß des Erdmagnetismus als verschwindend klein ansehen können. Ist der Abstand des Stabmagneten von der Nadel groß gegen die Ausmessungen der Nadel, wie wir angenommen haben, so bleibt dieser Ausgleich für alle Lagen der Nadel bestehen, die sie beim Drehen um ihren Mittelpunkt einnehmen kann, zumindest mit der gleichen Genauigkeit. Die Nadel kann dann als völlig frei angesehen werden, so als ob die Erde nicht existiere oder als ob wir sie in den freien Raum gestellt hätten. Wir werden später sehen, wie jede Unzulänglichkeit bei diesem Ausgleichen streng korrigiert werden kann.

Solcherart war der Gleichgewichtszustand, in den wir die Nadel für unsere Experimente brachten. Nachdem das zufriedenstellend gelungen war, ließen wir einen Strom durch den zylindrischen Kupferdraht *ZC* fließen. Dieser Draht war vertikal vor der Nadel in einer ausreichenden Entfernung angebracht. Dieser Draht war so lang, daß die Enden zurückgebogen werden konnten, um sie mit den Polen der Batterie verbinden zu können, und daß die Enden des Drahtes einen so geringen Einfluß auf die Nadel ausübten, daß dieser ohne weiteres vernachlässigt werden konnte. Diese Anordnung repräsentierte den Einfluß eines unendlichen vertikalen Drahtes auf eine freie, horizontal liegende Magnetnadel. Sobald der Strom zu fließen begann, drehte sich die Nadel senkrecht zur Drahtachse. Dies stimmt mit dem von Herrn Oersted beobachteten Verhalten überein. Dann begann die Nadel um diese Lage zu schwingen, genau so wie eine Pendelstange unter dem Einfluß der Schwerkraft um die senkrechte Lage schwingt. Sie blieb in dieser Richtung stehen, wenn die Bewegung durch den Luftwiderstand zum Stillstand gebracht worden war. Die Nadel näherte sich allmählich dieser festen Richtung. Das ist ausreichend, um feststellen zu können, daß die Gleichgewichtslage vom Typ des stabilen Gleichgewichts ist. Tatsächlich kehrte sie immer wieder an die gleiche Stelle zurück, wenn sie nur wenig ausgelenkt wurde, dann frei gelassen wurde und Schwingungen ausführte. Wir untersuchten die Natur der resultierenden Kraft, die die Nadel zurückzustellen suchte. Dazu verwendeten wir ein Chronometer von Bréguet mit einer Genauigkeit von einer halben Sekunde. Zuerst bestimmten wir die Zeit, die die Nadel für eine bestimmte Anzahl von Schwingungen, zum Beispiel zwanzig, brauchte, nachdem sie in leichte Bewegungen versetzt worden war. Dann bestimmten wir die Zeit, die für die nächsten zwanzig Schwingungen nötig war, dann die Zeit für die übernächsten zwanzig Schwingungen und so weiter, so lange die Auslenkungen für die Beobachtung noch groß genug waren. Wir überzeugten uns bei diesen Versuchen davon, daß die Schwingsungdauer im Rahmen der Meßgenauigkeit von den Amplituden unabhängig ist. Ist nun ein prismatischer Körper wie unsere Nadel um eine Achse durch seinen Mittelpunkt frei drehbar und schwingt er mit konstanter Schwingungsdauer um eine Gleichgewichtslage, so kann man sagen, die rücktreibende Kraft ist für alle Lagen des Körpers dem Auslenkwinkel genau oder fast genau proportional. Die Nadel wird stets zum Ruhepunkt zurückgetrieben, und zwar mit einer Energie, die im Rahmen der Meßgenauigkeit dem bis zur Ruhelage zu durchlaufenden Winkel proportional ist. Daraus folgt der Isochronismus (die reguläre Periodizität) der Schwingungen. Die Bewegung eines starren Körpers bei solch kleinen Schwingungsamplituden kann man direkt mit der Bewegung eines einfachen Pendels vergleichen, das auf Grund der Schwerkraft um seine Gleichgewichtslage schwingt. Die Schwingungsdauern eines solchen Pendels ändern sich nun bei konstanter Länge in Abhängigkeit von der Stärke der wirkenden Schwerkraft. Die Stärke dieser Kraft ist dem Quadrat der Zeit, die das Pendel für eine bestimmte Anzahl von Schwingungen mit sehr kleinen Amplituden braucht, umgekehrt proportional. Ebenso können wir das Verhältnis der parallel zur Gleichgewichtslage der Nadel liegenden Kraftkomponenten bei verschiedenen Entfernungen des Drahtes von der Nadel bestimmen. Dazu müssen wir die Quadrate der Schwingungsdauern bei den entsprechenden Lagen des Drahtes miteinander vergleichen. Dabei muß man annehmen, daß die Bedingung des Isochronismus erfüllt ist. Diese Verhältnisse und die Existenz einer Gleichgewichtslage sind die Größen, die man aus einem Gesetz für die Gesamtkraft herleiten können muß. Man kann dann das absolute Gesetz für diese Kraft aus diesen Bedingungen herleiten.

Um aber auf diese Weise die Natur der Kraft aufzuklären, muß man zuerst untersuchen, wie die Kraft die Nadel beeinflussen und deren Bewegung bestimmen kann. Wie ich bereits sagte, achteten wir darauf, daß eine sehr kurze Nadel verwendet wurde. Wir hatten sie so magnetisiert, daß sie frei von aufeinanderfolgenden Polen war. Ihre freien Mengen australen und borealen Magnetismus konnten deshalb als an zwei Punkten oder Polen konzentriert angesehen werden. Die Pole befanden sich beide gleich weit von den Enden der Nadel entfernt. Wäre die Nadel ein dünner zylindrischer Draht gewesen, so betrüge die Entfernung zwischen den Polen bekanntlich ein Sechstel der Gesamtlänge. Diese beiden Pole sind ihrer Natur nach entgegengesetzt. Deshalb muß die Wirkung des verbindenden Drahtes auf die Pole, welcher Art sie auch sein mag, ebenfalls entgegengesetzt sein. Das heißt also, wenn die gleich großen Mengen australen und borealen Magnetismus an den Polen an die gleiche Stelle gebracht werden und der Draht den einen Pol in eine bestimmte Richtung treibt, so treibt er den anderen Pol mit gleicher Stärke genau in die entgegengesetzte Richtung. Dieses Entgegenwirken der Kräfte kann man aus folgender Tatsache schließen. Der verbindende Draht versetzt nur solche Nadeln in Bewegung, die in seine Nähe gebracht wurden, nachdem ihre natürlichen Magnetismusteilchen voneinander getrennt wurden. Der Draht bleibt also ohne Wirkung, wenn er auf getemperte Stahlnadeln oder Nadeln aus anderen, sehr harten Legierungen wirken soll, in denen die Magnetismusteilchen vorher nicht voneinander getrennt wurden und in denen die zur Trennung notwendige Energie zu groß ist. Diese Wirkungslosigkeit träte nicht auf, wenn die zusammengesetzten Magnetismusmoleküle in verschiedene, aber nicht genau entgegengesetzte Richtungen getrieben würden. Dann wäre die Gesamtwirkung der verschiedenen von dem Draht auf äußere Körper ausgeübten Kräfte ungleich Null, wenn der Draht auf Körper wirkt, in denen die Magnetismusteilchen zusammengesetzt sind. Daraus würde folgen, daß Nadeln aus magnetischen Metallen unter dem Einfluß des verbindenden Drahtes auch dann anfangen würden sich zu bewegen, wenn sie nicht magnetisiert sind. Das widerspricht aber den Beobachtungen. Die Indifferenz dieser Nadeln, solange ihre natürlichen Magnetismusteilchen nicht voneinander getrennt sind, beweist also die Gleichheit der Magnetismussorten. Denn ohne diese Gleichheit würden Nadeln, die zwar nicht magnetisiert sind, aber aus magnetischen Substanzen bestehen, in Anwesenheit dieser Drähte im Raum translatorische Bewegungen ausführen.

Wir wenden diese Prinzipien auf unsere Nadel an, die sich in der durch die Wirkung des verbindenden Drahtes bestimmten Gleichgewichtslage befindet. Wir ziehen durch ihre magnetische Achse eine horizontale Ebene, die auf jeden Fall senkrecht auf dem Draht steht. In dieser Ebene liegen alle Kräfte, durch die das Gleichgewicht bestimmt ist. Denn sie enthält die beiden Pole der Nadel, an denen die beiden Mengen des freien Magnetismus sitzen, auf die der Draht wirkt. Sie enthält außerdem die Resultierende der Wirkung auf diese Pole, denn der Draht wird als unendlich lang angesehen, und der von ihm verursachte Effekt bleibt unverändert, wenn die Nadel in Richtung der Drahtachse verschoben wird. Die beiden Teile des Drahtes beiderseits der horizontalen Ebene durch den Mittelpunkt der Nadel müssen auf die Nadel in gleicher Weise wirken. Folglich muß die Resultierende der von ihm hervorgerufenen Kräfte auf jeden Pol in der oben genannten Ebene liegen. Diese Ergebnisse sind in Abb. 42 veranschaulicht. Dabei ist AB die magnetische Achse der Nadel, A und B sind die beiden Pole, C ist der Mittelpunkt der Nadel, und F ist die Projektion des Drahtes auf die horizontale Ebene oder der Schnittpunkt des Drahtes mit dieser Ebene. Welcher Art die Wirkung des Drahtes auf den Pol B auch sein mag, sie liegt immer in der Ebene FBA. Angenommen, der Draht wirkt längs BD, und die Menge freien borealen Magnetismus bei B wird durch diese Kraft in die Richtung BD getrieben. Befände sich nun am Punkt B eine gleich große Menge australen Magnetismus, so würde diese mit gleicher Kraft genau in die entgegengesetzte Richtung getrieben. Das heißt, sie würde in Richtung BD', der Verlängerung von BD, getrieben. Richtung und Stärke der Kraft auf den australen Pol kann man nicht direkt erhalten. Am Pol A sitzt eine gleich große Menge freien Magnetismus wie bei B. Darüberhinaus ist die Strecke FA gleich der Strecke FB, wenn sich die Nadel im Gleichgewicht befindet. Man kann leicht sehen, daß die Wirkung des Drahtes nur vom Abstand vom Drahtmittelpunkt abhängt und nicht davon, gegenüber welchem Punkt des Draht-

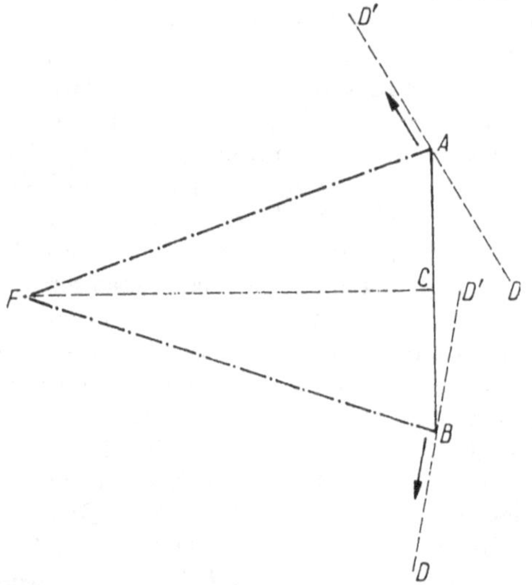

Abb. 42

umfanges sich die Nadel befindet. Denn dreht man den Draht um sich selbst und läßt dabei sowohl seine Längsrichtung als auch den Abstand zur Nadel konstant, so bleiben die relative Gleichgewichtslage und die Schwingungen der Nadel unbeeinflußt. Um die Kraft auf ein Molekül borealen oder australen Magnetismus zu finden, müssen wir die gleiche Konstruktion wie bei B wiederholen. Das heißt, wir ziehen die Linie DAD' im gleichen Winkel zur Linie FA wie die Linie DBD' zur Linie FB. Dann messen wir zwei gleich lange, aber entgegengesetzte Strecken AD und AD' vom Punkt A aus auf dieser Linie ab. Erstere repräsentiert die Kraft auf ein Molekül borealen Magnetismus bei A, wohingegen die andere Kraft auf ein Molekül australen Magnetismus, das sich am gleichen Punkt befindet, darstellt. Genau der gleiche Fall liegt vor, wenn sich die Nadel in der Gleichgewichtslage befindet. Die Nadel wird in Wirklichkeit von zwei verschiedenen Kräften beeinflußt. Die eine Kraft BD greift am Pol B an und zieht B in die Richtung D. Die andere Kraft AD' ist der ersten Kraft BD betragsmäßig gleich, greift aber am Pol A an und zieht diesen mit gleicher Stärke in die Richtung D'. Nun ist es aber auf Grund einfachster Überlegungen klar, daß die beiden Richtungen BD und AD' gleich stark gegen die Nadel geneigt sind, d. h., die beiden Winkel DBC und $D'AC$ sind gleich. Denn die beiden gleich großen Kräfte BD und AD' greifen an den gleich langen Hebelarmen CA und CB an und halten die Nadel in der Gleichgewichtslage BCA, die senkrecht zu CF ist. Das erfordert, daß DBF gleich $D'AF$ ist. $D'AF$ ist aber nach Konstruktion identisch mit $D'BF$, denn das Liniensystem FA, DAD' ist nichts anderes als das von B nach A übertragene Liniensystem FB, DBD'. Folglich sind in dem beobachteten Gleichgewichtszustand die beiden Winkel DBF und $D'BF$ gleich groß. Sie sind also rechte Winkel. *Damit steht die Gesamtkraft, die ein unendlich langer, durch einen Voltaschen Strom aktivierter Draht auf ein Element borealen oder australen Magnetismus, das sich in einer Entfernung FA oder FB vom Draht befindet, ausübt, senkrecht auf der kürzesten Verbindung zwischen dem Molekül und dem Draht.*

Wir brauchen hier weder zu untersuchen, wie die einzelnen Drahtquerschnitte zur Bildung dieser Gesamtkraft beitragen, noch wie die einzelnen Moleküle eines jeden Abschnittes zum Draht senkrechte Kräfte erzeugen. Diese Faktoren hängen natürlich von der Natur der Kräfte ab, die durch den Strom der einzelnen Moleküle entstehen. Die Kenntnis dieser molekularen Kräfte wäre zweifelsohne sehr nützlich und aus diesem Grunde vielleicht wünschenswert. Aber zum Nachweis dieser Kräfte oder zum Feststellen ihrer Richtung ist diese Kenntnis überhaupt nicht erforderlich. Wie wir gesehen haben, ist eine Beobachtung der Gesamtkraft hinreichend genau.

Es ist jetzt notwendig, die absolute Richtung der Gesamtkraft auf jeden Magnetismustyp zu untersuchen, d. h., ob sie dazu neigt, die Pole nach der rechten oder der linken Seite von FA bzw. FB zu drängen. Ebenso ist es notwendig, das Gesetz zu bestimmen, das die Änderung der Kraft mit dem Abstand beschreibt. Genau das haben SAVART und ich in zwei Versuchsreihen durchgeführt, über die ich berichten möchte.

Die erste Versuchsreihe führten wir mit dem oben beschriebenen Apparat durch. Er war so gebaut, daß die Halterung des verbindenden Drahtes beweglich war und daß dieser in verschiedene Entfernungen von der Nadel gebracht werden konnte. Das wurde erreicht, indem am Fuße dieser Halterung in Richtung der an einem Faden aufgehängten Nadel ein Schnitt angebracht war, in dem sich die Halterung frei bewegen konnte. Man mißt nun die Entfernung zwischen dem Faden oder dem Mittelpunkt der Nadel für einige Lagen des Drahtes direkt. Dann kann man offensichtlich alle anderen Abstände erhalten, indem man den Betrag, um den die Drahthalterung entlang des horizontalen Schnittes verschoben wurde, zu dieser Entfernung hinzuzählt oder von ihr abzieht. Wir wollen die Wirkung des Drahtes allein beobachten, ohne den Einfluß von äußeren Kräften. Dazu neutralisieren wir die Wirkung des Erdmagnetismus, indem wir einen starken Magneten in großer Entfernung von der Nadel geeignet anbringen, wie wir oben erklärt haben. Nachdem alles so angeordnet ist, wird der verbindende Draht nacheinander in verschiedenen Entfernungen angebracht. Dabei muß er aber immer so weit von der Nadel entfernt sein, daß die kleinen Schwingungen der Nadel unter dem Einfluß des Drahtes als isochron angesehen werden können. Die Zahl der Sekunden und halben Sekunden, die die Nadel für eine bestimmte Anzahl von Schwingungen, zum Beispiel zehn, braucht, wird dann für die verschiedenen Lagen des Drahtes so genau wie möglich bestimmt. Um die Genauigkeit zu vergrößern, kann man auch mehr Schwingungen auszählen. Die Schwingungen der Nadel sind isochron. Wir können also annehmen, daß die Bewegung durch eine der Gleichgewichtslage der Nadel parallele Kraft hervorgerufen wird. Daraus folgt, daß hier der gleiche Fall vorliegt wie bei einem Pendel, das unter dem Einfluß verschiedener Gewichte um seine Vertikale schwingt und das man bei verschiedenen Längen des Fadens beobachtet. Also ist sowohl für die Nadel als auch für das Pendel die Stärke der so gerichteten Kraftkomponente dem Quadrat der Schwingungsdauern umgekehrt proportional. Wir setzen F gleich der Kraft, unter deren Einfluß die Nadel in genau zehn Sekunden eine Schwingung ausführt. Wird in einer anderen Stellung des Drahtes festgestellt, daß die Nadel zum Ausführen der gleichen Anzahl von Schwingungen N Sekunden braucht, so ist die Kraft nicht mehr F, sondern $100F/N^2$. Damit brauchen wir nur noch diese Kräfte miteinander zu vergleichen und die Beziehung zwischen den Kräften bei verschiedenen Abständen aufzuklären.

Einige Vorkehrungen müssen aber noch getroffen werden, um bei den Experimenten nacheinander erhaltene Ergebnisse exakt vergleichen zu können. Andernfalls können schwerwiegende Fehler auftreten. Zuerst darf der Stromfluß nicht kontinuierlich sein, um zu vermeiden, daß sich die Batterie leert und langsam ihre Wirkung vermindert. Denn dann kann man die Ergebnisse nicht mehr miteinander vergleichen. Der Apparat muß mit Zellen ausgestattet sein, bei denen es möglich ist, die Verbindungsstücke nur während der Beobachtung eintauchen zu lassen. Dadurch sind wir in der Lage, den Strom nach Belieben durch verschiedene Drähte fließen zu lassen, zum Beispiel ZMC und $Z'M'C$ (Abb. 43, S. 177). Ebenso können wir den Strom zu verschiedenen Zeiten durch den gleichen Draht schicken, ohne zu riskieren, daß er sich auf Grund schlechter Kontakte ändert. Die Enden dieser Drähte Z, C, Z' und C' tauchen jedes für sich in eine mit Quecksilber gefüllte Glasflasche ein, in der sie befestigt sind. Um dann den Strom in der gewünschten Richtung durch einen der Drähte zu schikken, braucht man nur die Enden der beiden Drähte, die von den Enden der Batterie, der Zinkplatte und der Kupferplatte, herkommen, kurz in die entsprechenden Flaschen einzutauchen. Diese beiden Drähte müssen an den entsprechenden Platten angelötet sein. Kommt die Nadel nicht schnell genug in Schwingungen, so darf man sie nicht durch Berührung mit einem Körper anregen. Das würde stets zu Erschütterungen führen, die den Mittelpunkt verschieben und nur sehr langsam abklingen, denn die Nadel hängt sehr frei beweglich an dem Faden. Es ist vielmehr notwendig, sie aus der Ruhelage zu bringen, indem man kurzfristig ein Stück weiches Eisen in die Nähe eines ihrer Pole bringt. Dieses Eisenstück wird unter dem Einfluß des Poles magnetisiert und zieht die Nadel an. Außerdem ist es zur genauen Messung der Schwingungsdauer erforderlich, daß man mit dem Zählen der Schwingungen nicht dort anfängt, wo die Bewegung beginnt. In den Umkehrpunkten kommt die Nadel nämlich kurz zur Ruhe. Deshalb ist es unmöglich, den genauen Zeitpunkt des Beginns oder des Endes einer Schwingung zu bestimmen. Diese Unsicherheit kann man vermeiden, indem man zwei sehr dünne Seidenfäden vertikal in der Verlängerung der Gleichgewichtslage der Nadel aufspannt. Zählt man die Schwingungsdauer von dem Zeitpunkt, an dem die Nadel an dem Faden vorbeikommt, bis zu dem Zeitpunkt, an dem sie zurückkehrt, so ist die Genauigkeit am größten. Die Geschwindigkeit der Nadel ist nämlich zu diesen Zeitpunkten am größten, und man kann die Schwingungsdauer durch Messung an diesen Punkten genauer bestimmen als an jedem anderen Punkt. Trotzdem ist es, unabhängig von dieser Anordnung, erforderlich, noch eine weitere Vorsichtsmaßnahme zu treffen und stets eine gerade Anzahl von Schwingungen abzuzählen und keine ungerade. Denn falls der Faden für das Ablesen nicht exakt am Mittelpunkt der Schwingungsamplitude angebracht ist — und man kann in dieser Hinsicht unmöglich alle Fehler ausschließen —, so wird die Zeit zwischen dem Vorbeischwingen der Nadel am Faden und ihrer Rückkehr einmal zu klein und das andere Mal zu groß sein. Aber die Zeit, die auf der einen Seite zu kurz ist, wird auf der anderen Seite um den gleichen Betrag zu lang sein. Der Fehler wird also beim Ausmessen zweier aufeinanderfolgender Schwingungen genau kompensiert und damit auch bei einer beliebigen geraden Anzahl von Schwingungen. Schließlich muß man dafür sorgen, daß die Ergebnisse nacheinander durchgeführter Versuche vergleichbar sind, obwohl die Batterie im Laufe der Zeit schwächer wird. Dazu muß man die Methode der Alternativmessungen anwenden, wie sie bei Versuchen mit der Elektrizität üblich ist. Das heißt also, um zum Beispiel die Wirkung eines bestimmten Drahtes in verschiedenen Entfernungen vergleichen zu können, muß man folgendermaßen vorgehen. Zuerst bringt man die Nadel in einer bestimmten Entfernung D zum Schwingen, dann in einer anderen Entfernung D' und dann wieder in der ersten Entfernung D und so weiter. Nach jeder Messung führt man eine Messung bei der ersten Entfernung zwischen Draht und Nadel durch und achtet darauf, daß die einzelnen Messungen möglichst gleich lange dauern. Nimmt man dann den Mittelwert aus der ersten und der dritten Messung, so kann man das Ergebnis für den Abstand D mit dem für den Abstand D' vergleichen. Genauso geht man dann bei allen weiteren Messungen vor. Alle diese Vorsichtsmaßnahmen wurden von Herrn Savart und mir bei unseren Messungen getroffen. Die prismatische Nadel, die wir benutzten, war 20 mm lang, 10 mm breit und 1 mm dick. Damit war die Länge eines jeden der beiden Schwingungsarme, vom Mittelpunkt aus gerechnet, 10 mm. Aber nach den Gesetzen, die die Verteilung des freien Magnetismus in magnetischen Körpern beschreiben, brauchen die einzelnen Teile dieser Arme nicht gleich stark geladen zu sein. Wäre unsere

Nadel ein zylindrischer Draht, so lägen die beiden Pole, d. h., die magnetischen Schwerpunkte der beiden Arme, zwei Drittel der Armlänge vom Zentrum entfernt, das heißt 6,6 mm. Man müßte also annehmen, daß die Wirkung des verbindenden Drahtes auf die beiden Pole nur an den Enden dieser reduzierten Arme angreift. Die tatsächliche Entfernung zwischen den Polen unserer Nadel war jedoch kleiner als dieser Grenzwert. Das kann an ihrer prismatischen Form liegen oder auch daran, daß sie sehr lange Zeit sich selbst überlassen war, wobei sich der Ladungsüberschuß an den Enden, wo der Magnetismus stets am stärksten ist, entscheidend abgeschwächt haben muß. Zumindest müssen wir auf Grund unserer Versuche zu dieser Schlußfolgerung kommen. Denn wir haben gesehen, daß die Schwingungen der Nadel auch dann noch isochron und unabhängig von der Amplitude

Tabelle I

Laufende Nummer der Beobachtung	Abstand zwischen verbindendem Draht und Mitte der Nadel	Dauer von zehn Schwingungen	Verhältnis zwischen beobachteten Kräften im Vergleich zu der Kraft bei 30 mm Abstand
1	30	42,25	
2	40	48,85	3/4 (1 − 0,008508)
3	30	42,00	
4	20	33,50	3/2 (1 + 0,023090)
5	30	41,00	
6	50	54,75	3/5 (1 − 0,036673)
7	30	42,25	
8	60	56,75	2/6 (1 + 0,095460)
9	30	41,75	
10	120	89,00	3/12 (1 − 0,103892)
11	30	42,50	
12	15	30,00	2/1 (1 + 0,067010)
13	30	43,15	

waren, wenn die Entfernung zwischen der Nadel und dem Draht nicht mehr groß gegenüber der halben Nadellänge war. Auf jeden Fall sind unsere Ergebnisse in Tabelle I zusammengestellt.

Rechts habe ich die Verhältnisse der Kräfte eingetragen, die sich aus den Quadraten der Schwingungsdauern ergaben. Dabei wurden die Ergebnisse für einen Abstand von 30 mm als Vergleich benutzt. Die Zahlen in der letzten Spalte zeigen, daß die Kräfte dem Verhältnis der Abstände zum verbindenden Draht fast genau umgekehrt proportional sind. Um zu entscheiden, ob dieses einfache Gesetz innerhalb der Meßgenauigkeit dieser Messungen gültig ist, braucht man nur mit diesem Gesetz die hypothetischen Schwingungsdauern der einzelnen Versuche zu berechnen und mit der für 30 mm zu vergleichen. Denn wenn N die Zahl für einen Abstand von 30 mm ist und N' die Zahl für den Abstand D', gilt

$$\frac{N'^2}{N^2} = \frac{D'}{D}$$

und damit

$$N' = N \sqrt{D'/D}.$$

Tabelle II wurde auf diese Weise berechnet.

Tabelle II

Laufende Nummer der Beobachtung	Abstand zum Draht	Dauer von zehn Schwingungen		Differenz
		berechnet [s]	beobachtet [s]	[s]
2	40	48,62	48,85	−0,23
4	20	33,88	33,50	+0,38
6	50	53,74	54,75	−1,01
8	60	59,40	56,75	+2,65
10	120	84,25	89,00	−4,75
12	15	30,99	30,00	+0,99

Die Abweichungen sind abwechselnd positiv und negativ, aber völlig unregelmäßig. Sie sind für große Entfernungen beträchtlich. Dies war aber zu erwarten. Wir haben nämlich nicht daran gedacht, den Träger des verbindenden Drahtes beweglich zu machen. Stattdessen war die Nadel beweglich, und wir justierten die Kompensation bei jedem Versuch nach, indem wir die Magneten bewegten. Die schwache Wirkung, die nach der bestmöglichen Kompensation des Erdmagnetismus übrig blieb, muß bei großen Abständen einen relativ größeren Einfluß haben. Denn bei großen Entfernungen ist die Wirkung des verbindenden Drahtes besonders schwach im Vergleich zu der Wirkung bei geringen Abständen. Erklärt man die Diskrepanzen auf diese Weise, so kann man sie sicherlich ignorieren, und wir können das oben angegebene Gesetz als ebenso genau ansehen wie die Beobachtungen. Aber innerhalb der Fehlergrenzen kann noch eine andere, physikalisch wahrscheinlichere Erklärung bezüglich der Proportionalität, die dieses Gesetz aufdeckt, gegeben werden. Man kann nämlich auch annehmen, daß sich die Proportionalität nicht auf den Abstand zwischen dem Mittelpunkt der Nadel und dem Draht, sondern auf die Entfernung zwischen den beiden Polen der Nadel und dem Draht bezieht. Diese Abstände sind natürlich verschieden. Da jedoch die magnetischen Schwerpunkte unserer prismatischen Nadel dichter am Mittelpunkt liegen als bei einem zylindrischen Draht, was sehr wahrscheinlich ist, sind die beiden Abstände zwischen dem Draht und den Polen bzw. zwischen dem Draht und dem Nadelmittelpunkt nahezu gleich groß, so daß die kleine Differenz bei den Rechnungen vernachlässigt werden kann. Auf diese Weise interpretiert sagt das Gesetz aus, daß *die Gesamtwirkung eines verbindenden Drahtes auf ein magnetisches Element, egal ob dieses austral oder boreal ist, dem kürzesten Abstand zwischen diesem Element und dem Draht umgekehrt proportional ist.*

Um dieses Ergebnis zu untermauern, führte ich noch eine Reihe von gleichen Versuchen durch. Dabei verwendete ich wieder eine prismatische Nadel, die aber wesentlich kürzer war. Sie war nur 10 mm lang, 5 mm breit und 0,5 mm dick. Offensichtlich war die Näherung jetzt besser, denn die magnetischen Schwerpunkte jedes der beiden Arme lagen dem Nadelmittelpunkt näher als vorher. Ich hängte die Nadel wieder an einem Seidenfaden auf und brachte sie in verschiedenen Entfernungen von dem senkrechten verbindenden Draht zum Schwingen. Anstatt aber den Erdmagnetismus durch Anbringen eines Magneten zu neutralisieren, schwächte ich ihn nur ab. Dabei achtete ich darauf, daß der Magnet die Nadel nicht aus dem natürlichen magnetischen Meridian auslenkte. Dann stellte ich den Apparat, der den verbindenden Draht trug, so auf, daß dieser Draht genau in der Ebene lag, die senkrecht zum magnetischen Meridian durch den Mittelpunkt der Nadel geht. Bei dieser Anordnung neigte die Kraft des verbindenden Drahtes in keiner Weise dazu, die Nadel aus dem magnetischen Meridian auszulenken. Sie vergrößerte oder verringerte lediglich die Kraft, die die Nadel in dieser Richtung hält. Bevor ich den Draht wirken ließ, habe ich die Kraft gemessen, indem ich die Zahl der Sekunden für eine bestimmte Anzahl von Schwingungen bestimmte. Diese Zahl wollen wir N nennen. Dann habe ich die Messung wiederholt, aber dabei den Draht auf die Nadel wirken lassen. Das entspricht einer Messung der Summe aller Kräfte, die in dieser neuen Anordnung auf den Draht wirken. Die neue Zahl setzten wir gleich N'. Nach den Gesetzen für oszillatorische Bewegungen wird das erste Kräftesystem durch K/N^2 und das andere durch K/N'^2 charakterisiert. Dabei ist K eine Konstante, die von der Größe der Nadel abhängt. Die Differenz

$$\frac{K}{N'^2} - \frac{K}{N^2} \quad \text{oder} \quad \frac{K(N - N')\,(N + N')}{N^2 N'^2}$$

ist also ein Maß für die vom verbindenden Draht allein hervorgerufene Kraft.

Hierbei (Tabelle III) wurde wieder die Methode der Alternativmessungen verwendet, um Einflüsse zu vermeiden, die durch Änderung der Batteriestärke während der Versuche entstehen.

Tabelle III

Laufende Nummer der Beobachtung	Abstand vom verbindenden Draht zur Mitte der Nadel	Dauer von vierzig Schwingungen		Wirkung des Drahtes allein	Verhältnis der Wirkungen des Drahtes bei Abständen von 32,9 mm und 62,9 mm
		ohne Einfluß des Drahtes N [s]	mit Einfluß des Drahtes N′ [s]		
1	32,9	67,5	101,0	1,21449	
2	62,9	66,0	78,5	0,67290	$\frac{32,9}{62,9}(1+0,03781)$
3	32,9	66,0	98,5	1,26499	

Letzteres ist für die kleine Differenz zwischen dem ersten und dem dritten Meßergebnis verantwortlich, die ich bei gleichen Abständen erhielt. Die gute Übereinstimmung der beiden Ergebnisse zeigt, daß die Wirkung der Batterie praktisch konstant blieb. Die Batterie bestand aus einem einzigen, sehr großen VOLTAschen Element, das beliebig tief in einen großen runden Behälter eingetaucht werden konnte. Ich ließ es während der drei Versuche eingetaucht. Denn sowohl die Beobachtung von Erwärmungserscheinungen in VOLTAschen Drähten als auch die Beobachtung von Schwingungen zeigen, daß die Stärke des Apparates nach dem Eintauchen stets einen Augenblick lang größer ist als kurz danach, wenn sie konstant geworden ist. Bei

Vergleichsexperimenten muß man natürlich diesen stabileren Zustand verwenden. Der Einfluß kleiner Schwankungen, die später auftreten können, wird durch die Verwendung des Mittelwertes der ersten und der letzten Messung bei jedem Abstand vollständig eliminiert. Dieser Mittelwert muß mit dem dazwischen liegenden Meßergebnis verglichen werden. Dieser Vergleich ist in der letzten Spalte der Tabelle III angegeben. Man kann daran sehen, daß die Differenz zwischen dem Verhältnis der Kräfte und dem umgekehrten Verhältnis der Abstände nur ein sehr kleiner Bruchteil ist. Die physikalische Interpretation, die wir auf dieses Gebiet stützten, ist damit auch in bezug auf die magnetischen Elemente selbst bestätigt.

(ii)[1])

Die Wirkung eines unendlich langen und geraden verbindenden Drahtes auf ein magnetisches Element, die wir im vorigen Versuch bestimmt haben, ist zusammengesetzt. Man kann sich den Draht in seiner Länge in unendlich viele sehr kurze Stücke zerteilt vorstellen. Es ist einzusehen, daß jedes dieser Stücke entsprechend seinem Abstand und seiner Richtung mit einer anderen Stärke auf die Nadel wirkt. Diese elementaren Kräfte zu kennen ist nun gerade besonders wichtig. Denn die gesamte, von dem Draht hervorgerufene Kraft ist dann nichts anderes als die arithmetische Summe dieser Kräfte. Man kann jedoch rechnerisch die elementaren Kräfte aus der resultierenden Gesamtkraft ermitteln. Dies führte LAPLACE durch. Aus unseren Beobachtungen leitete er auf mathematischem Wege das Gesetz für die Kräfte her, die ein Stück des Drahtes auf in der Nähe befindliche magnetische Moleküle ausübt. Diese Kräfte stehen wie die Gesamtkraft senkrecht auf der Ebene durch die Achse des Drahtstückes und den kürzesten Abstand zwischen dem Drahtelement und dem beeinflußten magnetischen

---

[1]) Ebenda, Seite 740–746.

Molekül. Die Stärke der Kraft ist wie bei anderen magnetischen Wirkungen umgekehrt proportional zum Quadrat des Abstandes. Das Abstandsverhältnis kann jedoch noch durch einen Faktor modifiziert werden, der von der Neigung der Verbindungslinie zwischen dem Drahtelement und dem magnetischen Molekül gegen die Drahtachse abhängt. Ein solcher Faktor, wie er auch zusammengesetzt sein mag, ändert also nichts daran, daß die Gesamtkraft eines unendlich langen geraden Drahtes umgekehrt proportional zur kürzesten Entfernung zwischen dem Draht und dem magnetischen Molekül ist. Das stimmt mit unseren Beobachtungen überein. Deshalb war es nötig, neue Versuche durchzuführen. Es galt herauszufinden, ob ein solcher Faktor existiert oder nicht und wie er zusammengesetzt ist. Der einfachste und direkteste Weg dazu war offensichtlich, die Wirkung von zwei gleichen Teilen unendlich langer Drähte miteinander zu vergleichen, die in verschiedene Richtungen zeigen. Dementsprechend spannte ich einen langen Kupferdraht ZMC (Abb. 43) in der vertikalen Ebene auf und bog ihn bei M so, daß die beiden Arme ZM und MC im gleichen Winkel zur horizontalen Ebene lagen. Davor spannte ich ein anderes Drahtstück $Z'M'C'$ aus dem gleichen Metall und von gleicher Länge von der gleichen Rolle auf. Dieses senkrechte aufgespannte Stück war von dem ersten am Punkt MM' nur durch einen dünnen Papierstreifen getrennt. Dann hängte ich vor diesem System die kleine parallelogrammförmige Magnetnadel AB auf, so daß ihre horizontale Achse genau in Höhe der Punkte M und M' lag. Anschließend beobachtete ich die Schwingungen bei verschiedenen Abständen, während der Strom einmal durch den geraden und einmal durch den gebogenen Draht floß. Bei solchen Vergleichen muß man stets die Methode der Alternativmessungen anwenden. Das heißt, nachdem man die Schwingungen in einer bestimmten Lage der Nadel beobachtet hat und dabei den Strom erst durch den geneigten Draht und dann durch den geraden Draht hat fließen lassen, muß man noch eine dritte Messung machen, bei der der Strom wieder durch den geneigten Draht fließt. Dann muß man den Mittelwert der beiden Meßergebnisse für den geneigten Draht

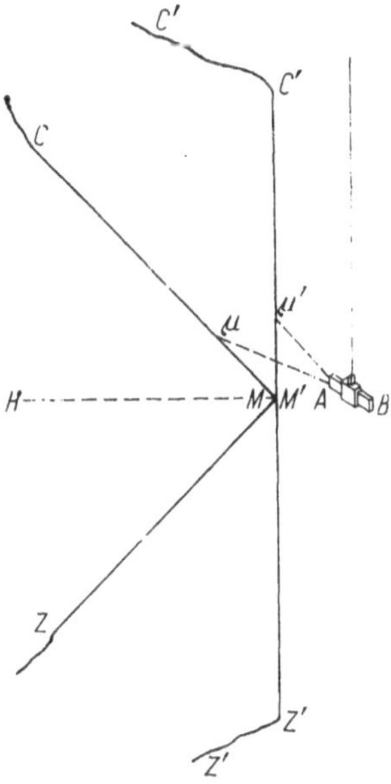

Abb. 43

nehmen, denn sonst ist die Wirkung des geneigten Drahtes auf Grund fortschreitender Veränderungen des VOLTAschen Apparates mit der Wirkung des geraden Drahtes nicht genau vergleichbar. Um aber genau zu sein, erfordern solche Experimente noch andere Maßnahmen. Zuerst müssen die Drähte vollständig gleich sein. Das läßt sich so gut wie möglich erreichen, indem man beide Teile von einer Drahtrolle abschneidet, die in einem Stück gezogen ist. Zweitens müssen der geneigte und der gerade Draht genau in der gleichen senkrechten Ebene liegen, und der Mittelpunkt der Nadel muß bei allen Lagen der Nadel genau in der Verlängerung dieser Ebene liegen. Schließlich soll die Ruhelage, um die die Nadel schwingt, unabhängig davon sein, welcher Draht gerade auf die Nadel wirkt. Denn das reicht aus, um die Wirkungen der beiden Drähte für alle Abstände miteinander vergleichen zu können. Dazu bringt man die Ebene, in der die beiden Drähte liegen, senkrecht zum magnetischen Meridian der Nadel an und schwächt die Kraft des Erdmagnetismus durch einen künstlichen Magneten ab, ohne dabei die Richtung der Nadel zu ändern. Dadurch wirken beide Drähte, sowohl der schräge als auch der senkrechte, in gleicher Richtung auf die Nadel. Folglich wird in beiden Fällen lediglich die rücktreibende Kraft verstärkt. Das kann man an der Schnelligkeit der Schwingungen sehen, die wir auch bei anderen Anordnungen gemessen haben. Die Wirkungen jedes der beiden Drähte stimmen vollkommen überein, wenn man sorgfältig alle Vorsichtsmaßnahmen trifft und den Einfluß der einfachen, von den Drähten unabhängigen Kraft berücksichtigt, die wir noch zuließen. Ähnliche Übereinstimmung erhält man unabhängig von der Richtung und der Stärke dieser Kraft. Allerdings darf sie nicht so schwach sein, daß bei entgegengesetztem Stromfluß die Nadel durch die Wirkung der Drähte umgedreht wird. Der Abstand zwischen der Nadel und dem äußeren, das Erdmagnetfeld abschwächenden Magneten ist zwar groß gegen die Nadelausdehnung, aber ein solches Umklappen der Nadel würde immer die Wirkung des Magneten auf die Nadel etwas ändern. Das würde das Ergebnis unserer naturgemäß sehr störempfindlichen Messung auf jeden Fall beeinflussen. Deshalb ist kein Aufwand zu groß, um die Meßergebnisse zuverlässig zu machen. Am Anfang war ich mir noch nicht im klaren darüber, daß diese Maßnahmen unbedingt erforderlich sind. Anhand der ersten Versuche konnte ich bald sehen, daß sich die Wirkung des schrägen Drahtes mit kleiner werdendem Winkel zwischen den beiden Armen verringerte. Sie schien dem Winkel proportional zu sein. Ein solches Gesetz wäre mit den Grenzfällen verträglich, denn die Wirkung muß natürlich Null sein, wenn der Winkel zwischen den beiden Armen Null ist. Dann liegen nämlich die beiden Drahthälften aufeinander, und der Strom fließt in ihnen in entgegengesetzte Richtungen. Außerdem muß die Wirkung gleich der des geraden Drahtes werden, wenn jeder Arm im rechten Winkel zur Horizontalen steht, denn dann bilden sie zusammen eine gerade senkrechte Linie. Wegen der Unvollkommenheit der Versuche aber sind andere Gesetze genau so gut möglich. Man könnte zum Beispiel die Neigung gegen die Horizontale i durch den Tangens des halben Neigungswinkels, d. h. durch $\tan \frac{1}{2} i$, ersetzen. Setzt man dann die beim geraden Draht beobachtete Wirkung auf die Nadel gleich F, so wäre $F \cdot \tan \frac{1}{2} i$ die Wirkung des geneigten Drahtes, der vom gleichen Strom durchflossen wird. Nach dem anderen, vorher genannten Gesetz wäre diese Wirkung gleich $F \cdot i/90°$. Die beiden Werte können sich nur um Hundertstel voneinander unterscheiden. Um zwischen diesen beiden Möglichkeiten zu unterscheiden, braucht man den Versuch nur für einen bestimmten Winkel zu wiederholen, aber mit äußerster Genauigkeit. Ich entschied mich, den Fall $i = 45°$ zu untersuchen. Dabei ist die Wirkung des geneigten Drahtes gleich $K \cdot \tan 22°30'$ oder $F \cdot 0{,}414214$. Der Faktor bei F ist nahezu $1/2$. Deshalb nahm ich den schrägen Draht doppelt, so daß der Strom zweimal durch den Draht fließt und doppelt so stark auf die Nadel wirkt. Dabei dürfen sich die beiden Teile des Drahtes aber nicht berühren. Diese Anordnung erleichtert die Beobachtung dadurch, daß die Wirkung vergrößert wird. Ich sorgte auch dafür, daß die Kontakte zwischen den beiden Drähten und den Polen des Voltaschen Apparates geändert wurden. So war jeder der beiden Pole abwechselnd einmal mit dem oberen und einmal mit dem unteren Ende jedes Drahtes verbunden. Das habe ich durch die Buchstaben ZB, CH und CB, ZH gekennzeichnet. Die Wirkung der Drähte ist in diesen beiden Fällen entgegengesetzt. Deshalb wird die einfache rücktreibende Kraft in dem einen Fall verstärkt und in dem anderen abgeschwächt. Angenommen, N sei die Anzahl von Sekunden, die die Nadel zum Ausführen einer festen Anzahl von Schwingungen allein unter dem Einfluß der einfachen Kraft braucht. N' sei die entsprechende Zahl, wenn die Wirkung des Drahtes additiv ist. Man kann ohne Schwierigkeiten sehen, daß die Wirkung des Drahtes selbst dann gleich

$$\frac{K}{N'^2} - \frac{K}{N^2} \quad \text{oder} \quad K\,\frac{(N - N')\,(N + N')}{N^2 N'^2}$$

sein muß. K ist eine von der Größe der Nadel abhängige Konstante. Im entgegengesetzten Fall, wenn die Wirkung des Drahtes die Wirkung der einfachen Kraft schwächt, gilt

$$\frac{K}{N^2} - \frac{K}{N'^2} \quad \text{oder} \quad K\,\frac{(N' - N)\,(N + N')}{N^2 N'^2}.$$

Damit können wir die Wirkung des Drahtes in beiden Fällen bestimmen. Auf diese Weise wurden die Tabellen IV und V nach Versuchen zusammengestellt, die ich mit den beiden oben beschriebenen rechteckigen Nadeln durchführte.

Der Wert von $2F \tan \frac{1}{2} i$ ergibt sich für dieses Verhältnis zu 0,838427. Die Differenz zum Experiment ist klein. Sie wird aber noch kleiner, wenn man berücksichtigt, daß die beiden Arme des geneigten Drahtes gegenüber dem geraden Draht um 3 mm nach rechts beziehungsweise nach links verschoben waren. Damit ist der Abstand des geneigten Drahtes zur Nadel nicht gleich d, wie für den geraden Draht, sondern $(d^2 + 9)^{1/2}$ bzw. $d(1 + 9/d^2)^{1/2}$. Da das Verhältnis $9/d^2$ sehr klein ist, kann man dafür auch $d\big(1 + (9/2d^2)\big)$ schreiben. Man muß also die Ergebnisse entsprechender Beobachtungen für beide Drähte auf den gleichen Abstand reduzieren. Dazu muß man das Ver-

Tabelle IV

Länge der Nadel [mm]	Dauer von zwanzig Schwingungen ohne die Drähte N [s]	Dauer von zwanzig Schwingungen mit dem Einfluß der Drähte N' [s]		Verhältnis der Wirkungen des zweifach geneigten Drahtes und des senkrechten Drahtes O/V
20	58,375	ZN geneigt	80,25	
		senkrecht	87,75	0,841713
		geneigt	80,00	0,844503
		senkrecht	87,00	
	58,875	ZB geneigt	48,19	
		senkrecht	47,08	0,846444
		geneigt	48,68	0,830426
		senkrecht	47,27	
		Mittelwert		0,840780

hältnis O/V mit dem umgekehrten Verhältnis der Abstände $1 + 9/2\, d^2$ multiplizieren. Der Wert von d war bei dem ersten Versuch 28,5 mm und 33 mm beim zweiten. Folglich müssen die beiden direkt bestimmten Mittelwerte um den $9/2\, d^2$-ten Teil vergrößert werden, d. h. bei dem einen um $\frac{1}{180}$ und bei dem anderen um $\frac{1}{242}$. Diese Korrektur ergibt 0,845451 für den ersten und 0,809641 für den zweiten Mittelwert. Damit fällt der endgültige Mittelwert 0,827545 fast genau mit 0,828427, dem Wert von $F \cdot \tan \frac{1}{2} i$, zusammen. Zweifelsohne beschreibt dieser Ausdruck ganz allgemein die Gesamtwirkung eines geneigten Drahtes, der aus zwei, den Winkel i einschließenden Armen, besteht. Wir betrachten nun ein unendlich kleines Stück eines solchen Drahtes, das

Tabelle V

Länge der Nadel [mm]	Dauer von vierzig Schwingungen ohne den Einfluß der Drähte N [s]	Dauer von vierzig Schwingungen mit dem Einfluß der Drähte N′ [s]		Verhältnis der Wirkungen des zweifach geneigten Drahtes und des senkrechten Drahtes O/V
10	67	*ZH* senkrecht	102,00	
		geneigt	90,50	0,806987
		senkrecht	100,00	0,827775
		geneigt	89,50	
		ZB senkrecht	54.00	
		geneigt	56,00	0,789370
		senkrecht	53,75	0,802303
		geneigt	55,50	
		Mittelwert		0,806309
		vorheriger Mittelwert		0,840780
		endgültiger Mittelwert		0,823694

sich bei μ befindet (Abb. 43). μm oder R sei der Abstand zwischen dem Draht und m, einem Teilchen borealen oder australen Magnetismus. Wir wissen aus unseren vorangegangenen Versuchen, daß die Wirkung dieses Drahtstückchens proportional ist einer Funktion des Winkels $m\mu M$, den wir ω nennen wollen, dividiert durch das Quadrat des Abstandes μm. Wir müssen also nur noch eine Form für diese Funktion finden, so daß die sich aus der Gesamtsumme aller von den einzelnen Drahtelementen auf m senkrecht zur Ebene ZMC ausgeübten Kräfte ergebende Gesamtkraft proportional zu $\left(\tan \frac{1}{2} i\right)/2$ ist. Diese Bedingung wird erfüllt, wenn man für die unbekannte Funktion sin ω nimmt. Damit ist die Wirkung eines Drahtelementes proportional zu $R^{-2} \cdot \sin \omega$. Wir kennen nun sowohl diesen Ausdruck als auch die absolute Richtung der Kraft, die immer senkrecht auf der Ebene durch das Drahtelement und die Verbindungslinie zwischen dem Drahtelement und dem Molekül steht. Damit können wir die Gesamtkraft eines Drahtes oder eines geraden oder gebogenen, eines endlichen oder unendlichen Drahtstückes berechnen.[1])

---

[1]) Anmerkung von R. A. R. TRICKER: Diese Rechnung bestätigt AMPÈRES Kritik. BIOTS Experimente wiesen nicht darauf hin, daß die Kraft proportional zu tan $i/2$ ist. Dies wurde erst dann bestätigt, als sich herausgestellt hatte, daß das BIOT-SAVARTsche Gesetz nicht aus den bisherigen Ergebnissen folgte. Bei diesen Ergebnissen war die Kraft proportional zu i.

3

C. Die frühen Arbeiten von Ampère

Die Dissertation von Herrn Ampère[1])

I. Die Wechselwirkung zwischen zwei elektrischen Strömen

1. Die elektromotorische Wirkung äußert sich in zwei verschiedenen Arten von Effekten, zwischen denen man genau unterscheiden muß.

Den ersten dieser Effekte werde ich *elektrische Spannung* nennen, den anderen *elektrischen Strom.*

Eine elektrische Spannung tritt dann auf, wenn die beiden Körper, zwischen denen die Wirkung stattfindet, durch einen nicht leitenden Körper auf ihrer gesamten Oberfläche voneinander getrennt sind.[2]) Sie berühren sich lediglich an den Punkten, an denen die Spannung aufgebaut wird. Der andere Effekt tritt auf, wenn diese Körper einen Teil eines Kreises von leitenden Körpern bilden. Diese berühren sich an verschiedenen Punkten ihrer Oberfläche, an denen die elektromotorische Kraft entsteht.[3]) Im ersten Fall werden die beiden Körper oder die beiden Systeme von Körpern, zwischen denen die

---

[1]) Ann. Chim. Phys. **15**, (1820), 59–76, 177–208. Die Dissertation wurde der Académie Royale des Sciences am 20. Oktober 1820 vorgelegt. Sie enthält eine Zusammenfassung der Vorträge von AMPÈRE vor der Académie vom 18. und 25. September 1820. In den Vorträgen wurden die durch elektrische Ströme hervorgerufenen Effekte behandelt.

[2]) Falls diese Trennung durch eine einfache Unterbrechung hervorgerufen wird, befindet sich zwischen den getrennten Körpern ebenfalls ein nichtleitender Körper, nämlich Luft.

[3]) Dies schließt die Fälle ein, bei denen die beiden Körper oder Systeme von Körpern, zwischen denen die elektromotorische Kraft entsteht, mit dem gemeinsamen Reservoir vollständig verbunden sind. Dieses bildet dann einen Teil des Stromkreises.

Wirkung stattfindet, durch die elektromotorische Kraft in zwei Spannungszustände versetzt. Die Differenz zwischen diesen Zuständen ist konstant, wenn die Wirkung konstant ist, zum Beispiel dann, wenn sie auf eine Berührung von zwei Stoffen unterschiedlicher Natur zurückzuführen ist. Die Differenz ändert sich aber, wenn sich ihre Ursache ändert, zum Beispiel Reibung oder Druck.

2. Werden aber die beiden Körper oder Systeme von Körpern, zwischen denen die elektromotorische Kraft wirkt, über leitende Körper verbunden und ist die elektromotorische Kraft in diesen leitenden Körpern nicht der zwischen den ersten wirkenden entgegengesetzt gleich, so wird der Zustand des elektrischen Gleichgewichtes nicht aufrechterhalten. Also ändert sich auch der Spannungszustand. Die Spannungen verschwinden oder werden zumindest sehr klein, und es treten charakteristische Erscheinungen auf. Da die Anordnung der Körper, zwischen denen die elektromotorische Kraft wirkt, andererseits unverändert bleibt, bleibt die Wirkung der elektromotorischen Kraft zweifelsohne bestehen. Die gegenseitige Anziehung der beiden Elektrizitäten, die man bei Spannungsdifferenzen mißt, wurde Null oder zumindest beträchtlich verringert und kann diese Wirkung also nicht mehr ausgleichen. Man nimmt deshalb allgemein an, daß die beiden Elektrizitäten in zwei Richtungen getragen werden. So entsteht ein Doppelstrom, ein Strom positiver Elektrizität und ein Strom negativer Elektrizität. Die beiden Ströme bewegen sich (von den Punkten, an denen die elektromotorische Kraft wirkt, ausgehend) in entgegengesetzte Richtungen. Sie treffen sich wieder in den diesen Punkten gegenüberliegenden Teilen des Stromkreises. Die Ströme, von denen ich spreche, werden beschleunigt, bis die elektromotorische Kraft durch die Trägheit der elektrischen Flüssigkeiten und den, auch in besten Leitern vorhandenen Widerstand ausgeglichen wird. Sie bewegen sich dann mit einer konstanten Geschwindigkeit, so lange die Kraft mit gleicher Stärke wirkt. Der Strom hört aber sofort auf zu

fließen, wenn der Stromkreis unterbrochen wird. Der Einfachheit halber werde ich diesen Zustand in einer Reihe von elektromotorisch wirksamen und leitenden Körpern einen *elektrischen Strom* nennen. Da wir es stets mit den beiden verschiedenen Richtungen zu tun haben, in die die beiden Elektrizitäten fließen, werde ich stets die Richtung der *positiven Elektrizität* als *Richtung des elektrischen Stromes* ansehen. Dadurch werden unnötige Wiederholungen vermieden. Für eine Batterie ist also die *Richtung des elektrischen Stromes innerhalb der Batterie* die Richtung von dem Ende, an dem bei der Zersetzung von Wasser der Wasserstoff freigesetzt wird, zu dem Ende, an dem der Sauerstoff frei wird. *Die Richtung des elektrischen Stromes in dem Leiter, der die Verbindung zwischen den beiden Enden der Batterie herstellt, ist die entgegengesetzte Richtung.* Das ist die Richtung von dem Ende, an dem Sauerstoff frei wird, zu dem Ende, an dem freier Wasserstoff entsteht. Um diese beiden Fälle in einer Definition zusammenzufassen, kann man sagen, daß die Richtung des elektrischen Stromes gleich der Richtung des Wasserstoffs und der basischen Anteile von Salzen ist, wenn Wasser oder Salzlösungen in einen Stromkreis gebracht und durch einen elektrischen Strom zersetzt werden. Dabei spielt es keine Rolle, ob diese Stoffe einen Teil des Leiters innerhalb einer Batterie bilden oder ob sie außerhalb der Batterie in den Stromkreis gebracht werden.

Die Herren Gay-Lussac und Thenard führten sehr interessante Untersuchungen mit dem Apparat durch, die eine fruchtbare Quelle großer Entdeckungen in fast allen Teilgebieten der Physik ist. Nach diesen Untersuchungen ist die Zersetzung von Wasser, Salzen u. ä. keinesfalls auf die Spannungsdifferenz zwischen den beiden Enden der Batterie, sondern lediglich auf den von mir *elektrischen Strom* genannten Effekt, zurückzuführen. Denn die Zersetzung ist praktisch gleich Null, wenn man die beiden leitenden Drähte in reines Wasser eintaucht. Mischt man dagegen unter das Wasser eine

Säure oder eine Salzlösung und läßt den Rest des Apparates vollkommen unverändert, so wird die Elektrizität sehr gut geleitet.

Es ist nun klar, daß die elektrische Spannung zwischen den Enden der beiden in die Flüssigkeit eingetauchten Drahte im zweiten Fall nicht größer geworden sein kann. Die Spannung kann nur kleiner werden entsprechend der steigenden Leitfähigkeit dieser Flüssigkeit. Das Anwachsen der Zersetzung von Wasser wird in diesem Fall durch den elektrischen Strom verursacht. Folglich ist die Zersetzung von Wasser und Salzen ausschließlich auf das Fließen eines elektrischen Stromes zurückzuführen. Man kann leicht nachweisen, daß es wiederum nur der elektrische Strom ist, der bei den Versuchen von Herrn Oersted auf eine Magnetnadel wirkt. Dazu braucht man lediglich eine Magnetnadel über einer waagerecht liegenden Batterie anzubringen, die etwa in Richtung des magnetischen Meridians zeigt. So lange die Batterieenden nicht miteinander verbunden sind, bleibt die Nadel in ihrer ursprünglichen Lage. Verbindet man aber das eine Ende der Batterie mit dem anderen durch einen Metalldraht, so ändert die Magnetnadel plötzlich ihre Lage, und sie bleibt in dieser Lage, so lange die Verbindung aufrechterhalten wird und die Batterie ihre Kraft behält. Nur in dem Maße, wie die Batterie ihre Kraft verliert, kehrt die Nadel in ihre ursprüngliche Lage zurück. Wird der Strom dagegen abgeschaltet, indem man die Verbindung unterbricht, so kehrt die Nadel sofort in ihre Ausgangslage zurück. Durch die gleiche Verbindung werden nun aber die elektrischen Spannungen zum Verschwinden gebracht oder beträchtlich verringert. Deshalb kann die Magnetnadel nicht von den Spannungen, sondern nur von den Strömen beeinflußt werden. Bildet reines Wasser einen Teil des Stromkreises und ist die Zersetzung kaum wahrnehmbar, so wird eine Magnetnadel, die über einem anderen Teil des Stromkreises angebracht ist, ebenfalls nur sehr schwach abgelenkt. Mischt man aber Salpetersäure in das Wasser und läßt die übrige Versuchsanlage vollkommen unverändert, so vergrößert sich die Auslenkung gleichzeitig mit dem Schnellerwerden der Wasserzersetzung.

3. Ein gewöhnliches Elektrometer zeigt das Auftreten und die Stärke einer elektrischen Spannung an. Bisher gab es aber kein Instrument zum Nachweis des elektrischen Stromes in einer Batterie oder in einem Leiter und auch kein Instrument, das Richtung und Stärke des Stromes anzeigt. Ein solches Instrument steht jetzt zur Verfügung. Man braucht dazu lediglich die Batterie oder einen Teil des Leiters ungefähr horizontal in Richtung des magnetischen Meridians anzuordnen und dann ein einem Kompaß ähnliches Gerät (der einzige Unterschied besteht in dem Verwendungszweck) auf der Batterie oder direkt über oder unter dem Leiterstück anzubringen. Solange der Stromkreis unterbrochen ist, bleibt die Nadel in ihrer ursprünglichen Lage. Sie wird aber ausgelenkt, sobald der Strom eingeschaltet wird, und zwar um so stärker der Strom ist. Auch die Stromrichtung kann man bestimmen. Stellt man sich nämlich als Beobachter vor, daß man in Richtung des elektrischen Stromes mit dem Gesicht zur Nadel steht, so daß der Strom von den Füßen zum Kopf fließt, wird der nach Norden zeigende Pol der Nadel durch die Wirkung des Stromes stets nach links ausgelenkt. Diesen Pol nenne ich *australen Pol der Magnetnadel*, denn er entspricht dem Südpol der Erde. Den eben beschriebenen Sachverhalt meine ich, wenn ich der Kürze halber sage, daß der australe Pol eines Magneten durch die Wirkung des Stromes nach links getrieben wird. Um dieses Gerät von einem Elektrometer zu unterscheiden, sollte man ihm meiner Meinung nach den Namen *Galvanometer* geben. Man sollte es bei allen Versuchen mit elektrischen Strömen verwenden, wie man normalerweise ein Elektrometer im Zusammenhang mit elektrischen Maschinen verwendet. Auf diese Weise kann man jederzeit sehen, ob ein elektrischer Strom fließt und wie stark dieser ist.

Das erste Mal verwendete ich dieses Gerät, um nachzuweisen, daß der Strom in der Batterie zwischen dem negativen und dem positiven Ende den gleichen Einfluß auf die Magnetnadel hat wie der Strom, der in einem Leiter vom positiven Ende zum negativen Ende fließt. Es ist ratsam, dabei zwei Magnetnadeln zu verwenden, von denen die eine über der Batterie angebracht ist und die andere über oder unter dem Leiter. Man kann dann sehen, daß der australe Pol der Nadel von dem Strom, bei dem sich die Nadel befindet, nach links getrieben wird. Wenn also die zweite Nadel über dem Leiter angebracht ist, werden die beiden Nadeln, die über der Batterie und die über dem Draht, in entgegengesetzte Richtungen ausgelenkt. Denn die Ströme fließen in diesen beiden Teilen des Stromkreises in entgegengesetzte Richtungen. Die beiden Nadeln werden im Gegensatz dazu nach der gleichen Seite ausgelenkt und bleiben ungefähr zueinander parallel, wenn sich die eine über der Batterie und die andere unter dem Leiter befindet.[1]) Sobald der Stromkreis unterbrochen wird, kehren sie in beiden Fällen sofort in ihre ursprüngliche Lage zurück.

4. Das also sind die bekannten Unterschiede zwischen den Wirkungen, die die Elektrizität in ihren beiden, soeben von mir beschriebenen Zuständen hervorruft. Der eine dieser Zustände ist, wenn nicht ein Zustand der Ruhe, so doch zumindest ein Zustand langsamer Bewegung, die nur auf die Schwierigkeit zurückzuführen ist, spannungstragende Körper isoliert anzubringen. Der andere Zustand ist durch den doppelten Strom positiver und negativer Elektrizität durch einen geschlossenen Kreis von Leitern charakterisiert. In der konventionellen Theorie der Elektrizität nimmt man an, daß die beiden elektrischen Flüssigkeiten, aus denen man sich die Elektrizität zusammengesetzt denkt, in einem Teil

---

[1]) Damit dieses Experiment keine Zweifel über die Wirkung des Stromes in der Batterie zuläßt, ist es besser, eine trogförmige Batterie zu verwenden, in der die Zinkplatte und die Kupferplatte über die gesamte Oberfläche aufeinander gelötet sind und nicht einfach über einen Metallstreifen, den man durchaus als Teil des Leiters ansehen könnte.

des Stromkreises ständig voneinander getrennt werden. Man glaubt, daß sie dann schnell in entgegengesetzte Richtungen in einen anderen Teil des Stromkreises getrieben werden und sich dort laufend wieder vereinigen. Man kann zwar einen solchen elektrischen Strom mit einer herkömmlichen Maschine erzeugen, indem man die beiden Elektrizitäten durch einen Leiter fließen läßt, mit dem die beiden Enden des Apparates, an denen die Elektrizitäten frei werden, verbunden wurden. Starke Ströme kann man aber nur mit Hilfe einer VOLTAschen Batterie erzeugen, es sei denn, man verwendet sehr große Maschinen. Denn die von einer Reibungsmaschine erzeugte Elektrizitätsmenge ist eine bestimmte Zeit lang konstant, unabhängig von der Leitfähigkeit des übrigen Stromkreises. Dagegen vergrößert sich die durch eine Batterie kreisende Elektrizitätsmenge in einem ähnlichen Zeitraum unbegrenzt in dem Maße, wie die beiden Enden durch immer bessere Leiter verbunden werden.

Es gibt aber auch andere bemerkenswerte Unterschiede zwischen den beiden Zuständen der Elektrizität. Diese entdeckte ich, als ich die Enden zweier VOLTAschen Batterien mit zwei geraden, zueinander parallelen leitenden Drähten verband. Der eine dieser beiden Drähte war festgemacht; den anderen hängte ich an zwei Punkten auf und machte ihn durch ein Gegengewicht sehr beweglich (Abb. 44). Er konnte sich so frei zu dem ersten Draht hin oder von ihm weg bewegen. Dabei blieben die beiden Drähte stets zueinander parallel. Dann ließ ich durch beide Drähte gleichzeitig einen Strom fließen. Dabei beobachtete ich, daß sich die beiden Drähte gegenseitig anzogen, wenn beide Ströme in die gleiche Richtung flossen, und daß sie sich abstießen, wenn die Ströme in entgegengesetzte Richtungen flossen.

Betrachtet man die Wechselwirkung zwischen einem elektrischen Strom und einem Magneten und die Wechselwirkung zwischen zwei Magneten, so sieht man, daß für sie das gleiche Gesetz gilt wie für die Wechselwirkung zwischen zwei Strömen. Das trifft zu, wenn man annimmt, daß an jedem Punkt einer Linie, die auf der Oberfläche des Magneten von einem Pol zum anderen verläuft, ein Strom erzeugt wird, der in Ebenen senkrecht zur

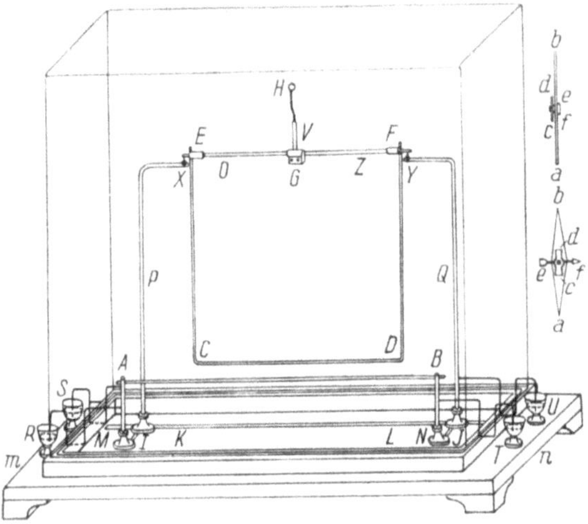

Abb. 44

Achse des Magneten fließt. Unter Berücksichtigung aller Tatsachen scheint mir es kaum möglich zu sein, an der Existenz solcher Ströme um die Achse eines Magneten zu zweifeln. Anders ausgedrückt, ein Magnetisierungsvorgang ist nichts anderes als eine Operation, bei der die Stahlteilchen die Eigenschaft erhalten, elektrische Ströme zu erzeugen. In den Stahlteilchen entstehen also die gleichen elektromotorischen Kräfte wie in einer Voltaschen Batterie, in dem oxidierten Zink der Mineralogen, in erhitztem Turmalin oder auch in einer Batterie von nassen Metallplatten und Scheiben mit verschiedenen Temperaturen. Da aber die elektromagnetische Kraft in einem Magneten zwischen verschiedenen Teilen ein und desselben Körpers entsteht, der außerdem ein guter Leiter ist, kann sie, wie wir oben gesehen haben, keine Spannung erzeugen, sondern nur einen kontinuierlichen

Strom. Ein ähnlicher Strom würde in einer Batterie entstehen, wenn die beiden Enden der Batterie direkt miteinander verbunden werden. Nach den vorangegangenen Beobachtungen ist klar, daß eine solche Batterie keine Spannungen erzeugen kann, ebenso keine normale elektrische Anziehung oder Abstoßung. Sie kann auch keine chemischen Vorgänge hervorrufen, denn man kann keine Flüssigkeiten in den Stromkreis bringen. Es ist klar, daß jeder in dieser Batterie erzeugte Strom unmittelbar auf andere elektrische Ströme oder Magneten wirkt. Diese werden ausgerichtet, angezogen oder abgestoßen. Wir werden später sehen, daß ein Magnet weiter nichts ist als eine Anordnung von elektrischen Strömen.

Auf diese Weise erhalten wir das unerwartete Ergebnis, daß alle magnetischen Erscheinungen ausschließlich auf die Elektrizität zurückzuführen sind. Es gibt zwischen den beiden Polen eines Magneten keinen anderen Unterschied als ihre Lage bezüglich der Ströme, aus denen der Magnet zusammengesetzt ist. Der australe Pol[1]) liegt rechts von den Strömen, der boreale Pol links.

Von Anfang an versuchte ich, bei meinen Untersuchungen dieses Gegenstandes das Gesetz zu finden, das die anziehende oder abstoßende Wechselwirkung zwischen zwei elektrischen Strömen in Abhängigkeit von dem Abstand zwischen den beiden Strömen und den Winkeln beschreibt, die ihre Lage bestimmen. Ich war bald davon überzeugt, daß dieses Gesetz nicht experimentell gefunden werden kann. Denn eine einfache Darstellung dieses Gesetzes kann man nur erhalten, wenn man unendlich kleine Stromstücke betrachtet. Mit solchen Strömen kann man aber nicht experimentieren. Die Wirkung von Strömen, die meßbare Effekte hervorrufen, ist eine Summe über die infinitesimalen Wirkungen dieser Elemente. Diese Summe kann man nur durch eine zweifache Inte-

---

[1]) Das ist der Pol der Nadel, der nach Norden zeigt. Er befindet sich rechts von den Strömen, die den Magneten bilden. Denn er liegt links von einem äußeren Strom, der vor der Nadel liegt und in die gleiche Richtung fließt.

gration erhalten. Eine dieser Integrationen erstreckt sich über die gesamte Ausdehnung des einen Stromkreises für ein und denselben Punkt des anderen Stromkreises. Die andere Integration dagegen muß sich über den gesamten zweiten Strom erstrecken, wobei das Ergebnis der ersten Integration über den ersten Strom in diese zweite Integration eingeht. Nur das Ergebnis dieser zweiten Integration, deren Grenzen die beiden Enden des zweiten Stromes sind, kann mit experimentellen Ergebnissen verglichen werden. Man muß also diese Intergrationen ausführen, bevor man die Wechselwirkung zweier Ströme endlicher Länge untersuchen kann, wie ich bereits in meinem Vortrag vor der Akademie vom 9. Oktober gesagt habe. Dabei spielt es keine Rolle, ob der stromführende Leiter gerade oder gekrümmt ist. Man muß nur berücksichtigen, daß bei einem gekrümmten Leiter die Richtung der einzelnen Teile des Stromes in jedem Punkt durch die Tangente an die Kurve gegeben ist, entlang der der Strom fließt. Die Wirkung eines Stromes auf einen Magneten oder die Wechselwirkung zwischen zwei Magneten findet man, wenn man in diesen beiden Fällen die Magnete als eine Anordnung von elektrischen Strömen ansieht, wie ich oben angedeutet habe. Nach den hervorragenden Experimenten von Herrn Savart muß man die Ströme, die in ein und derselben Ebene senkrecht zur Achse des Magneten fließen, als gleich groß ansehen. Er untersuchte bei seinen Experimenten die Wirkung des Erdmagnetismus auf zwei auf gleiche Weise magnetisierte Stäbe gleicher Form und Größe, von denen der eine hohl und der andere massiv war. Dabei fand er, daß die bewegende Kraft proportional der Masse ist und deshalb die Ursache der Kraft mit gleicher Stärke auf alle Teilchen ein und desselben Querschnitts senkrecht zur Achse wirkt. Die Stärke ist für verschiedene Querschnitte unterschiedlich, je nachdem, ob der Querschnitt dicht bei einem Pol liegt oder weit von ihm entfernt ist. Ist der Magnet bezüglich der die beiden Pole verbindenden Linie rotationssymmetrisch, müssen alle Ströme ein und desselben Querschnitts Kreisströme sein. Die Rechnungen für einen Magneten dieser Form kann man vereinfachen, indem man zuerst die Wirkung eines infinitesimalen Stromstückes auf eine Anordnung von konzentrischen Kreisströmen berechnet, die das Innere eines Kreises ausfüllen. Dabei nimmt man an, daß die Stärke der einzelnen Ströme dem infinitesimalen Abstand zweier benachbarter Ströme proportional ist. Der Abstand wird entlang des Kreisradius gemessen. (Andernfalls würde das Ergebnis der Integration von der Anzahl der infinitesimalen Teile abhängen, in die dieser Radius unterteilt wurde, wobei jedem Teil des Radius ein Kreisstrom entspricht. Das wäre aber absurd.) Ein Kreisstrom wird überall dort von einem Strom angezogen, wo er die gleiche Richtung hat wie der andere Strom, und er wird in den Teilen, wo er in die entgegengesetzte Richtung fließt, abgestoßen. Folglich besteht die Wirkung auf einen Strom, der senkrecht zur Achse eines Magneten liegt, aus einer Gesamtkraft und einem resultierenden Kräftepaar. Die Gesamtkraft ist die Differenz zwischen den Komponenten der anziehenden und der abstoßenden Kräfte, die dieser Gesamtkraft parallel sind. Das Kräftepaar wird von den anziehenden und den abstoßenden Kräften gleichermaßen erzeugt. Die Größe der Wirkung findet man durch Integration über die Radien der Oberfläche bei einem vollen Magneten und durch Integration zwischen dem inneren und dem äußeren Radius bei einem Hohlzylinder. Das Ergebnis dieser Rechnung muß man dann noch multiplizieren: 1. mit der infinitesimalen Dicke des Querschnitts und der Gesamtstärke der ihn bildenden Ströme und 2. mit der Stärke und der Länge des infinitesimalen Stromstükkes, von dem angenommen wurde, daß es auf den Magneten wirkt. Auf diese Weise erhält man die Gesamtkraft und das resultierende Kräftepaar, durch die die elementare Wechselwirkung zwischen einem kreis- oder kreisringförmigen Querschnitt und einem infinitesimalen Stromstück beschrieben wird.

Nachdem wir diesen Wert gefunden haben, interessieren wir uns nun für die Wechselwirkung zwischen einem Magneten und einem Strom endlicher Länge in einem geraden oder gekrümmten Leiter. Um diese Wechselwirkung zu erhalten, brauchen wir lediglich die zur Berechnung der Gesamtkraft und des resultierenden Kräftepaares notwendige Integration über die elementaren Wechselwirkungen zwischen jedem Querschnitt des Magneten und jedem infinitesimalen Teil des Stromes durchzuführen.

Wollen wir aber die Wechselwirkung zwischen zwei hohlen oder vollen zylindrischen Magneten berechnen, müssen wir zuerst die Größe der Wechselwirkung zwischen einem kreis- oder kreisringförmigen Querschnitt und einem infinitesimalen Stromstück, und daraus die Wechselwirkung zwischen diesem Querschnitt und einem ähnlichen Querschnitt bestimmen. (Dabei nehmen wir an, daß der zweite Querschnitt ähnlich wie der erste aus kreisförmigen Strömen zusammengesetzt ist.) Wir erhalten so die Gesamtkraft und das resultierende Kräftepaar der Wechselwirkung zwischen zwei unendlich dünnen Querschnitten. Durch eine weitere Integration kann man dann diese Größen für die Wechselwirkung zwischen zwei rotationssymmetrischen Magneten bestimmen. Zuvor muß man aber durch Vergleich der Rechnungen mit experimentellen Ergebnissen die Beziehung zwischen dem Abstand eines Querschnittes von einem der Magnetpole und der Stärke der Ströme in dem Querschnitt bestimmt haben. Die Rechnungen im Zusammenhang mit der Wirkung eines Magneten auf einen elektrischen Strom habe ich noch nicht beendet, ebenso wie die Rechnungen zur Wechselwirkung zwischen zwei Magneten.[1]) Nur die

[1]) Bei den Rechnungen wird angenommen, daß die Anwesenheit eines elektrischen Stromes oder eines anderen Magneten die Ströme in dem Magneten, auf den sie wirken, in keiner Weise verändern. Dies ist bei Weicheisen keineswegs der Fall. Aber getemperter Stahl behält eine einmal aufgezwungene Veränderung. Herrn ARAGOS Experiment, bei dem durch einen elektrischen Strom magnetisiert wurde, und der normale Magnetisierungsvorgang schei-

Rechnung, bei der ich die Wechselwirkung zwischen zwei geradlinigen Strömen endlicher Länge bestimmt habe, sind fertig. Hierbei verwendete ich in bezug auf die Größe der Anziehung oder Abstoßung zwischen zwei infinitesimalen Stromstücken die Hypothese, die am besten mit den beobachteten Erscheinungen und den allgemeinen experimentellen Ergebnissen übereinstimmt. Zuerst hatte ich nicht vor, diese Formel oder eine ihrer verschiedenen Anwendungen zu veröffentlichen, ehe ich sie nicht mit Ergebnissen genauer Messungen vergleichen konnte. Nachdem ich aber alle mit dieser Erscheinung zusammenhängenden Tatsachen in Betracht gezogen habe, halte ich diese Hypothese für wahrscheinlich genug, um sie jetzt darzulegen. Dies wird der Gegenstand der folgenden Abschnitte sein.

Ich konstruierte das in Abb. 45 gezeigte Gerät, das für die speziellen Messungen, die ich vorhatte, besser geeignet zu sein scheint als mein ursprüngliches Gerät. Das betrifft besonders die Halterung des Kreises mit der Gradeinteilung. Früher konnte man den beweglichen Leiter näher heranbringen oder weiter wegnehmen. Jetzt ist die Halterung außerdem noch in zwei verschiedenen Richtungen beweglich; nämlich vertikal und horizontal, senkrecht auf den beiden anderen Richtungen. Das gelang durch eine weitere Justierschraube. Die erste dieser drei Bewegungsmöglichkeiten ist für die Messungen mit diesem Gerät unerläßlich. Sie war ursprünglich die einzige Möglichkeit, den einen Leiter zu bewegen. Die beiden anderen Bewegungsmöglichkeiten sollen die Messungen in dem Fall vereinfachen, wenn die die Mittelpunkte der Ströme verbindenden Linien nicht

---

nen mir Folgendes zu zeigen. Befindet sich ein Magnet nach der Einwirkung eines anderen Magneten oder nach der Einwirkung eines elektrischen Stromes noch in genau dem gleichen Zustand wie vorher, so kann man daraus schließen, daß Richtung und Stärke der einzelnen Ströme des Magneten während der Einwirkung praktisch konstant bleiben. Denn andernfalls würden die aufgezwungenen Veränderungen nach Abschalten der Einwirkung nicht mehr bestehen.

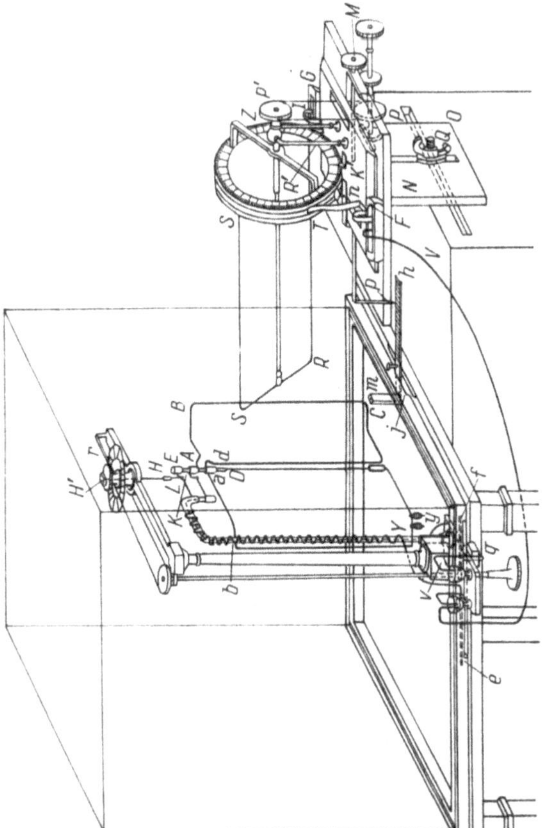

Abb. 45

senkrecht auf den Strömen stehen. Aus diesem Grunde glaube ich, daß ein Justieren von Hand vor dem Versuch der Verwendung von Justierschrauben vorzuziehen ist. Vorausgesetzt, die Halterung des Kreises mit Gradeinteilung kann anschließend wieder in die ursprüngliche Stellung gebracht und fixiert werden.

Die erste der drei Bewegungsmöglichkeiten der Halterung *KFG* wird durch die Justierschraube *M* realisiert. Eine Bewegung in den beiden anderen Richtungen wird durch das Verbindungsstück ermöglicht, mit dem die Halterung an dem Holzblock *N* befestigt ist. Dieser Holzblock läßt sich in horizontaler und in vertikaler Richtung an dem anderen Holzblock *O* verschieben, der die Basis des Gerätes bildet. In dem einen Block ist ein horizontaler Schlitz, in dem anderen ein vertikaler. Im Schnittpunkt der beiden Schlitze ist eine Flügelmutter *Q* angebracht, die dazu dient, das bewegliche Stück in der gewünschten Stellung an dem festen Stück zu arretieren. Der Kreis mit Gradeinteilung kann über die beiden Rollen *P* und *P'* gedreht werden, um den wechselwirkenden Teil des leitenden Drahtes um beliebige Winkel neigen zu können. Man muß verhindern, daß sowohl die Erde als auch der fest angebrachte Leiter auf den beweglichen Leiter wirken. Deshalb wurde der bewegliche Leiter aus zwei gleichen, aber entgegengesetzten Teilen zusammengesetzt (*ABCd* und *abcDE*), deren Form aus Abb. 45 ersichtlich ist. Um die beiden Enden des beweglichen Leiters mit den Enden der Batterie verbinden zu können, ist er an der Ecke *A* der Aufhängung *HH'* unterbrochen. Die Aufhängung gleicht durch Torsion die Anziehung oder Abstoßung der beiden Drähte aus. Das Leiterstück *BA* geht hinter *A*, das Leiterstück *DE* hinter *E* weiter. Sie enden bei *K* bzw. *L*, wo ihre Spitzen in zwei kleine mit Quecksilber gefüllte Näpfchen eintauchen, ohne den Boden zu berühren.

Es ist überflüssig, mit solchen Messungen vertraute Physiker daran zu erinnern, daß man wegen der kontinuierlichen Veränderung der Stromstärke mit der Batteriestärke jeden Versuch wiederholen muß. Die Versuche müssen jeweils nach einer bestimmten, fest vorgegebenen Zeit wiederholt werden, so daß man erkennen kann, wie sich die Stromstärke verändert. Man kann dann die Stromstärke zu jedem beliebigen Zeitpunkt aus den in konstanten Zeitabständen beobachteten Wirkungen mit Hilfe der üblichen Interpolationsregeln bestimmen. Das gleiche Verfahren muß man anwenden, will man die anziehenden und die abstoßenden Kräfte bei verschiedenen Winkeln zwischen den beiden Strömen miteinander vergleichen, während die die Mittelpunkte der Ströme verbindende Linie stets senkrecht auf den Strömen steht. Die Vergleichsmessungen sind jederzeit leicht durchzuführen. Denn wenn der Abstand zwischen den beiden Leiterteilen *BC* und *SR* konstant bleibt, genügt es, den Kreis mit der Gradeinteilung so zu drehen, daß *SR*

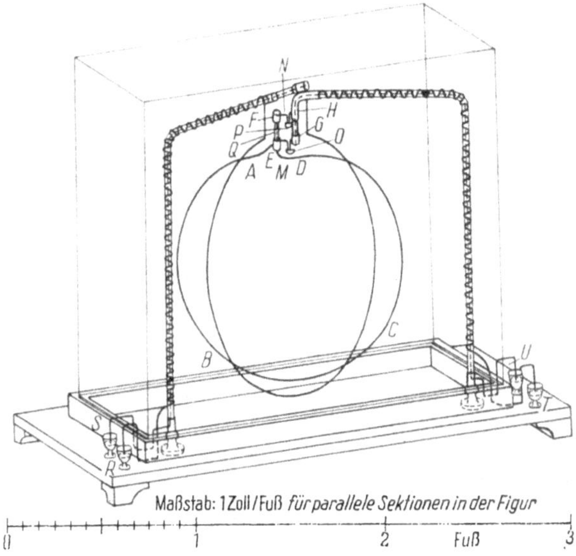

Abb. 46. AMPÈREs Zeichnung eines Gerätes zur Untersuchung der Wechselwirkung zwischen zwei kreisförmigen Strömen

in die zu *BC* parallele Richtung zurückkommt. Schließlich kann noch der Fall auftreten, daß man die Wechselwirkung zwischen *BC* und *SR* messen will, wenn die ihre Mittelpunkte verbindende Linie nicht senkrecht auf *BC* und *SR* steht. Dazu bringt man die Halterung des Kreises mit Gradeinteilung mit Hilfe der Flügelschraube *Q* in die gewünschte Lage bezüglich der übrigen Versuchsanordnung. Dann führt man, ähnlich wie im vorhergegangenen Fall, eine Reihe von Messungen durch. Die Ergebnisse dieser Messungen bei verschiedenen Lagen des Leiters kann man mit denen vergleichen, bei denen die die Mittelpunkte verbindende Linie senkrecht auf dem Leiter steht. Dieser Vergleich wird zuerst für ein und denselben Abstand zwischen den Strömen und dann für verschiedene andere Abstände durchgeführt. Auf diese Weise erhält man alles Notwendige, um zu sehen, wie und in welchem Maße diese verschiedenen Anordnungen die Wechselwirkung zwischen elektrischen Strömen beeinflussen. Man braucht dann nur noch zu prüfen, ob diese Ergebnisse mit den Rechnungen übereinstimmen. Diese Rechnungen müssen für jede Anordnung auf der Grundlage des für die Wechselwirkung zwischen zwei infinitesimalen Stromelementen angenommenen Gesetzes ausgeführt werden.

II. Die Wechselwirkung zwischen einem elektrischen Strom und einem Magneten

Diese von Herrn Oersted entdeckte Wechselwirkung brachte mich darauf, nach der Wechselwirkung zwischen elektrischen Strömen, nach der Wirkung der Erde auf einen elektrischen Strom und nach der Rolle der Elektrizität bei magnetischen Erscheinungen zu suchen. Dabei ist die Stromverteilung in einem Magneten so ähnlich wie in einem Leiter, in dem Ströme in geschlossenen Bahnen senkrecht zur Achse fließen. Die Ergebnisse, von denen die meisten erst kürzlich experimentell bestätigt wurden, wurden auf der Sitzung der Akademie am 18. September 1820 bekanntgegeben.

Als ich zunächst nach den Ursachen der neuen, von Herrn Oersted entdeckten Erscheinung suchte, erinnerte ich mich daran, daß die Reihenfolge, in der zwei Tatsachen entdeckt wurden, in keiner Weise irgendeine Schlußfolgerung beeinflussen kann, zu der man auf Grund irgendwelcher Analogien zwischen den beiden Tatsachen kommen kann. Es hätte ja sein können, daß wir vor der Entdeckung, daß eine Magnetnadel stets von Süden nach Norden zeigt, gefunden hätten, daß eine Magnetnadel durch einen elektrischen Strom in eine Stellung senkrecht zu dem Strom gedreht wird; und zwar so, daß der australe Pol der Magnetnadel nach der linken Seite des Stromes gedrängt wird. Es wäre möglich gewesen, daß danach erst entdeckt worden wäre, daß das von dem Strom nach links gedrängte Ende stets nach Norden zeigt. Wäre es dann nicht am einfachsten — und auf diese Ideee käme keiner, der die feste Einstellung der Nadel nach Norden erklären will — zu postulieren, daß in der Erde ein elektrischer Strom fließt? Läge ein Mensch auf der Oberfläche der Erde, so daß er mit dem Gesicht zur Nadel liegt und sich der Nordpol zu seiner Linken befindet, so flösse dieser Strom in der Richtung von seinen Füßen zu seinem Kopf. Man käme also zu der Schlußfolgerung, daß in der Erde ein Strom von Osten nach Westen, senkrecht zum magnetischen Meridian, fließt.

Sind nun aber elektrische Ströme die Ursache für das Ausrichten einer Magnetnadel durch die Erde, dann können elektrische Ströme auch die Ursache der Wirkung eines Magneten auf einen anderen Magneten sein. Das heißt also, daß ein Magnet als eine Anordnung von elektrischen Strömen angesehen werden könnte. Diese Ströme fließen in Ebenen senkrecht zur Magnetachse und sind so gerichtet, daß der nach Norden zeigende Pol, der australe Pol des Magneten, rechts von diesen Strömen liegt. Denn dieser Pol befindet sich stets links von einem außerhalb des Magneten liegenden Strom, der den Magneten in paralleler Richtung umschließt. Man kann natürlich auch denken, daß sich diese Ströme zuerst in dem Magneten bilden und längs der kürzesten geschlossenen Kurven von rechts nach links oder von links nach rechts fließen. Die Senkrechte auf den Ebenen, in denen diese Ströme fließen, ist dann die Magnetachse, an deren Enden sich die Pole befinden. Also fließen die elektrischen Ströme, aus denen der Magnet zusammengesetzt ist, an jedem Pol entlang geschlossener konzentrischer Kurven. Diese Anordnung bildete ich so gut wie möglich nach, indem ich einen leitenden Draht zu einer Spirale bog. Diese Spirale bestand aus Messingdraht und endete in zwei geraden Stücken, die in Glasröhrchen eingeschlos-

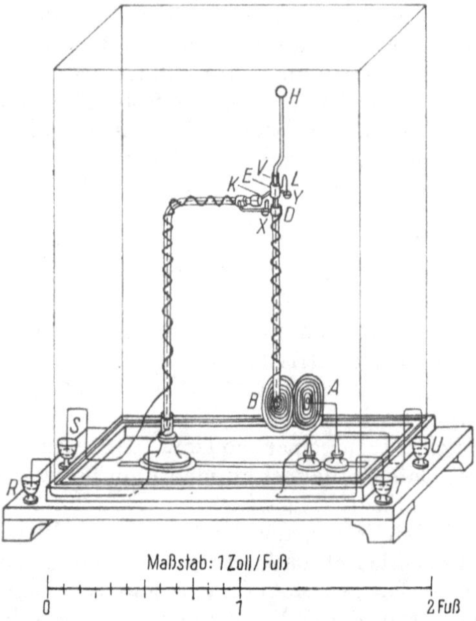

Abb. 47

sen waren,[1]) um unerwünschte Kontakte zu verhindern und um sie mit den Enden der Batterie zu verbinden (Abb. 47).

In Abhängigkeit von der Stromrichtung wird eine solche Spirale von dem Pol eines Magneten, dessen Achse senkrecht zu der Ebene der Spirale liegt, sehr stark angezogen oder abgestoßen, je nachdem, ob die Ströme in der Spirale und in dem Magneten in die gleiche Richtung oder in entgegengesetzte Richtungen fließen.

Ersetzt man den Magneten durch eine andere Spirale, in der der Strom in die gleiche Richtung fließt, so treten die gleichen anziehenden und abstoßenden Kräfte auf. Auf diesem Wege habe ich entdeckt, daß zwei elektrische Ströme einander anziehen, wenn sie in die gleiche Richtung fließen, anderenfalls einander abstoßen.

Ersetzt man bei dem Versuch über die Wechselwirkung zwischen einem Magnetpol und einem Strom in einer Spirale den spiralförmigen gewundenen Metalldraht durch einen anderen Magneten, so treten sowohl in bezug auf die Anziehung als auch in bezug auf die Abstoßung die gleichen Effekte auf, in Übereinstimmung mit dem bekannten Gesetz für die magnetischen Erscheinungen. Es ist außerdem klar, daß alle mit diesen Erscheinungen zusammenhängenden Dinge sich direkt aus der Anordnung der beteiligten elektrischen Ströme ergeben. Diese ziehen sich an oder stoßen sich ab, entsprechend den gegebenen Umständen.

---

[1]) Ich habe danach diese Anordnung geändert, wie ich später zeigen werde.

Die 1825 der Akademie vorgetragene Abhandlung[1])

D. Ampères Wissenschaftsphilosophie

Über die experimentell hergeleitete Theorie der elektrodynamischen Erscheinungen. Eine Sammlung von Arbeiten, die der Académie Royale des Sciences von Herrn Ampère am 4. und 26. Dezember 1820, am 10. Juni 1822, am 22. Dezember 1823, am 12. September und am 21. November 1825 überreicht wurden.

Die neue, durch die Arbeiten von Newton gekennzeichnete Ära in der Geschichte der Wissenschaft ist nicht nur das Zeitalter der wichtigsten Entdeckungen der Menschheit auf dem Gebiet der Ursachen der Naturerscheinungen. Diese Ära ist auch das Zeitalter, in dem der menschliche Geist begonnen hat, aufs Neue in die Wissenschaften einzudringen, deren Studienobjekte die Naturerscheinungen sind.

Bis Newton hielt man die Naturerscheinungen fast ausschließlich für die Wirkung einer unbekannten Flüssigkeit, die die Materieteilchen in die gleiche Richtung treibt, in die auch die Teilchen der Flüssigkeit selbst fließen. Trat irgendwo eine Rotationsbewegung auf, so nahm man an, daß in der Flüssigkeit ein Wirbel in der gleichen Richtung vorhanden ist.

Newton lehrte uns, daß sich solche Bewegungen, wie alle Bewegungen in der Natur, durch Rechnungen auf Kräfte zurückführen lassen. Diese Kräfte wirken zwischen jeweils zwei Materieteilchen entlang der geraden Verbindungslinie der Teilchen, so daß die Wirkung des einen Teilchens auf das andere der Wirkung des letzteren auf das erste entgegengesetzt gleich ist. Folglich kann

---

[1]) Memoires de l'Academie Royale des Sciences 1823 (herausgegeben 1827).

durch ihre Wechselwirkung keine wie auch immer geartete Bewegung entstehen, wenn man sich die beiden Teilchen miteinander verbunden denkt. Dieses Gesetz, das durch jede Beobachtung und jede Berechnung bestätigt wurde, beschrieb NEWTON durch die drei Axiome am Anfang seiner „Philosophiae naturalis principia mathematica“. Aber es genügte nicht, zu dieser Konzeption zu gelangen. Man mußte das Gesetz finden, das die Änderung dieser Kräfte mit der Lage der Teilchen, zwischen denen sie wirken, beschreibt. Oder, was gleichbedeutend damit ist, die Größe dieser Kräfte muß durch eine Formel ausgedrückt werden.

NEWTON war weit davon entfernt zu glauben, dieses Gesetz könne durch bloße Überlegungen gefunden werden, so plausibel diese auch sein mögen. Er stellte fest, daß solche Gesetze aus den beobachteten Tatsachen reduziert werden müssen. Man kann diese Gesetze aber auch, und das ist vorzuziehen, aus empirischen Gesetzmäßigkeiten, wie den KEPLERschen Gesetzen, herleiten, die lediglich eine Zusammenfassung vieler Tatsachen sind.

Zuerst muß man die Tatsachen beobachten und dabei die Versuchsbedingungen so oft wie möglich ändern. Dies muß von exakten Messungen begleitet sein, um so allgemeine, nur auf Erfahrungen beruhende Gesetze herzuleiten. Daraus muß man dann, unabhängig von allen Annahmen über die Natur der die Erscheinung hervorrufenden Kräfte, einen mathematischen Ausdruck für diese Kräfte herleiten, also die Formel herleiten, durch die die Kräfte beschrieben werden. Auf diesem Weg ging NEWTON vor. Diesen Zugang machten sich im allgemeinen die Gelehrten Frankreichs zu eigen, denen die ungeheuren Fortschritte der letzten Zeit in der Physik zu verdanken sind. Auf ähnliche Weise habe ich mich von dieser Methode bei allen meinen Untersuchungen der elektrodynamischen Erscheinungen leiten lassen. Ich verließ mich bei der Formulierung der Gesetze dieser Erscheinungen ausschließlich auf Experimente. Aus diesen Gesetzen leitete ich dann die Formel her, die allein die diese Erscheinungen hervorrufenden Kräfte beschreiben kann. Ich habe die möglichen Ursachen dieser Kräfte nicht untersucht und bin davon überzeugt, daß alle Untersuchungen dieser Art auf Kenntnis experimenteller Gesetze für die einzelnen Kräfte zwischen zwei Materiepunkten und der Größe dieser Kräfte aufbauen müssen. Dabei kann die Größe der Kräfte nur aus experimentellen Tatsachen gewonnen werden. Die Richtung dieser einzelnen Kräfte ist notwendigerweise die Richtung der geraden Verbindungslinie der beiden Materieteilchen, zwischen denen die Kräfte wirken. Deshalb werde ich es unterlassen, irgendwelche Vorstellungen, die ich über die Natur der Ursachen dieser durch VOLTAsche Leiter verursachten Kräfte habe, zu diskutieren. Allerdings ist dies in den Anmerkungen zu meiner Arbeit ,,Exposé sommaire des nouvelles expériences electromagnétiques faites par plusieurs physiciens depuis le mois de mars 1821" enthalten, die ich auf der öffentlichen Sitzung der Académie des Siences am 8. April 1822 vortrug. Meine Bemerkungen kann man in diesen Anmerkungen auf Seite 215 meiner Sammlung von ,,Beobachtungen in der Elektrodynamik" finden. Dieser Zugang ist der einzige, der zu Ergebnissen führt, die frei von allen Hypothesen sind. Es scheint jedoch nicht der Fall zu sein, daß dieser Zugang von den Physikern im übrigen Europa genauso bevorzugt wird wie von den Franzosen. Der berühmte Wissenschaftler, der als erster sah, wie die Pole eines Magneten durch die Wirkung eines elektrischen Stromes in senkrechter Richtung zum Draht gedreht werden, schloß daraus, daß sich die elektrische Materie um den Draht dreht und die Pole dabei fortstößt, ebenso wie DESCARTES die Planetenbewegung durch einen Materiewirbel zu erklären versuchte. Geleitet von NEWTONS Philosophie reduzierte ich die von Herrn OERSTED beobachteten Erscheinungen auf Kräfte, die entlang der geraden Verbindungslinie der beiden Teilchen wirken, zwischen denen die Wirkung auftritt. Dies wurde bereits bei allen ähnlichen Naturerscheinungen gemacht. Außerdem habe ich festgestellt, daß die gleiche Anordnung oder die gleiche Bewegung der Elektrizität, die in einem Leiter vorhanden ist, auch um die Teilchen eines Magneten herum vonstatten geht. Die Aufgabe besteht nicht darin, die Wirkung von Magneten und Strömen durch Stöße, etwa mit einem Wirbel, zu erklären. Man muß vielmehr, entsprechend meiner Formel, die Gesamtkraft berechnen, die zwischen den Teilchen eines Magneten und denen eines Leiters oder zwischen den Teilchen zweier Magnete wirkt. Die Gesamtkraft ergibt sich aus den einzelnen Kräften. Zwischen jeweils zwei Teilchen, deren Wechselwirkung betrachtet wird, wirkt eine solche Einzelkraft entlang der Verbindungslinie dieser Teilchen. Man muß also erstens zeigen, daß die Ergebnisse dieser Rechnung durch die experimentellen Ergebnisse von Herrn Pouillet und mir bestätigt werden. Bei diesen Messungen wurde untersucht, unter welchen Bedingungen ein beweglicherLeiter, auf den ein anderer Leiter oder ein Magnet wirkt, im Gleichgewicht bleibt. Zweitens muß man prüfen, ob diese Ergebnisse mit denen von Coulomb und Herrn Biot experimentell hergeleiteten Gesetzen übereinstimmen. Ersteres beschreibt die Wechselwirkung zweier Magnete, letzteres die Wechselwirkung zwischen einem Magneten und einem Leiter.

Formeln, die auf diese Weise aus allgemeinen, auf genügend vielen Beobachtungen gewonnenen Gesetzen beruhen, so daß sie über jeden Zweifel erhaben sind, haben einen wesentlichen Vorteil. Sie sind sowohl von den Annahmen unabhängig, die bei der Suche nach der Formel gemacht worden sein mögen, als auch von denen, die später an die Stelle der ursprünglichen Annahmen treten könnten. Der Ausdruck für die universelle Anziehung, der aus den Keplerschen Gesetzen hergeleitet wurde, ist vollkommen unabhängig von den Annahmen, die einige Autoren gemacht haben. Diese Annahmen sollten mechanische Ursachen begründen, denen diese Autoren die universelle Anziehung zuschreiben wollten. Die Theorie der Wärme ist auf allgemeinen Tatsachen aufgebaut, die aus direkten Beobachtungen gewonnen wurden. Die aus diesen Tatsachen hergeleitete Gleichung wurde durch die Übereinstimmung zwischen den Ergebnissen von Rechnungen und den Ergebnissen von Experimenten bestätigt. Sie muß als mathematische Widerspiegelung der wirklichen Gesetze der Wärmeleitung anerkannt werden; sowohl von denen, die die Wärmeleitung einer Ausstrahlung von Wärmemolekülen zuschreiben, als auch von denen, die der Meinung sind, diese Erscheinung werde durch Schwingungen einer diffusen Flüssigkeit im Raum verursacht. Die ersteren brauchen nur zu zeigen, wie die Gleichungen aus ihrer Anschauung über die Wärme hervorgehen, die letzteren müssen zeigen, daß sich diese Gleichungen aus der allgemeinen Formel für Schwingungen ergeben. Diese Begründungen vergrößern nicht die Sicherheit, mit der die Gleichung richtig ist, sie stützen lediglich die entsprechende Hypothese. Ein Physiker, der sich in dieser Hinsicht zurückhaltend verhält, erkennt die Wärmeleitungsgleichung als eine exakte Widerspiegelung der Wirklichkeit an, ohne sich damit zu befassen, wie sie mit Hilfe der einen oder der anderen eben besprochenen Erklärungen hergeleitet werden kann. Sollten einmal neue Erscheinungen und neue Rechnungen zeigen, daß die Wärmeeffekte tatsächlich nur durch Schwingungen erklärt werden können, so bleibt der große Physiker, der die Gleichung als erster aufstellte und die Methoden der Integration bei diesen Untersuchungen zur Anwendung brachte, der Schöpfer der mathematischen Theorie der Wärme. Genauso, wie NEWTON noch der Schöpfer der Theorie der Planetenbewegung ist, obwohl die Theorie in seinen Arbeiten nicht so vollständig dargestellt war, wie sie seine Nachfolger in ihren Arbeiten darstellen konnten.

Das gleiche gilt für die Formel, mit der ich die elektrodynamische Wirkung beschrieben habe. Welchen physikalischen Ursachen die durch diese Wirkung hervorgerufenen Erscheinungen auch zugeschrieben werden mögen, die von mir aufgestellte Formel wird immer die wahre

Beschreibung der Wirklichkeit bleiben. Sollte diese Formel später einmal mit Hilfe von Überlegungen hergeleitet werden, durch die viele andere Erscheinungen erklärt wurden, so würde auf diesem Gebiet der Physik ein weiterer Fortschritt erzielt worden sein. Solche Überlegungen sind zum Beispiel die Annahme einer Kraft, die dem reziproken Abstandsquadrat proportional ist; Überlegungen, bei denen der Abstand zwischen den wechselwirkenden Teilchen unberücksichtigt bleibt, oder eine Erklärung der beobachteten Erscheinungen durch Schwingungen einer Flüssigkeit im Raum. Diese Untersuchungen, mit denen ich mich, obwohl ich ihre Wichtigkeit vollkommen anerkenne, nicht weiter beschäftigen werde, werden nichts am Ergebnis meiner Arbeiten ändern. Denn die Hypothese, die eventuell anerkannt wird, muß stets mit der Formel übereinstimmen, die die Wirklichkeit vollständig beschreibt, um nicht in einen Widerspruch zur Wirklichkeit zu geraten.

Nachdem ich bemerkt hatte, daß sich zwei Voltasche Leiter einmal anziehen und einmal abstoßen, nachdem ich ihre Wechselwirkung in den verschiedenen Stellungen, in denen sie zueinander liegen können, unterschieden und beschrieben hatte und nachdem ich festgestellt hatte, daß die Wirkung auf einen geraden Leiter gleich der auf einen gekrümmten ist, solange die Abweichung nicht zu groß ist und sie beide an den gleichen Punkten enden, habe ich versucht, die Größe der anziehenden oder abstoßenden Kraft zwischen zwei Elementen oder infinitesimalen Stücken eines Leiters durch eine Formel auszudrücken. Eine solche Formel ist notwendig, um mit Hilfe der bekannten Integrationsmethoden die Wirkung zwischen zwei Leiterstücken der Form, die gerade unter den gegebenen Bedingungen interessiert, zu bestimmen.

Man kann nicht direkt mit infinitesimalen Teilen von Voltaschen Strömen experimentieren. Deshalb muß man von Beobachtungen endlich großer Leiter ausgehen und zwei Bedingungen erfüllen. Die Beobachtungen müssen mit hoher Genauigkeit durchführbar und zur Bestimmung der Wechselwirkung zwischen infinitesimalen Leiterstücken geeignet sein. Man kann auf zwei verschiedenen Wegen vorgehen. Bei der einen Methode mißt man zuerst die Größe der Wechselwirkung zwischen zwei Teilen endlicher Ausdehnung so genau wie möglich. Dabei verändert man allmählich den relativen Abstand zwischen den Leiterteilen und ihre relative Lage zueinander, denn offensichtlich hängt die Wechselwirkung nicht nur vom Abstand ab. Dann macht man eine Annahme über die Größe der Wechselwirkung zweier infinitesimaler Leiterstücke. Daraus berechnet man dann die Größe der Wechselwirkung für die experimentell untersuchten Anordnungen von Leitern endlicher Ausdehnung. Dann muß man die Annahme über die Wechselwirkung zwischen zwei infinitesimalen Leiterstücken solange verändern, bis die berechneten Werte mit denen aus dem Experiment übereinstimmen. Zunächst wollte ich auf diesem Wege vorgehen. Ich habe das in der Arbeit, die ich der Académie des Scienses am 9. Oktober 1820[1]) vortrug, erläutert. Diese Methode führt zwar nur auf indirektem Wege, über Hypothesen, zur Wahrheit, ist deswegen aber nicht weniger wertvoll. Denn dieser Weg ist oft der einzig mögliche bei solchen Untersuchungen. Ein Mitglied dieser Akademie, in dessen Arbeit das gesamte Gebiet der Physik behandelt wurde, hat dies in seiner Arbeit „Eine Bemerkung über die Magnetisierung von Metallen durch sich bewegende Elektrizität", die er am 2. April 1821 vortrug, treffend ausgedrückt, indem er sagte, daß solche Voraussagen das Ziel fast aller physikalischen Untersuchungen gewesen seien.[2])

Man kann das gleiche Ziel jedoch direkter auf dem Weg erreichen, den ich danach einschlug. Dabei hält man bei den Experimenten einen beweglichen Leiter exakt im Gleichgewicht zwischen gleichen Kräften oder

[1]) Diese Arbeit wurde nicht einzeln veröffentlicht, aber die wichtigsten Ergebnisse sind im Band XV der *Annales de Chimie et de Physique* (1820) enthalten (siehe Teil 2, Abschnitt 3).

[2]) Siehe *Journal des Savants*, S. 233, April 1821.

zwischen gleichen Drehmomenten. Diese Kräfte und diese Drehmomente werden durch fest angebrachte Leiterstücke beliebiger Form und Ausdehnung hervorgerufen, ohne daß das Gleichgewicht bei diesen experimentellen Anordnungen gestört wird. Daraus kann man direkt berechnen, wie groß die Wechselwirkung zwischen zwei infinitesimalen Leiterstücken sein muß, damit die Gleichgewichtsbedingung für alle Formen und Ausdehnungen der festen Leiter, die mit den experimentellen Anordnungen verträglich sind, erfüllt ist.

Diese Methode ist nur dann anwendbar, wenn die Natur der untersuchten Wechselwirkung Gleichgewichtszustände zuläßt, die von der Form der Körper unabhängig sind. Der Anwendungsbereich ist deswegen wesentlich stärker eingeschränkt als das bei der von mir zuerst diskutierten Methode der Fall ist. Da aber VOLTAsche Leiter solche Gleichgewichtszustände zulassen, ist die einfachere und direktere Methode natürlich vorzuziehen, mit der man sehr genaue Ergebnisse erhalten kann, wenn man die üblichen Vorsichtsmaßnahmen beim Experimentieren berücksichtigt. Im Zusammenhang mit der Wechselwirkung von Leitern gibt es jedoch noch einen viel wichtigeren Grund, diese Methode bei der Bestimmung der Wechselwirkungskräfte anzuwenden. Experimente, bei denen man zum Beispiel die Kraft durch eine Anzahl von Schwingungen des beeinflußten Körpers bestimmen will, sind außerordentlich kompliziert. Diese Schwierigkeit ist darauf zurückzuführen, daß der bewegliche Leiter bei den Messungen über Teile der Versuchsanlage mit der Batterie verbunden sein muß. Diese Verbindungsteile wirken aber gleichzeitig mit dem fest angebrachten Leiter auf den beweglichen Leiter und verfälschen so die Meßergebnisse. Ich glaube jedoch, daß es mir gelungen ist, diese Schwierigkeiten mit einem geeigneten Versuchsaufbau zu überwinden. Dieser Versuchsaufbau dient zur Messung der Wechselwirkung zweier Leiter, von denen einer fest und der andere beweglich angeordnet ist. Dabei werden Schwingungen des beweglichen Leiters bei verschiedenen Formen des festen Leiters untersucht. Ich werde diesen Versuchsaufbau im Laufe dieser Arbeit beschreiben.

Es ist wahr, daß die gleichen Schwierigkeiten nicht auftreten, wenn die Wechselwirkung zwischen einem leitenden Draht und einem Magneten auf die gleiche Weise untersucht werden soll. Diese Methode kann aber nicht angewendet werden, wenn die Kräfte bestimmt werden sollen, die zwei Leiter aufeinander ausüben. Diese Kräfte müssen wir aber bei der Untersuchung der neuen Erscheinungen zuerst untersuchen. Offensichtlich können Versuche über die Wechselwirkung zwischen einem Magneten und einem Leiter nichts zu einer Untersuchung der Wechselwirkung zwischen zwei Leitern beitragen, falls die Wirkung eines Leiters auf einen Magneten andere Ursachen hat als die Wechselwirkung zwischen zwei Leitern. Sind die Eigenschaften eines Magneten aber nur auf elektrische Ströme zurückzuführen, die die Teilchen des Magneten umkreisen, so muß man etwas über diese Ströme wissen, um zu definiten Schlußfolgerungen bezüglich der Wirkung eines leitenden Drahtes auf diese Ströme kommen zu können. Man muß sicher sein, daß diese Ströme nahe der Oberfläche die gleiche Stärke wie im Innern haben, oder man muß das Gesetz kennen, das die Änderung ihrer Stärke beschreibt. Man muß wissen, ob die Ebenen dieser Ströme überall senkrecht zur Achse eines Stabmagneten liegen, wie ich zuerst angenommen habe, oder ob sie infolge gegenseitiger Wechselwirkung gegen die Achse des Magneten geneigt sind, wenn sie weiter von dieser Achse entfernt sind. Letzteres schloß ich aus dem merklichen Unterschied in der Lage der Pole eines Stabmagneten und der Lage der Punkte eines teilweise zu einer Spirale gewundenen Leiters, die die gleichen Eigenschaften wie die Pole eines Magneten haben.

E. Ampères Grundexperimente

Die verschiedenen Gleichgewichtszustände, die ich durch präzise Versuche festgestellt habe, liefern die Gesetze, die direkt zu dem mathematischen Ausdruck für die Kraft führen, die zwei Elemente stromführender Drähte aufeinander ausüben. Diese Gesetze liefern zuerst die Form dieses mathematischen Ausdruckes und erlauben es dann, die anfangs unbekannten Konstanten zu bestimmen. So zeigen die Keplerschen Gesetze zunächst, daß die Kraft, die die Planeten auf ihrer Bahn hält, stets zum Zentrum der Sonne zeigt und für jeden Planeten stets umgekehrt proportional dem Quadrat des Abstandes zur Sonnenmitte ist. Dabei hat die Konstante, die die Stärke der Kräfte beschreibt, für alle Planeten den gleichen Wert. Ich habe vier Gleichgewichtszustände untersucht. Der erste Gleichgewichtszustand zeigt die Gleichheit der Beträge von Anziehung und Abstoßung, die durch einen Strom hervorgerufen werden, der in einem fest angebrachten Leiter abwechselnd in entgegengesetzte Richtungen fließt. Dabei bleibt die Entfernung zwischen dem stromführenden Leiter und dem Körper, auf den der Strom wirkt, konstant. Diese Gleichheit ist das Ergebnis einer einfachen Beobachtung. Zwei gleiche Stücke ein und desselben Drahtes, der zur Verhinderung unerwünschter Kontakte mit Seide umsponnen ist, in denen gleich starke Ströme in entgegengesetzte Richtungen fließen, wirken weder auf einen Magneten noch auf einen beweglichen Leiter. Dabei können die beiden Leiterstücke gerade oder umeinander gewunden sein, so daß sie zwei gleiche Spiralen bilden. Man kann dies mit Hilfe des beweglichen Leiters zeigen, der auf Abbildung 9 der Tafel I der *Annales de Chimie et de Physique*, Band XVIII, dargestellt ist. Diese Abbildung gehört zu der Beschreibung meines elektrodynamischen Apparates und ist hier als Abb. 48 wiedergegeben.[1]) Ein waagerechter, gerader Leiter *AB*, der mehrfach verstärkt ist, wird dicht unter dem unteren Teil *dee'd'* das beweglichen Leiters angebracht, so daß

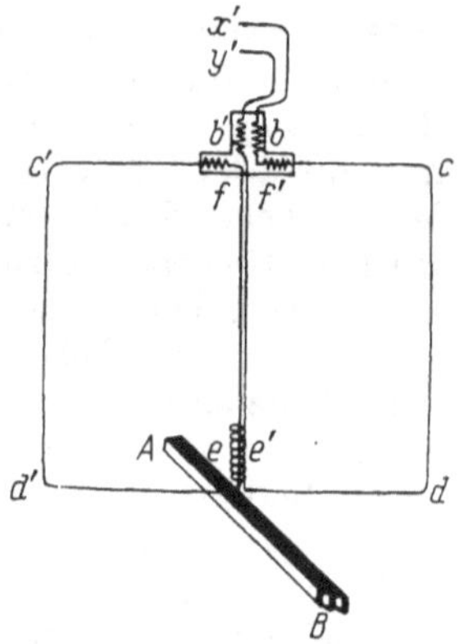

Abb. 48

sein Mittelpunkt, bezüglich Länge und Breite, auf der Senkrechten durch die Punkte x und y liegt. Der bewegliche Leiter dreht sich frei um die Achse x, y. Man sieht, daß dieser Leiter in jeder beliebigen Stellung stehen bleibt. Das beweist, daß ein Gleichgewichtszustand bezüglich der Kräfte des fest angebrachten Leiters auf die beiden entgegengesetzt gleichen Teile des Stromkreises *bcde* und *b'c'd'e'* vorliegt. Diese beiden Teile unterscheiden sich nur dadurch, daß der Strom in dem einen zum festen Leiter hin und in dem anderen von ihm wegfließt, unabhängig davon wie groß der Winkel zwischen der Ebene des beweglichen Leiters und dem festen Leiter ist. Wir betrachten nun zunächst die beiden Wechselwirkungskräfte zwischen jedem der beiden Stromkreisteile

[1]) Es ist nicht einfach, die Abbildung deutlich widerzugeben. Der aufgehängte Teil des Apparates besteht aus zwei Rechtecken. Diese sind so miteinander verbunden, daß der Strom sie in entgegengesetzten Richtungen umfließt. Der fest angebrachte Leiter *AB* berührt das bewegliche System natürlich nicht.

und der näher gelegenen Hälfte des Leiters AB und dann die beiden Kräfte zwischen jedem der beiden Stromkreisteile und der weiter entfernten Hälfte des fest angebrachten Leiters. Man sieht ohne Schwierigkeiten, daß der betrachtete Gleichgewichtszustand nur dann bei allen Winkeln auftreten kann, wenn sich die ersten beiden Kräfte und die anderen beiden Kräfte jeweils für sich gegenseitig aufheben. Ist nun eine der beiden ersten Kräfte anziehend, weil die Ströme in gleicher Richtung entlang der Scheitel eines spitzen Winkels fließen,[1]) so ist die andere abstoßend. Denn die Ströme, die diese Kraft hervorrufen, fließen in entgegengesetzter Richtung entlang der Schenkel des gleichen, am Scheitelpunkt gespiegelten Winkels. Diese beiden Kräfte versuchen also, den beweglichen Leiter zu drehen; die eine in die eine Richtung und die andere in die entgegengesetzte Richtung. Damit Gleichgewicht herrschen soll, müssen diese beiden Kräfte gleich groß sein. Ebenso müssen die beiden anderen Kräfte, von denen die eine anziehend und die andere abstoßend ist, einander gleich sein. Sie wirken zwischen den Schenkeln der beiden Winkel, die die Komplementwinkel zu den gerade besprochenen sind. Man braucht gewiß nicht extra darauf hinzuweisen, daß diese Wirkungen in Wirklichkeit Summen von Drehmomenten sind, die sich aus der Kraft auf jedes infinitesimale Stromelement, multipliziert mit dem Abstand zur vertikalen Drehachse des beweglichen Leiters, ergeben. Nun befinden sich jedoch die einander entsprechenden infinitesimalen Teile der beiden Arme *bcde* und *b'c'd'e'* immer im gleichen Abstand zu der Senkrechten, um die sie sich drehen. Deshalb folgt aus der Gleichheit der Drehmomente notwendig auch die Gleichheit der Kräfte.

Auf den zweiten der drei allgemeinen Gleichgewichtszustände wurde ich gegen Ende des Jahres 1820 auf-

---

[1]) Anmerkung von R. A. R. TRICKER: AMPÈRE betrachtet hier vorwiegend die Wechselwirkung zwischen dem fest angebrachten Leiter *AB* und den beiden Teilen *de* und *d'e'* des aufgehängten Leiters, die dem fest angebrachten Leiter am nächsten sind.

merksam. Er besagt, daß die Wirkung von zwei festen Leitern auf einen beweglichen, geraden Leiter gleich ist, wenn beide den gleichen Abstand von dem beweglichen Leiter haben. Dabei ist der eine der festen Leiter ebenfalls gerade, während der andere irgendwie gebogen ist. Mit einem solchen Apparat konnte ich die Gleichheit der beiden Wirkungen durch ein präzises Experiment bestätigen. Die Ergebnisse dieser Versuche wurden der Académie auf ihrer Sitzung am 26. Dezember 1820 vorgetragen.

Die beiden Holzpfosten *PQ*, *RS* (Abb. 49) tragen auf

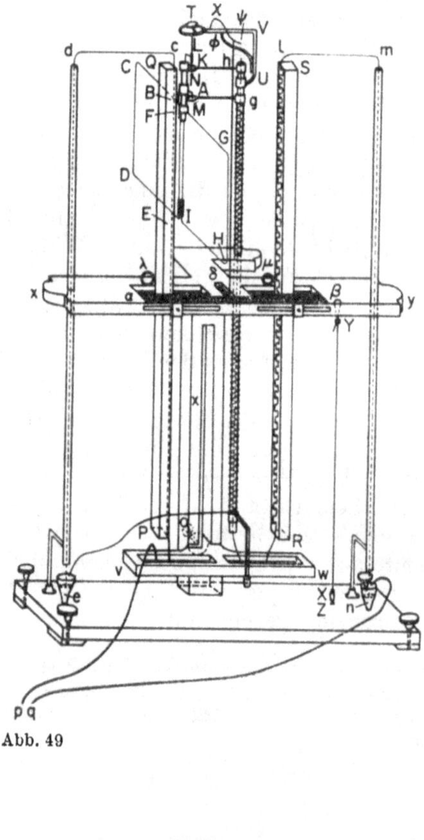

Abb. 49

den einander zugekehrten Seiten jeweils eine Nut. Der gerade Draht *bc* liegt in der Nut von *PQ*, während der andere Draht *kl* in der Nut von *RS* liegt. Dieser zweite Draht ist über seine gesamte Länge gebogen. Die Biegungen liegen alle in der Ebene, die senkrecht zu der die beiden Pfostenachsen verbindenden Ebene ist. Dabei weicht der Draht in keinem Punkt mehr als nur ein ganz kurzes Stück von der Mittellinie der Nut ab.

Diese beiden Drähte dienen als Leiter für zwei Stromanteile. Sie sollen den Teil *GH* des beweglichen Leiters abstoßen. Dieser bewegliche Leiter besteht aus zwei fast geschlossenen und gleichen rechteckigen Stromkreisen *BCDE* und *FGHI*. In diesen beiden Stromkreisen fließen die Ströme entgegengesetzt, so daß sich die Wirkung der Erde wegkürzt. Die beiden Enden des beweglichen Leiters, die Punkte *A* und *K*, tauchen in die mit Quecksilber gefüllten Schalen *M* und *N* ein, die an den Enden der Kupferarme *gM* und *hN* angelötet sind. Diese Arme stellen über die Kupferschellen *g* und *h* den elektrischen Kontakt her. Der erste Arm ist mit dem Kupferdraht *gfe* verbunden, der spiralförmig um das Glasrohr *hgf* gewunden ist, während der zweite Arm mit dem geraden Draht *hi* verbunden ist, der im Innern der Glasröhre bis zu der Auskehlung *ki* in dem Holzstück *vw* läuft. Das Holzstück *vw* wird mit Hilfe der Stellschraube *o* im gewünschten Abstand über der Grundplatte *z* festgehalten. Im Hinblick auf das oben erwähnte Experiment kann der Teil des Stromkreises, der durch den geraden Leiter *hi* und der Spirale *gf* gebildet wird, keine Wirkung auf den beweglichen Leiter ausüben. Damit der Strom durch die festen Leiter *bc* und *kl* fließen kann, sind die Verbindungsdrähte *cde* und *lmn* zu diesen Leitern durch zwei Glasröhren weitergeführt.[1]) Sie enden schließlich

[1]) Diese Röhren sollen verhindern, daß sich die eingeschlossenen Drähte verbiegen, und gleichzeitig sichern, daß sie von den beiden Leitern *bc* und *kl* gleich weit entfernt sind. Auf diese Weise wird die Wirkung der eingeschlossenen Drähte auf *GH* die Wirkung der beiden Leiter *bc* und *kl* in gleicher Weise beeinflussen.

in zwei Schalen, der eine in der Schale *e* und der andere in der Schale *n*. Der Strom fließt in der Reihenfolge *pabcdefgMABCDEFGHIKNhiklmnq* durch die Leiter der Versuchsanlage. Dadurch fließt der Strom in den beiden fest angebrachten Leitern nach oben. In dem Teil des beweglichen Leiters *GH*, auf den die beiden festen Leiter wirken, fließt der Strom nach unten. Der Leiter *GH* befindet sich in der Mitte zwischen den beiden fest angebrachten Leitern und liegt in der Ebene durch die Achsen dieser beiden Leiter. Der Teil *GH* wird deshalb von *bc* und von *kl* abgestoßen. Daraus folgt, daß *GH* in der Mitte zwischen diesen beiden Leitern stehen bleiben muß, wenn die Wirkung der beiden Leiter bei gleichem Abstand die gleiche sein soll. Das wird auch wirklich beobachtet.

Man muß aber auch darauf hinweisen, daß die beiden Achsen der fest angebrachten Leiter zwar von dem beweglichen Leiter *GH* gleich weit entfernt sind, aber man kann nicht sagen, daß der Abstand zu allen Punkten des Leiters *kl* genau der gleiche ist. Das ist auf die Biegungen und Windungen dieses Leiters zurückzuführen. Da aber diese Biegungen in der Ebene liegen, die senkrecht zu der Ebene durch *GH* und zu den fest angebrachten Leitern liegt, ist die sich ergebende Abstandsdifferenz offensichtlich so klein wie möglich. Die Abstandsdifferenz verhält sich zur halben Breite der Nut *RS* wie diese halbe Nutbreite zu dem Abstand zwischen den beiden Pfosten. (Die größtmögliche Differenz ist gleich der Differenz zwischen dem Radius und der Sekante eines Kreisbogens, dessen Tangens gleich der halben Nutbreite ist. Dabei gehört der Kreisbogen zu einem Kreis mit dem Durchmesser, der gleich dem Abstand zwischen den beiden Pfosten ist.) Zerlegt man jedes infinitesimale Stück des Leiters *kl* auf die gleiche Weise, wie man eine Kraft zerlegen kann, in zwei Komponenten, von denen die eine die Projektion auf die Leiterachse ist, während die andere die Projektion auf eine durch jeden Punkt gezogene, in der gleichen Ebene wie die Biegungen des Drahtes liegende, horizontale Linie ist, so erhält man folgendes Ergebnis. Die Summe der ersten Komponenten ist gleich der Länge der Leiterachse. (Dabei sind die entgegengesetzt gerichteten Stücke negativ gezählt worden, denn sie rufen auch entgegengesetzte Wirkungen hervor.) Folglich ist die Gesamtwirkung dieser Komponenten gleich der Wirkung eines geraden Drahtes gleicher Länge und gleicher Achse. Das heißt, die Wirkung des Leiters *kl* ist gleich der Wirkung des Leiters *bc*, der sich auf der anderen Seite von *GH* im gleichen Abstand befindet. Die anderen Komponenten üben keine Wirkung auf *GH* aus. Denn die Ebenen, die senkrecht zu diesen Komponenten in ihren Mittelpunkten errichtet werden, gehen ungefähr durch den beweglichen Leiter *GH*. Die Summe dieser beiden Reihen von Projektionen übt also die gleiche Wirkung wie *bc* auf den beweglichen Leiter *GH* aus. Da nun das Experiment zeigt, daß der gebogene Leiter *kl* die gleiche Wirkung wie der Leiter *bc* hervorruft, unabhängig davon, wie er gebogen ist, kann man folgern, daß er sich in allen Fällen wie die Kombination der beiden Reihen von Projektionen verhält. Die Summen der Projektionen können nur dann von der Art und Weise, in der der Leiter gebogen ist, unabhängig sein, wenn jeder Teil des Leiters so wirkt, als sei seine Gesamtwirkung aus den Wirkungen dieser beiden Projektionen zusammengesetzt.

Damit dieses Experiment die gewünschte Genauigkeit hat, müssen die beiden Pfosten genau senkrecht stehen und von dem beweglichen Leiter genau gleich weit entfernt sein. Um diese Bedingungen zu erfüllen, ist eine Halterung $\alpha\beta$ an das Querstück xy angepaßt, und die beiden Pfosten sind durch zwei Klammern η und θ sowie zwei verstellbare Schrauben λ und μ fixiert. Dadurch kann man die beiden Pfosten beliebig aufeinander zu oder voneinander weg bewegen und sie dabei immer in gleicher Entfernung vom Mittelpunkt γ der Halterung $\alpha\beta$ halten. Der Apparat ist so konstruiert, daß die beiden Pfosten senkrecht auf dem Querstück xy stehen. Dieses wird mit Hilfe der Schrauben an den vier Ecken der

Grundplatte in eine horizontale Lage gebracht. Die horizontale Lage des Querstückes xy überprüft man mit Hilfe der Lotleine XY, die exakt über dem zweckmäßigerweise auf der Grundplatte markierten Punkt Z steht, wenn sich das Querstück in der richtigen Lage befindet.

Damit sich der Leiter $ABCDEFGHIK$ um eine vertikale Achse drehen kann, die von den beiden Leitern bc und kl stets gleich weit entfernt ist, ist dieser Leiter an einem sehr dünnen Metalldraht aufgehängt. Dieser dünne Draht ist in der Mitte eines Knopfes T angebracht, der sich drehen läßt, ohne daß dabei der Abstand zwischen den beiden Leitern geändert wird. Dieser Knopf befindet sich in der Mitte einer kleinen Skalenscheibe O. Auf dieser Scheibe markiert der Buchstabe L die Stellung, in der sich der Teil GH des beweglichen Leiters in der Mitte des Zwischenraumes zwischen den beiden festen Leitern bc und kl befindet. In dieser Stellung ist die Aufhängung nicht verdreht. Auf diese Weise kann man die Skalenscheibe sofort wieder in die erforderliche Lage bringen, wenn man den Versuch zu wiederholen wünscht. Mit Hilfe eines weiteren Lotes $\psi\omega$ wird gesichert, daß GH von bc und kl gleich weit entfernt ist. Dieses Lot ist an dem Kupferarm $\varphi\alpha\psi$ angebracht, der wie die Skalenscheibe O von der Halterung UVO getragen wird. In dieser Halterung läßt sich der Kupferarm frei um die Achse durch den Knopf φ an seinem Ende drehen. Dadurch kann man die Lotlinie ω mit der Linie $\gamma\delta$ in der Mitte der Halterung $\alpha\beta$ in Übereinstimmung bringen. Befindet sich nun der Leiter in der gewünschten Stellung, so liegen die drei Senkrechten $\varphi\omega$, GH und CD in der gleichen Ebene. Dies ist leicht überprüfbar, indem man sein Auge in diese Ebene von $\psi\omega$ bringt.

Auf diese Weise wird der bewegliche Leiter zuerst in die Stellung gebracht, in der er sich, falls die beiden abstoßenden Kräfte genau gleich groß sind, im Gleichgewicht zwischen diesen beiden Kräften befindet. Die Wirkung dieser Kräfte wird dann erzeugt, indem der Draht ap in den Trog ba und der Draht nq in den Napf n eingetaucht wird. Die beiden Drähte sind mit den zwei Enden der Batterie verbunden. Man findet, daß der Leiter *GH* trotz der mit einer solchen Aufhängung verbundenen großen Beweglichkeit in seiner ursprünglichen Lage bleibt. Wird die Markierung *L* verschoben, wenn auch nur sehr wenig, und dadurch der Leiter *GH* in eine Stellung gebracht, in der er nicht mehr gleich weit von den beiden fest angebrachten Leitern *bc* und *kl* entfernt ist, so bewegt sich der Leiter *GH*, sobald die Verbindung zur Batterie hergestellt ist; er schwingt von demjenigen Leiter fort, dem er am nächsten ist. Nachdem ich dieses Gerät konstruiert hatte, habe ich feststellen können, daß die Gleichheit der Wirkung beider Leiter experimentell gesichert ist. Dabei wurden die Experimente so sorgfältig durchgeführt, daß über das Ergebnis keine Zweifel mehr bestehen.

Das gleiche Gesetz kann auch durch ein einfaches Experiment bewiesen werden. Dazu reicht es aus, einen mit Seide umsponnenen Kupferdraht zu nehmen und einen Teil des Drahtes so um ein gerades Stück des gleichen Drahtes zu winden, daß zwischen beiden Teilen nichts anderes als Seide ist. Man findet dann, daß ein anderes Stück des Drahtes auf diese Anordnung keine Wirkung ausübt. Das gleiche würde für eine Anordnung von zwei geraden Drähten gelten, in denen gleich starke Ströme in entgegengesetzte Richtungen fließen (nach dem Versuch, mit dem der erste Gleichgewichtszustand sehr einfach bewiesen werden konnte). Daraus folgt, daß die Wirkung des Stromes in dem gewundenen Draht der des Stromes in dem geraden Draht genau gleich ist. Denn die Wirkung dieser beiden Leiter wird durch die Wirkung eines Stromes gleicher Stärke, aber entgegengesetzter Richtung, in einem geraden Draht gleicher Länge aufgehoben.

Der dritte Gleichgewichtszustand sieht folgendermaßen aus. Ein geschlossener Stromkreis beliebiger Form kann keine Bewegung an einem Leiterteil hervorrufen, das die Form eine Kreisbogens hat, dessen Mittelpunkt auf einer festen Achse liegt, um die er sich frei drehen kann.

Die Achse steht dabei senkrecht auf der Ebene des Kreises, von dem der Kreisbogen ein Teil ist.

Auf der Grundplatte TT' (Abb. 50) sind zwei Säulen EF und $E'F'$ aufgestellt, die durch die Verbindungsstücke

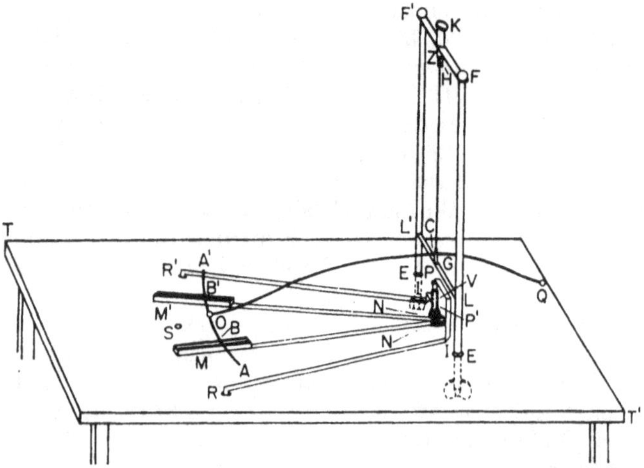

Abb. 50

LL' und FF' verbunden sind. Ein Ständer GH wird in senkrechter Lage zwischen diesen beiden Verbindungsstücken gehalten. Seine beiden angespitzten Enden G und H passen in zwei spitz zulaufende Aushöhlungen. Eine befindet sich im Verbindungsstück LL' und die andere am Ende der Schraube KZ, die vom oberen Querstück FF' getragen wird. Diese Schraube fixiert die Stellung des Ständers GH, ohne ihn festzuklemmen. Bei C ist eine Halterung QO starr an diesem Ständer befestigt. Am Ende der Halterung ist der Mittelpunkt des kreisförmigen Bogens AA' (aus einem Metalldraht hergestellt) an einem Scharnier O befestigt. Dieser Bogen bleibt stets in horizontaler Lage und der Abstand vom Punkt O zur Achse GH ist der Radius des Kreisbogens.

Der Bogen wird durch das Gegengewicht Q im Gleichgewicht gehalten. Auf diese Weise wird die Reibung des Ständers GH in den spitz zulaufenden Aushöhlungen verringert, in denen er an seinen Enden gehalten wird. Unterhalb des Bogens AA' befinden sich zwei schmale Tröge M und M'. Diese sind so mit Quecksilber gefüllt, daß die Quecksilberoberfläche über dem Rand steht und den Bogen AA' an den Stellen B und B' gerade berührt. Diese beiden schmalen Tröge sind durch die metallischen Leiter MN und $M'N'$ mit den Näpfen P und P' verbunden, die mit Quecksilber gefüllt sind. Der Napf P und der Leiter MN, der P mit dem Trog M verbindet, sind an einem senkrechten Ständer festgemacht, der in der Grundplatte eingebettet ist, dabei aber frei drehbar bleibt. Der Napf P', mit dem der Leiter $M'N'$ verbunden ist, wird von dem gleichen Ständer getragen, um den er sich ebenfalls und unabhängig drehen kann. Der Napf ist von dem Ständer durch ein Glasrohr isoliert, das diesen einhüllt. Der Glasring U trennt den Napf P' von dem Leiter zum Trog M. Auf diese Weise können die Leiter MN und $M'N'$ in jedem beliebigen Winkel angeordnet werden.

Zwei andere Leiter IR und $I'R'$, die an der Grundplatte befestigt sind, tauchen in die Näpfe P bzw. P'. Die Leiter verbinden diese Näpfe mit den Auskehlungen R und R', die sich in der Grundplatte befinden und mit Quecksilber gefüllt sind. Schließlich befindet sich zwischen den beiden anderen Auskehlungen noch eine dritte S, die gleichfalls mit Quecksilber gefüllt ist.

Dieser Versuchsaufbau wird folgendermaßen verwendet: Eine der Batterieanschlußdrähte, angenommen, der positive Draht, wird in die Auskehlung R eingetaucht, wogegen der negative Draht in die Auskehlung S eingetaucht wird, die mit der Auskehlung R' durch einen gebogenen Leiter beliebiger Form verbunden wird. Der Strom fließt durch den Leiter RI in den Napf P, von dort durch den Leiter MN, den Trog M, den Leiter $M'N'$, den Napf P', den Leiter $I'R'$, die Auskehlung R' und den gebogenen Leiter schließlich in die Auskehlung S, in die der negative Anschlußdraht zur Batterie eingetaucht wurde. Bei dieser Anordnung besteht der Gesamtstromkreis aus

1. dem Bogen BB' und den Leitern MN und $M'N'$,
2. dem Stromkreis, der sich aus den Teilen RIP und $P'I'R'$ des Versuchsaufbaues, dem gebogenen Leiter zwischen R' und S sowie der Batterie selbst zusammensetzt.

Der letzte Stromkreis muß wie ein geschlossener Stromkreis wirken, denn er ist nur durch das Glas unterbrochen, das die beiden Näpfe P und P' voneinander trennt. Deshalb reicht es aus, seine Wirkung auf den Kreisbogen BB' zu beobachten, um die Wirkung eines geschlossenen Stromkreises auf einen Bogen zu bestimmen, wobei sich dieser Kreisbogen und der geschlossene Stromkreis auch in verschiedenen Lagen zueinander befinden können.

Bringt man nun mit Hilfe des Scharniers O den Bogen AA' in eine solche Stellung, daß sein Mittelpunkt nicht mehr auf der Achse GH liegt, so bewegt sich dieser Bogen und gleitet über das Quecksilber in den Trögen M und M'. Dies ist auf die Wirkung des Stromes zurückzuführen, der durch den gebogenen Leiter von R' nach S fließt. Die beiden Teile des geschlossenen Stromkreises versuchen, den Bogen in entgegengesetzte Richtungen zu drehen. Befindet sich aber der Mittelpunkt dieses Bogen auf der Ständerachse, so bleibt der Bogen in Ruhe. Folglich sind die beiden entgegengesetzt gerichteten Drehmomente, die von den zwei Teilen des geschlossenen Stromkreises auf den Bogen ausgeübt werden, betragsmäßig gleich. Dabei spielt es keine Rolle, wie groß das Stück BB' ist, wie durch Öffnen des Winkels zwischen den beiden Leitern MN und $M'N'$ festgestellt werden konnte. Betrachtet man nun nacheinander zwei Kreisbögen BB', die sich kaum voneinander unterscheiden, so ist das Gesamtdrehmoment auf jeden einzelnen gleich Null. Deshalb ist das Drehmoment auch für die kleine Differenz zwischen den beiden Kreisbögen gleich Null. Schließlich ist es ebenfalls gleich Null für jedes Element des Umfanges, dessen Mittelpunkt auf der Achse liegt. Folglich wirkt der geschlossene Stromkreis auf die Elemente in die Richtung längs des Ständers, und die Wirkung steht notwendigerweise senkrecht auf dem Element.

Ist der Bogen AA' so angebracht, daß sein Mittelpunkt auf der Ständerachse liegt, so rufen die beiden Leiter MN und $M'N'$ gleich große, aber entgegengesetzte abstoßende Kräfte auf den Bogen BB' hervor und erzeugen keinen sichtbaren Effekt. Da aber keine Bewegung auftritt, ist es sicher, daß der geschlossene Stromkreis kein Drehmoment hervorruft.

Als sich der Kreisbogen AA' in der anderen von uns betrachteten Stellung bewegte, waren Wirkungen der Leiter MN und $M'N'$ nicht mehr gleich groß. Man könnte vermuten, daß die Bewegung nur auf den Unterschied dieser beiden Wirkungen zurückzuführen sei, wenn die Bewegung nicht von der Lage des gebogenen Drahtes zwischen R' und S abhängen würde. Sie wird stärker, wenn dieser Draht dem Bogen näher kommt, im entgegengesetzten Fall schwächer. Das läßt keine Zweifel daran, daß der geschlossene Stromkreis eine herausragende Rolle bei diesem Effekt spielt. Dieses Ergebnis, das für jede Länge des Bogens AA' gilt, gilt natürlich dann auch für jedes der Elemente, aus denen der Bogen zusammengesetzt ist. Man kann deshalb die allgemeine Schlußfolgerung ziehen, daß die Wirkung eines geschlossenen Stromkreises oder die Wirkung einer Anordnung von geschlossenen Stromkreisen auf ein infinitesimales Element eines elektrischen Stromes senkrecht auf diesem Element steht.

Mit Hilfe des vierten Gleichgewichtszustandes, über den ich noch sprechen will, können die Koeffizienten, die in meiner Formel auftreten, bestimmt werden; ohne, wie ich zuerst mußte, zu einem Versuch Zuflucht zu nehmen, bei dem ein Magnet und ein Leiter in Wechselwirkung stehen. Das Gerät, bei dem die Bestimmung der Koeffizienten nur auf der Beobachtung der Wechselwirkung von zwei Leitern beruht, ist in Abb. 51 dargestellt.

Auf der Grundplatte *MN* wird eine Auskehlung *A* angebracht. Die Auskehlung ist mit Quecksilber gefüllt, und

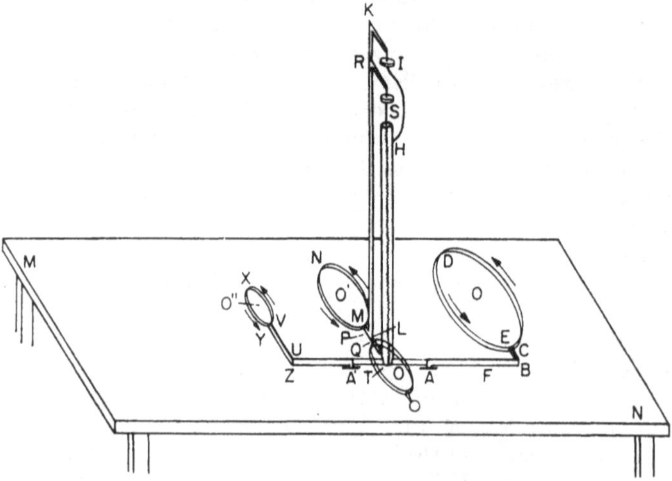

Abb. 51

von ihr geht der fest angebrachte Leiter *ABCDEFG* aus. Dieser Leiter wurde aus einer Kupferplatte hergestellt. Der Teil *CDE* ist kreisförmig, und die Teile *CBA* und *EFG* sind durch eine Seidenbedeckung voneinander getrennt. Bei *G* ist der Leiter an dem Kupferrohr *GH* angelötet. Dieses Rohr trägt das Näpfchen *I*, das mit dem Rohr über die kupferne Halterung *HI* in elektrischem Kontakt ist. Der bewegliche Leiter *IKLMNPQRS*, dessen Teil *MNP* kreisförmig ist, beginnt in dem Näpfchen *I*. Die Teile *MLK* und *PQR* sind durch eine Seidenbedeckung voneinander isoliert. Der Leiter wird durch ein Gegengewicht *a* in der horizontalen Lage gehalten. Das Gegengewicht *a* ist am Rande eines Kreisbogens um das Rohr *GH* befestigt, der durch die Fortsetzung *bcg* der Platte gebildet wird, aus der der bewegliche Leiter besteht. Das Näpfchen S wird durch den Stab ST gehalten, der die gleiche Achse wie GH hat, aber von dem Kupferrohr durch eine in das Rohr gegossene gummiähnliche Masse isoliert ist. Das untere Ende des Stabes ST ist an dem fest angebrachten Leiter $TUVXYZA'$ angelötet, der durch eine Öffnung aus dem Rohr GH herausgeführt wird. Diese Öffnung muß groß genug sein, damit der Gummi den Leiter an dieser Stelle genauso gut von dem Kupferrohr isoliert wie im Innern des Rohres den Stab ST von dem Rohr GH. Außerhalb des Rohres ist der Leiter mit Seide bedeckt, um eine Berührung der beiden Teile TUV und YZA' zu verhindern. Der Teil VXY ist kreisförmig, und das Ende A' wird in die quecksilbergefüllte Auskehlung A' auf der Grundplatte eingetaucht.

Die Mittelpunkte der drei kreisförmigen Leiterteile O, O' und O'' liegen auf einer Geraden. Die Radien dieser Kreise verhalten sich zueinander wie die ersten Glieder einer geometrischen Folge. Der bewegliche Leiter wird zunächst so angebracht, daß sich die Abstände OO' und $O'O''$ genauso zueinander verhalten wie die folgenden Glieder dieser geometrischen Folge. Folglich bilden die Kreise O und O' ein System, das dem aus den Kreisen O' und O'' gebildeten System geometrisch ähnlich ist. Der positive Batterieanschlußdraht wird dann bei A, der negative bei A' eingetaucht. Dann fließt der Strom nacheinander durch die Kreise mit den Mittelpunkten bei O, O' und O'', die sich paarweise voneinander abstoßen, da der Strom in benachbarten Teilen in entgegengesetzte Richtungen fließt.

Der Zweck dieses Versuches ist zu zeigen, daß der bewegliche Leiter im Gleichgewicht bleibt, wenn er eine bestimmte Lage einnimmt; nämlich die, bei der das Verhältnis zwischen OO' und $O'O''$ das gleiche ist wie zwischen den Radien zweier aufeinanderfolgender Kreise. Außerdem sollte gezeigt werden, daß der bewegliche Leiter in diese Stellung zurückkehrt und um diese Stellung schwingt, wenn er aus dieser Lage ausgelenkt wurde.

F. Ampères Theorie der Stromelemente

Ich werde nun erläutern, wie man aus diesen Gleichgewichtszuständen streng die Formel herleiten kann, mit der ich die Wechselwirkung zwischen zwei Elementen eines VOLTAschen Stromes beschrieben habe. Dabei werde ich zeigen, daß dies die einzige Kraft ist, die mit allen experimentellen Tatsachen in Einklang ist und entlang der geraden Verbindungslinie der Mittelpunkte wirkt. Es ist klar, daß die Wechselwirkung zweier Elemente eines elektrischen Stromes proportional der Länge der Stromelemente ist. Betrachtet man sie ihrer Länge nach in infinitesimal kleine, gleich große Teile zerlegt, so kann man annehmen, daß alle diese Teile entlang ein und derselben geraden Linie wirken. Folglich müssen sich ihre Wirkungen addieren. Die Wirkung muß auch proportional der Stärke der beiden Ströme sein. Um die Stärke eines Stromes durch eine Zahl ausdrücken zu können, gehen wir folgendermaßen vor. Angenommen, ein anderer, beliebiger Strom dient als Vergleich. Dann betrachten wir zwei gleiche Elemente, von jedem dieser Ströme eins. Schließlich bestimmen wir das Verhältnis der Wirkungen dieser beiden auf ein ähnliches Element eines beliebigen anderen Stromes. Dabei müssen die beiden ersten Elemente gleich weit von dem dritten Element entfernt sein und zu diesem Element parallel sein, oder das dritte Element muß senkrecht auf den beiden Linien stehen, die seinen Mittelpunkt mit den Mittelpunkten der beiden anderen Elemente verbindet; die Abstände zu den beiden anderen Elementen müssen auch dann natürlich gleich sein. Dann ist das Verhältnis der beiden Wirkungen zueinander ein Maß für die Stärke des einen Stromes, wenn man annimmt, daß die Stärke des anderen Stromes gleich eins ist.

Wir bezeichnen das Verhältnis der Stärken zweier gegebener Ströme zu der Stärke des Eichstromes, der als Einheit genommen wird, mit i bzw. i'. Die Länge der

Elemente, die wir bei jedem dieser Ströme betrachten, bezeichnen wir mit ds bzw. ds'. Dann ist die Stärke ihrer Wechselwirkung durch den Ausdruck $i\,i'\,ds\,ds'$ gegeben, falls die beiden Elemente senkrecht auf der Verbindungslinie ihrer Mittelpunkte stehen und zueinander parallel sind. Wir geben diesem Ausdruck das Pluszeichen, wenn die beiden Ströme in die gleiche Richtung fließen und sich anziehen. Im anderen Falle geben wir ihm das Minuszeichen.

Ist es erwünscht, die Wirkung der beiden Elemente mit der Schwerkraft zu vergleichen, so könnte man das Gewicht des Einheitsvolumens eines geeigneten Stoffes als Krafteinheit wählen. Dann wäre der Strom, der als Einheit genommen wird, nicht mehr beliebig. Er müßte so stark sein, daß die Anziehung zwischen zwei seiner Elemente ds und ds', die so, wie wir gerade gesagt haben, angebracht sind, folgende Eigenschaft hat: Die Anziehung müßte ein Gewicht halten, das sich genauso zu dem Einheitsgewicht verhält wie die beiden Stücke ds und ds' zu 1. Ist dieser Strom einmal bestimmt, so ist das Produkt $i\,i'\,ds\,ds'$ das Verhältnis der Anziehung zweier Elemente von Strömen beliebiger Stärke, die noch in der oben beschriebenen Anordnung sind, zu dem Gewicht, das als Krafteinheit gewählt wurde.

Wir wollen nun zwei Elemente betrachten, die beliebig angeordnet sind. Ihre Wechselwirkung wird von ihrer Länge, der Stärke der Ströme, von denen sie ein Teil sind, und ihrer relativen Lage zueinander abhängen. Diese Lage der Elemente zueinander kann durch folgende Größen beschrieben werden: den Abstand r der Mittelpunkte voneinander, die Winkel θ und θ' zwischen der Verlängerung der geraden Linie, die die beiden Mittelpunkte miteinander verbindet, und den Richtungen der beiden Stromelemente in Richtung des entsprechenden Stromes genommen, und schließlich den Winkel ω zwischen den Ebenen durch diese Richtungen und die Gerade, die die Mittelpunkte der beiden Elemente miteinander verbindet.

Die Betrachtung der verschiedenen Anziehungen und Abstoßungen, die in der Natur beobachtet werden, führten mich zu der Annahme, daß die Kraft, nach der ich suchte, sich irgendwie umgekehrt zu dem Abstand verhält. Der größeren Allgemeinheit wegen nahm ich an, daß sie umgekehrt proportional zur n-ten Potenz des Abstandes ist. Dabei ist n eine noch zu bestimmende Konstante. Die unbekannte Funktion der Winkel θ, θ'

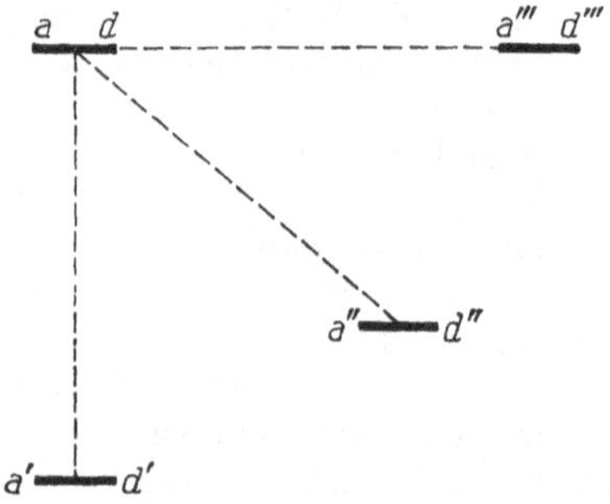

Abb. 52

und ω nannte ich ϱ. Somit erhielt ich $\varrho\, i\, i'\, \mathrm{d}s\, \mathrm{d}s'/r^n$ als allgemeinen Ausdruck für die Wechselwirkung zweier Elemente $\mathrm{d}s$ und $\mathrm{d}s'$ der beiden Ströme mit den Stärken i bzw. i'. Zu bestimmen blieb noch die Funktion ϱ. Dazu betrachtete ich zunächst zwei Elemente *ad* und *a'd'* (Abb. 52), die zueinander parallel sind, senkrecht auf der Verbindungslinie ihrer Mittelpunkte stehen und sich im Abstand r voneinander befinden. Ihre Wechselwirkung ist nach den oben gemachten Ausführungen durch $i\, i'\, \mathrm{d}s\, \mathrm{d}s'/r^n$ gegeben. Ich nahm an, daß das Element *ad* fest bleibt und das Element *a'd'* parallel verschoben wird, wobei sein Mittelpunkt stets im gleichen Abstand zum Mittelpunkt von *ad* bleibt. Da der Winkel ω stets Null ist, kann die Wechselwirkung der beiden Elemente nur von den oben mit θ und θ' bezeichneten Winkeln abhängen. Diese beiden Winkel sind entweder gleich groß oder Komplementwinkel, je nachdem, ob die Ströme in die gleiche Richtung oder in entgegengesetzte Richtungen fließen. Auf diese Weise erhielt ich den Ausdruck ii' ds ds' $\varphi(\theta, \theta')/r^n$. Die positive oder negative Konstante, auf die sich $\varphi(\theta, \theta')$ reduziert, wenn sich $a'd'$ auf der Verlängerung von ad befindet und in die gleiche Richtung zeigt, nannte ich k. Damit erhielt ich den Ausdruck $k\,i\,i'$ ds ds'/r^n für die Wirkung von ad auf $a'''d'''$. In diesem Ausdruck beschreibt k das Verhältnis der Wirkung von ad auf $a'''d'''$ zu der Wirkung von ad auf $a'd'$. Dieses Verhältnis ist unabhängig von dem Abstand r, den Stromstärken i und i' und den Längen ds und ds' der beiden untersuchten Elemente.

Diese Werte für die elektrodynamische Wirkung in den beiden einfachsten Fällen reichen aus, um die allgemeine Form der Funktion ϱ zu finden. Dazu verwenden wir das Experiment, nach dem die Anziehung eines infinitesimal kleinen, geradlinigen Stromelementes die gleiche ist wie die eines gebogenen Elementes, das an den Enden des ersten Elementes endet. Außerdem brauchen wir dazu noch das Theorem, das ich gerade aufgestellt habe; daß nämlich ein infinitesimal kleines Stromstück keine Wirkung auf ein anderes infinitesimales Stromstück ausübt, das in der Ebene liegt, die durch die Mittelpunkte der Stromelemente geht und senkrecht auf dem ersten Stromelement steht. Tatsächlich wirken die beiden Hälften des ersten Elementes gleich stark auf das zweite Element. Die Wirkung der einen Hälfte ist anziehend und die der anderen abstoßend, denn der Strom neigt dazu, sich in der einen Hälfte dem gemeinsamen Lot zu nähern und sich in der anderen Hälfte von ihm zu entfernen. Diese beiden gleich starken Kräfte bilden einen Winkel, der gegen 180° geht, wenn die Länge der Elemente gegen Null geht. Die resultierende Gesamtkraft ist deshalb im Vergleich zu den beiden Einzelkräften verschwindend klein und kann folglich bei den Rechnungen vernachlässigt werden. $Mm =$ ds und $M'm' =$ ds'

(Abb. 53) sollen zwei Elemente von elektrischen Strömen sein, deren Mittelpunkte bei A und A' liegen. Angenommen, die Ebene MAm' geht durch die Gerade AA', die die beiden Elemente verbindet, und durch das Element Mm.

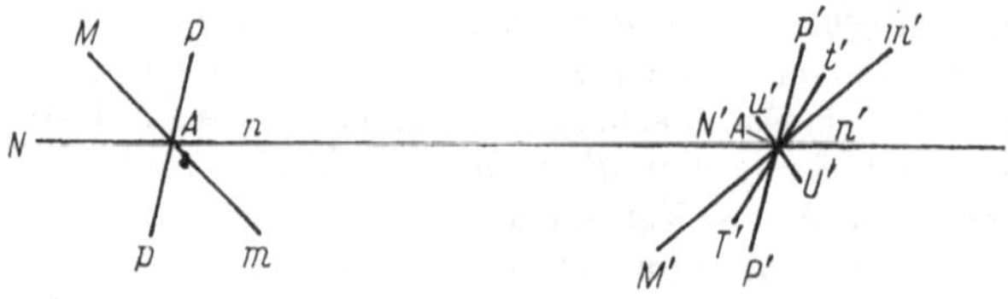

Abb. 53

Wir ersetzen den Teil des Stromes ds, der durch dieses Element fließt, durch seine Projektion $Nn = \mathrm{d}s \cos\theta$ auf die Gerade AA' und seine Projektion $Pp = \mathrm{d}s \sin\theta$ auf die Gerade, die senkrecht auf AA' in der Ebene $MA'm$ liegt und durch den Punkt A geht. Dann ersetzen wir den Teil des Stromes, der durch $M'm'$ fließt, durch seine Projektion $N'n' = \mathrm{d}s' \cos\theta'$ auf die Gerade AA' und durch seine Projektion $P'p' = \mathrm{d}s' \sin\theta'$ auf die zu AA' senkrechte Gerade durch A', die in der Ebene $M'Am'$ liegt. Schließlich ersetzen wir die letzte dieser Projektionen durch ihre Projektion $T't' = \mathrm{d}s' \sin\theta' \cos\omega$ auf die Ebene $MA'm$ und ihre Projektion $U'u' = \mathrm{d}s' \sin\theta' \sin\omega$ auf die Senkrechte zu dieser Ebene durch den Punkt A'. Nach dem oben angegebenen Gesetz ist die Wirkung der beiden Elemente ds und ds' die gleiche wie die der beiden Stromstücke $\mathrm{d}s \cos\theta$ und $\mathrm{d}s \sin\theta$ auf die drei Stromstücke $\mathrm{d}s' \cos\theta'$, $\mathrm{d}s' \sin\theta' \cos\omega$, $\mathrm{d}s' \sin\theta' \sin\omega$ zusammen. Da der Mittelpunkt des letzten Elements $\mathrm{d}s' \sin\theta' \sin\omega$ in der Ebene $MA'm$ liegt und dieses Element auf dieser Ebene senkrecht steht, gibt es zwischen ihm und den beiden Teilen $\mathrm{d}s \cos\theta$ und $\mathrm{d}s \sin\theta$ keine Wechselwirkung, da diese in der Ebene $MA'm$ liegen. Aus dem gleichen Grund kann es keine Wechselwirkung zwischen den Teilen $\mathrm{d}s \cos\theta$ und $\mathrm{d}s' \sin\theta'$ sowie zwischen

$ds \sin \theta$ und $ds' \cos \theta'$ geben. Denn denkt man sich senkrecht zu der Ebene $MA'm$ durch die Gerade AA' eine Ebene gelegt, so liegen die Stromstücke $ds \cos \theta$ und $ds' \cos \theta'$ in dieser Ebene. Dagegen stehen die Stromstücke $ds' \sin \theta' \cos \omega$ und $ds \sin \theta$ senkrecht auf dieser Ebene, wobei ihre Mittelpunkte in dieser Ebene liegen. Die Wechselwirkung zwischen den beiden Elementen ds und ds' reduziert sich deshalb auf die Summe der beiden übrig gebliebenen Wirkungen. Diese sind die Wechselwirkung zwischen $ds \sin \theta$ und $ds' \sin \theta \cos \omega$ und die Wechselwirkung zwischen $ds \cos \theta$ und $ds' \cos \theta'$. Diese beiden Kräfte wirken entlang der Geraden AA', die die Mittelpunkte der Ströme verbindet, zwischen denen die Kräfte wirken. Es reicht aus, diese beiden Kräfte zu addieren, um die Wechselwirkung zwischen den beiden Elementen ds und ds' zu erhalten. Nun liegen die beiden Stücke $ds \sin \theta$ und $ds' \sin \theta \cos \omega$ in ein und derselben Ebene, und beide stehen senkrecht auf der Geraden AA'. Demnach ist ihre Wechselwirkung entlang dieser Geraden gegeben durch

$$\frac{ii' \, ds \, ds' \sin \theta \sin \theta' \cos \omega}{r^n},$$

und die Wechselwirkung der beiden Stücke $ds \cos \theta$ und $ds' \cos \theta'$ entlang der gleichen Geraden ist gleich

$$\frac{ii' \, k \, ds \, ds' \cos \theta \cos \theta'}{r^n}.$$

Damit muß die Wechselwirkung der beiden Elemente ds und ds' durch

$$\frac{ii' \, ds \, ds'}{r^n} (\sin \theta \sin \theta' \cos \omega + k \cos \theta \cos \theta')$$

gegeben sein.

Diese Formel wird einfacher, wenn wir den Winkel ε zwischen den beiden Elementen anstelle des Winkels ω

einführen. Denn betrachten wir das sphärische Dreieck mit den Seiten θ, θ' und ε, so finden wir

$$\cos\varepsilon = \cos\theta\cos\theta' + \sin\theta\sin\theta'\cos\omega.$$

Damit ist

$$\sin\theta\sin\theta'\cos\omega = \cos\varepsilon - \cos\theta\cos\theta',$$

und wir erhalten, wenn wir in der oben angegebenen Formel $k - 1 = h$ setzen,

$$\frac{ii'\,ds\,ds'}{r^n}(\cos\varepsilon + h\cos\theta\cos\theta').$$

Es ist gut, nochmals darauf hinzuweisen, daß dieser Ausdruck sein Vorzeichen ändert, wenn einer der Ströme, etwa der im Element ds, gerade in die entgegengesetzte Richtung fließt. Denn dann ändern $\cos\theta$ und $\cos\varepsilon$ ihr Vorzeichen, wohingegen $\cos\theta'$ unverändert bleibt. Dieser Ausdruck für die Wechselwirkung zweier Stromelemente konnte nur dadurch hergeleitet werden, daß die Elemente selbst durch Projektionen ersetzt wurden. Man kann aber ohne Schwierigkeiten folgern, daß ein Element durch einen Polygonzug oder eine andere Kurve ersetzt werden kann, die an den gleichen Punkten endet. Voraussetzung dabei ist, daß dieser Polygonzug oder diese Kurve in jeder Ausdehnung infinitesimal klein ist.

Angenommen, $ds_1, ds_2, \ldots, ds_m$ seien die verschiedenen Stücke eines infinitesimal kleinen Polygonzuges, durch den ds ersetzt wurde. Wir können annehmen, daß die Richtung der die einzelnen Mittelpunkte mit A' verbindenden Linien stets die gleiche ist wie die der Geraden AA'.

Die Winkel zwischen den einzelnen Stücken des Polygonzuges und der Geraden AA' bezeichnen wir mit $\theta_1, \theta_2, \ldots, \theta_m$ und die Winkel zwischen den einzelnen Stücken und $M'm'$ mit $\varepsilon_1, \varepsilon_2, \ldots, \varepsilon_m$. Benutzen wir das Zeichen $\sum$, um eine Summation über ähnliche Terme zu bezeichnen, so erhalten wir für die Gesamtwirkung der Seiten $ds_1, ds_2, \ldots, ds_m$ auf ds'

$$\frac{ii'\,ds'}{r^n}\left(\sum ds_1 \cos\varepsilon_1' + h\cos\theta' \sum ds_1 \cos\theta_1\right).$$

Nun ist $\sum ds_1 \cos\varepsilon_1$ die Projektion des Polygonzuges auf die Richtung von ds' und damit auch gleich der Projektion von ds auf die gleiche Richtung. Das heißt also, $\sum ds_1 \cos\varepsilon_1$ ist gleich $ds \cos\varepsilon$. Ebenso ist $\sum ds_1 \cos\theta_1$ gleich der Projektion von ds auf AA', die gleich $ds \cos\theta$ ist. Die Wirkung, die der bei den Endpunkten von ds endende Polygonzug auf ds' ausübt, kann deshalb durch

$$\frac{ii'\,ds'}{r^n}\left(ds\cos\varepsilon + h\,ds\cos\theta\cos\theta'\right)$$

beschrieben werden und ist die gleiche wie die von ds auf ds'. Da diese Schlußfolgerung unabhängig von der Anzahl m der Seiten $ds_1, ds_2, \ldots, ds_m$ ist, gilt sie auch für einen infinitesimal kleinen Kurvenbogen.

Man könnte gleichfalls beweisen, daß die Wirkung von ds' auf ds durch die Wirkung eines an den Enden von ds' endenden Kurvenstückes auf jedes Element der kleinen Kurve, die wir gerade für ds eingesetzt haben, ersetzt werden kann. Damit wirkt die Kurve, durch die wir ds' ersetzt haben, genauso wie das Element ds' selbst auf die Kurve, durch die wir ds ersetzt haben. Also drückt die Formel, die wir erhalten haben, die Tatsache aus, daß ein gebogenes Element die gleiche Wirkung hat wie ein infinitesimaler geradliniger Strom mit gleichen Endpunkten, unabhängig von der Größe der beiden Konstanten n und h. Der Versuch, durch den wir dieses Gesetz gefunden haben, kann uns deshalb nicht zur Bestimmung dieser Konstanten dienen.

Deshalb werden wir zwei der anderen Gleichgewichtsfälle, die wir besprochen haben, verwenden müssen. Zuerst werden wir aber den angegebenen Ausdruck für die

Wechselwirkung zweier Elemente von VOLTAschen Strömen umformen, indem wir die partiellen Differentiale der Entfernung zwischen diesen beiden Elementen verwenden.

Wir bezeichnen die Koordinaten des ersten Punktes mit x, y und z, die des zweiten Punktes werden mit x', y' und z' bezeichnet. Wir erhalten dann

$$\cos\theta = \frac{x-x'}{r}\frac{dx}{ds} + \frac{y-y'}{r}\frac{dy}{ds} + \frac{z-z'}{r}\frac{dz}{ds},$$

$$\cos\theta' = \frac{x-x'}{r}\frac{dx'}{ds} + \frac{y-y'}{r}\frac{dy'}{ds'} + \frac{z-z'}{r}\frac{dz'}{ds'}.$$

Wegen

$$r^2 = (x-x')^2 + (y-y')^2 + (z-z')^2$$

ergibt sich durch schrittweise partielle Differentiation nach s und s'

$$r\frac{dr}{ds} = (x-x')\frac{dx}{ds} + (y-y')\frac{dy}{ds} + (z-z')\frac{dz}{ds},$$

$$r\frac{dr}{ds'} = -(x-x')\frac{dx'}{ds'} - (y-y')\frac{dy'}{ds'} - (z-z')\frac{dz'}{ds'}$$

und damit

$$\cos\theta = \frac{dr}{ds}, \qquad \cos\theta' = -\frac{dr}{ds'}.$$

Um einen Wert vor $\cos\varepsilon$ zu erhalten, stellen wir fest, daß

$$\frac{dx}{ds}, \quad \frac{dy}{ds}, \quad \frac{dz}{ds}$$

und

$$\frac{dx'}{ds'}, \quad \frac{dy'}{ds'}, \quad \frac{dz'}{ds'}$$

die Kosinus der Winkel zwischen ds bzw. ds' und den drei Achsen sind. Daraus folgt

$$\cos\varepsilon = \frac{\mathrm{d}x}{\mathrm{d}s}\cdot\frac{\mathrm{d}x'}{\mathrm{d}s'} + \frac{\mathrm{d}y}{\mathrm{d}s}\cdot\frac{\mathrm{d}y'}{\mathrm{d}s'} + \frac{\mathrm{d}z}{\mathrm{d}s}\cdot\frac{\mathrm{d}z'}{\mathrm{d}s'}.$$

Differenziert man nun die oben angegebene Gleichung für $r\,\mathrm{d}r/\mathrm{d}s$ nach s', so findet man

$$r\frac{\mathrm{d}^2 r}{\mathrm{d}s\,\mathrm{d}s'} + \frac{\mathrm{d}r}{\mathrm{d}s}\cdot\frac{\mathrm{d}r}{\mathrm{d}s'} = -\frac{\mathrm{d}x}{\mathrm{d}s}\cdot\frac{\mathrm{d}x'}{\mathrm{d}s'} - \frac{\mathrm{d}y}{\mathrm{d}s}\cdot\frac{\mathrm{d}y'}{\mathrm{d}s'}$$

$$-\frac{\mathrm{d}z}{\mathrm{d}s}\cdot\frac{\mathrm{d}z'}{\mathrm{d}s'} = -\cos\varepsilon.$$

Setzen wir in der Formel für die Wechselwirkung der beiden Elemente ds und ds' die eben hergeleiteten Ausdrücke für $\cos\theta$, $\cos\theta'$ und $\cos\varepsilon$ ein und setzen $k = h + 1$, so wird aus der Formel für die Wechselwirkung zweier Elemente ds und ds'

$$-\frac{ii'\,\mathrm{d}s\,\mathrm{d}s'}{r^n}\left(r\frac{\mathrm{d}^2 r}{\mathrm{d}s\,\mathrm{d}s'} + k\frac{\mathrm{d}r}{\mathrm{d}s}\cdot\frac{\mathrm{d}r}{\mathrm{d}s'}\right).$$

Das kann auch als

$$-\frac{ii'\,\mathrm{d}s\,\mathrm{d}s'}{r^n}\cdot\frac{1}{r^{k-1}}\cdot\frac{\mathrm{d}(r^k\,\mathrm{d}r/\mathrm{d}s)}{\mathrm{d}s'}$$

oder als

$$ii'\,r^{1-n-k}\,\frac{\mathrm{d}(r^k\,\mathrm{d}r/\mathrm{d}s)}{\mathrm{d}s'}\,\mathrm{d}s\,\mathrm{d}s'$$

geschrieben werden. Man könnte diesem Ausdruck auch folgende Form geben:

$$-\frac{ii'}{1+k}\,r^{1-n-k}\,\frac{\mathrm{d}^2(r^{1+k})}{\mathrm{d}s\,\mathrm{d}s'}\,\mathrm{d}s\,\mathrm{d}s'.$$

Wir wollen nun das Ergebnis des dritten Gleichgewichtsfalles untersuchen. Dieser zeigte, daß die Wirkung eines geschlossenen Stromkreises auf ein Element keine Komponente hat, die in die gleiche Richtung wie das Element selbst zeigt, unabhängig von der Form dieses geschlossenen Stromkreises. Das zu untersuchende Element nennen wir $\mathrm{d}s'$. Dann ist die Wirkung eines Elementes $\mathrm{d}s$ des geschlossenen Stromkreises auf $\mathrm{d}s'$ nach den vorangegangenen Untersuchungen gleich

$$-ii'\,\mathrm{d}s' \cdot r^{1-n-k}\,\frac{\mathrm{d}(r^k\,\mathrm{d}r/\mathrm{d}s')}{\mathrm{d}s}\,\mathrm{d}s$$

oder, wenn wir für $\mathrm{d}r/\mathrm{d}s'$ den Wert $-\cos\theta'$ einsetzen,

$$ii'\,\mathrm{d}s'\,r^{1-n-k}\,\frac{\mathrm{d}(r^k\cos\theta')}{\mathrm{d}s}\,\mathrm{d}s\,.$$

Die Komponente dieser Wirkung entlang $\mathrm{d}s'$ erhält man, indem man diesen Ausdruck mit $\cos\theta'$ multipliziert:

$$ii'\,\mathrm{d}s'\,r^{1-n-k}\cos\theta'\,\frac{\mathrm{d}(r^k\cos\theta')}{\mathrm{d}s}\,\mathrm{d}s\,.$$

Dieses Differential ergibt, über den gesamten Stromkreis s integriert, die Tangentialkomponente der Gesamtkraft und muß deshalb, unabhängig von der Form des Stromkreises s, gleich Null sein. Nachdem wir den Ausdruck in der Form

$$ii'\,\mathrm{d}s'\,r^{1-n-2k}r^k\cos\theta'\,\frac{\mathrm{d}(r^k\cos\theta')}{\mathrm{d}s}\,\mathrm{d}s$$

geschrieben haben, erhalten wir durch partielle Integration

$$\frac{1}{2}\,ii'\,\mathrm{d}s'\left[r^{1-n}\cos^2\theta - (1-n-2k)\int r^{-n}\cos^2\theta'\,\mathrm{d}r\right].$$

Der erste Term

$$r^{1-n} \cos^2 \theta'$$

verschwindet an den Grenzen. Was das Integral

$$\int r^{1-n} \cos^2 \theta' \, dr$$

anbelangt, so kann man sich leicht geschlossene Stromkreise vorstellen, für die es nicht Null ergibt. Legt man nämlich um den Mittelpunkt des Elementes ds' sehr dicht beieinander liegende Kugelflächen, die den Stromkreis schneiden, so ist der Wert von r an den zwei Schnittpunkten jeder dieser Kugelflächen mit dem Stromkreis gleich groß. Die beiden Werte von dr sind für diese beiden Punkte ebenfalls gleich groß, haben aber entgegengesetzte Vorzeichen. Die Größe von $\cos^2 \theta'$ kann jedoch verschieden sein. Man kann die Quadrate der Kosinus, die zu den Punkten auf der einen Seite der Extremalpunkte des Stromkreises gehören, kleiner machen als die Kosinusquadrate der entsprechenden Punkte auf der anderen Seite. Das geht auf unendlich vielen Wegen. Nun verschwindet das Integral in diesem Fall wirklich nicht. Der obige Ausdruck muß aber unabhängig von der Form des Stromkreises Null sein. Deshalb muß der Faktor $1 - n - 2k$ vor diesem Integral Null sein. Das gibt uns die erste Beziehung zwischen n und k:

$$1 - n - 2k = 0.$$

Anmerkung von R. A. R. Tricker:

Die Herleitung der AMPÈREschen Formel ist an dieser Stelle eigentlich vollständig. Die Größe von n kann man sehr einfach durch eine Dimensionsbetrachtung bestimmen, wenn man die Ergebnisse des vierten Versuches von AMPÈRE verwendet. Dieser Versuch zeigte, daß die Kräfte, die ein Stromkreis auf einen anderen ausübt, unabhängig von den linearen Ausdehnungen dieser Ströme sind. In dem Ausdruck

$$\frac{i\,i'\,ds\,ds'}{r^n} (\sin \theta \sin \theta' \cos \omega + k \cos \theta \cos \theta')$$

hat der Zähler die Dimension einer Länge zum Quadrat. Daraus folgt, daß der Nenner ebenfalls die Dimension einer Länge zum Quadrat hat. Damit muß der Exponent n den Wert 2 haben. Das ergibt dann $k = -1/2$.

Wahrscheinlich fand AMPÈRE diese Schlußkette nicht, bevor er seine Abhandlung geschrieben hatte. Sie wird nur in einer Anmerkung am Ende der Abhandlung angegeben. Er fand diese Methode, nachdem er sich mit ähnlichen Schlußfolgerungen auseinandergesetzt hatte, die LAPLACE aus einigen Experimenten von BIOT gezogen hatte.

G. Ampères quantitative Theorie des Magnetismus

Bisher haben wir die Wechselwirkung zwischen Strömen, die in der gleichen Ebene liegen, und geradlinigen Strömen, die beliebig im Raum angeordnet sind, betrachtet. Wir müssen nun noch die Wechselwirkung von gekrümmten Strömen untersuchen, die nicht in einer Ebene liegen. Zunächst werden wir annehmen, daß diese Ströme entlang ebener, geschlossener Kurven verlaufen und in jeder Ausdehnung infinitesimal klein sind. Wie wir gesehen haben, hängt die Wirkung eines solchen Stromes von drei Integralen ab.[1])

$$A = \lambda \left(\frac{\cos \xi}{l^3} - \frac{3qx}{l^5} \right),$$

$$B = \lambda \left(\frac{\cos \eta}{l^3} - \frac{3qy}{l^5} \right),$$

$$C = \lambda \left(\frac{\cos \zeta}{l^3} - \frac{3qz}{l^5} \right).$$

Wir stellen uns eine Linie MmO im Raum vor (Abb. 54), die von den Strömen eingeschlossen wird. Diese Ströme

---

[1]) Anmerkung von R. A. R. TRICKER: AMPÈRES eigene Herleitung dieser Integrale ist ziemlich umständlich und wurde weggelassen. Eine kürzere Herleitung findet man in Teil 1, Kapitel III, Abschnitt G.

bilden sehr kleine, geschlossene Stromkreise in unendlich dicht beieinander liegenden Ebenen, auf denen diese Linie im Raum senkrecht steht. Dabei sind die von

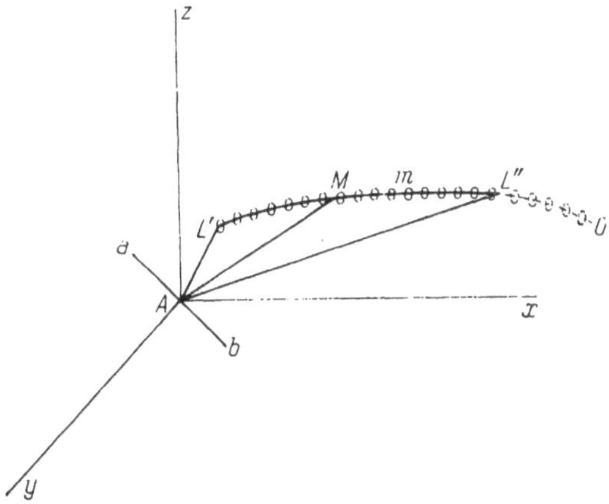

Abb. 54

diesen Strömen eingeschlossenen Flächen λ alle gleich groß, und die Schwerpunkte dieser Flächen liegen auf MmO. Außerdem sollen die Ebenen, in denen die Ströme fließen, auf der Linie alle gleich weit voneinander entfernt sein. Bezeichnen wir den infinitesimalen Abstand zweier benachbarter Ebenen mit g, so ist die Anzahl von Strömen, die einem Element ds auf der Linie MmO entsprechen, gleich ds/g. Man muß die Größen A, B und C, die wir gerade für einen einzelnen Stromkreis gefunden haben, mit dieser Zahl multiplizieren, um die Größen zu erhalten, die den Stromkreisen des Elementes ds entsprechen. Durch eine Integration über den Bogen s von einem Ende L' zum anderen L'' erhält man die Größen A, B, C für alle die Ströme, die den Bogen s einschließen. Eine solche Anordnung habe ich „elektrodynamisches Solenoid“ genannt nach dem griechischen

$\sigma\omega\lambda\eta\nu o\epsilon\iota\delta\eta\zeta$, das soviel wie „röhrenförmig“ bedeutet. Das weist auf die zylindrische Form der Stromkreise hin.

Damit erhalten wir für das Solenoid

$$A = \frac{\lambda}{g}\int\left(\frac{\cos\xi\, \mathrm{d}s}{l^3} - \frac{3qx\mathrm{d}s}{l^5}\right),$$

$$B = \frac{\lambda}{g}\int\left(\frac{\cos\eta\, \mathrm{d}s}{l^3} - \frac{3qy\mathrm{d}s}{l^5}\right),$$

$$C = \frac{\lambda}{g}\int\left(\frac{\cos\zeta\, \mathrm{d}s}{l^3} - \frac{3qz\mathrm{d}s}{l^5}\right).$$

Da nun die Linie g, die senkrecht auf der Ebene λ steht, parallel zu der Tangente an die Kurve s ist, gilt

$$\cos\xi = \frac{\mathrm{d}x}{\mathrm{d}s}, \qquad \cos\eta = \frac{\mathrm{d}y}{\mathrm{d}s}, \qquad \cos\zeta = \frac{\mathrm{d}z}{\mathrm{d}s}.$$

Darüber hinaus ist q offensichtlich gleich der Summe über die Projektionen der drei Koordinaten x, y, z auf die Richtung von q. Damit ist

$$q = \frac{x\,\mathrm{d}x + y\,\mathrm{d}y + z\,\mathrm{d}z}{\mathrm{d}s} = \frac{l\,\mathrm{d}l}{\mathrm{d}s},$$

denn es gilt $l^2 = x^2 + y^2 + z^2$. Setzen wir diese Werte in den Ausdruck für C ein, den wir gerade gefunden hatten, ergibt sich[1])

$$C = \frac{\lambda}{g}\int\left(\frac{\mathrm{d}z}{l^3} - \frac{3z\,\mathrm{d}l}{l^4}\right) = \frac{\lambda}{g}\left(\frac{z}{l^3} + C\right).$$

---

[1]) Anmerkung von R. A. R. TRICKER: AMPÈRE verwendet das gleiche Symbol C für die beliebige Integrationskonstante und den Ausdruck auf der linken Seite der Gleichung. Diese beiden sind natürlich nicht das gleiche.

Setzen wir x', y', z' und l' bzw. x'', y'', z'' und l'' für die entsprechenden Werte von x, y, z und l an den Enden L' bzw. L'' des Solenoids, so erhalten wir

$$C - \frac{\lambda}{g}\left(\frac{z''}{l''^3} - \frac{z'}{l'^3}\right).$$

Für die beiden anderen Integrale A und B erhalten wir ähnliche Ausdrücke. Dann ergibt sich für die drei Größen, die für das gesamte Solenoid berechnet werden sollen,

$$A = \frac{\lambda}{g}\left(\frac{x''}{l''^3} - \frac{x'}{l'^3}\right), \qquad B = \frac{\lambda}{g}\left(\frac{y''}{l''^3} - \frac{y'}{l'^3}\right),$$

$$C = \frac{\lambda}{g}\left(\frac{z''}{l''^3} - \frac{z'}{l'^3}\right).$$

Für ein Solenoid, dessen Direktrix eine geschlossene Kurve ist, ist $x'' = x'$, $y'' = y'$, $z'' = z'$ und $l'' = l'$ und deshalb $A = 0$, $B = 0$ und $C = 0$. Ist das Solenoid in beiden Richtungen unendlich weit ausgedehnt, so wird jeder der Terme von A, B und C für sich Null. Es ist offensichtlich, daß in diesen beiden Fällen die Wirkung, die das Solenoid hervorruft, Null ist. Wir nehmen nun an, daß dieses Solenoid nur in einer Richtung unendlich weit ausgedehnt ist. Ein solches Solenoid werde ich als halb-unendliches Solenoid bezeichnen. Dann brauchen wir nur das Ende mit endlichen Koordinaten x', y', z' zu betrachten, denn wir nehmen an, daß das andere Ende unendlich weit entfernt ist. Deshalb ist der erste Term in den Ausdrücken für A, B, C, die wir eben gefunden haben, notwendigerweise gleich Null. Damit ist

$$A = -\frac{\lambda x'}{g l'^3}, \qquad B = -\frac{\lambda y'}{g l'^3}, \qquad C = -\frac{\lambda z'}{g l'^3}$$

und $A : B : C = x' : y' : z'$. Denn die Normale zu der Leitebene, die durch den Koordinatenursprung geht und die Richtungskosinus (Kosinus der Winkel zu den Koordinatenachsen)

$$\frac{A}{D}, \quad \frac{B}{D}, \quad \frac{C}{D}$$

hat, geht auch durch das Ende des Solenoids mit den Koordinaten x', y', z'. Dabei ist

$$D = \sqrt{A^2 + B^2 + C^2}.$$

Wie wir gesehen haben, steht die resultierende Gesamtkraft im allgemeinen Fall senkrecht auf dieser Normalen.[1]) Damit steht die Wirkung eines unendlichen Solenoids auf ein Stromelement senkrecht auf der Geraden, die den Mittelpunkt dieses Elements mit dem Ende des Solenoids verbindet. Da sie ebenfalls senkrecht auf dem Element steht, steht sie folglich auch senkrecht auf der Ebene, die durch das Element und das Ende des Solenoids gegeben ist.

Nachdem wir die Richtung dieser Wirkung bestimmt haben, brauchen wir nur noch ihren Betrag zu finden. Nun ist dieser Betrag nach der Untersuchung des allgemeinen Falles gleich

$$-\frac{Dii'\,ds'\sin\varepsilon'}{2}.$$

Dabei ist ε' der Winkel zwischen dem Element ds' und der Normalen der Leitebene. Da außerdem noch

$$D = \sqrt{A^2 + B^2 + C^2}$$

ist, findet man ohne Schwierigkeit

$$D = -\frac{\lambda}{gl'^2},$$

[1]) Anmerkung von R. A. R. Tricker: Ampères Direktrix hat die gleiche Richtung wie der jetzt magnetische Induktion genannte Vektor. Dies kann man an dem Ausdruck für das Magnetfeld sehen, der auf Seite 107 hergeleitet wurde.

was für den Betrag der resultierenden Wirkung

$$\frac{\lambda\, ii'\, \mathrm{d}s' \sin \varepsilon}{2gl'^2}$$

ergibt. Man sieht also, daß die Wirkung eines unendlichen Solenoids, dessen Ende bei L' (Abb. 54) liegt, auf das Element ab im Punkt A senkrecht auf der Ebene bAL' steht. Außerdem ist diese Wirkung dem Sinus des Winkels bAL' proportional und umgekehrt proportional dem Quadrat des Abstandes AL'. Die Wirkung ist immer die gleiche, wie auch immer die unendliche Kurve $L'L''$ geformt und gerichtet ist, auf der die Schwerpunkte der Ströme liegen sollen, aus denen das unendliche Solenoid zusammengesetzt ist.

Wir wollen nun dazu übergehen, ein endliches Solenoid zu betrachten, dessen beide Enden sich an zwei vorgegebenen Punkten L' und L'' befinden. Dazu brauchen wir nur anzunehmen, daß am Punkt L'' auf dem ersten unendlichen Solenoid ein zweites unendliches Solenoid beginnt, das mit dem ersten von diesem Punkt aus bis ins Unendliche zusammenfällt. In dem zweiten Solenoid fließen gleich starke Ströme in entgegengesetzter Richtung. Dadurch ist seine Wirkung der des ersten unendlichen Solenoids entgegengesetzt und hebt dessen Wirkung in dem Teil, wo sie zusammenfallen, auf. Dies ist der Teil der sich von L'' in Richtung $L''O$ bis ins Unendliche erstreckt. Die Wirkung des Solenoids $L'L''$ ist deshalb die gleiche wie die der beiden unendlichen Solenoide zusammen. Folglich besteht sie aus der gerade berechneten Kraft und einer anderen Kraft, die in entgegengesetzter Richtung wirkt. Diese zweite Kraft geht gleichfalls durch den Punkt A. Sie steht senkrecht auf der Ebene bAL'' und hat den Betrag

$$\frac{\lambda\, ii'\, \mathrm{d}s' \sin \varepsilon''}{2gl''^2}.$$

Dabei ist ε'' der Winkel bAL'' und l'' ist die Entfernung AL''. Die Gesamtwirkung des Solenoids ist die Resultierende dieser beiden Kräfte und geht wie diese durch den Punkt A.

Da die Wirkung eines endlichen Solenoids direkt aus der eines unendlichen Solenoids hergeleitet werden kann, werden wir bei allem, was zu diesem Thema noch zu sagen ist, vom unendlichen Solenoid ausgehen. Das vereinfacht die Rechnungen, und man kann leicht Schlußfolgerungen für ein endliches Solenoid ziehen. L' (Abb. 55)

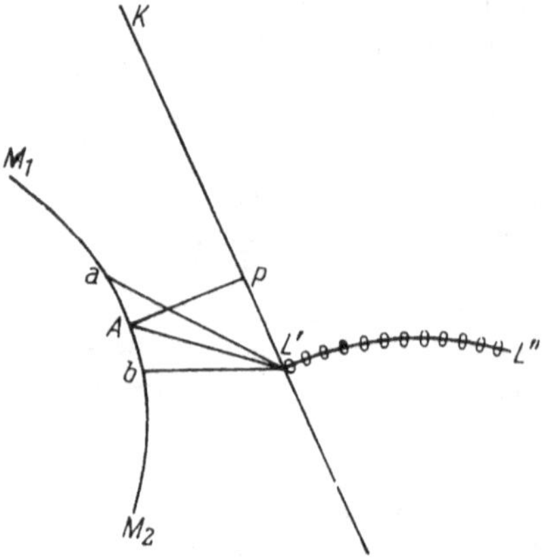

Abb. 55

soll das Ende eines unendlichen Solenoids sein. A sei der Mittelpunkt eines Elementes ba des Stromes M_1AM_2, und $L'K$ sei eine feste Gerade durch den Punkt L'. Wir bezeichnen den veränderlichen Winkel $KL'A$ mit θ, die Neigung der beiden Ebenen bAL' und $AL'K$ zueinander mit μ und die Entfernung $L'A$ mit l'. Da die Wirkung des Elementes auf das Solenoid entgegengesetzt gleich der Wirkung des Solenoids auf das Element ist, muß man zur Bestimmung dieser Wirkung den Mittelpunkt des Elementes A betrachten. Dieser Punkt ist ständig mit dem Solenoid verbunden, und auf ihn wirkt eine Kraft, die ohne Berücksichtigung des Vorzeichens durch

$$\frac{\lambda\, ii'\, \mathrm{d}s' \sin bAL'}{2gl'^2}$$

oder

$$\frac{\lambda\, ii'\, \mathrm{d}\nu}{gl'^3}$$

dargestellt werden kann. Dabei ist $\mathrm{d}\nu$ die Fläche $aL'b$ und gleich

$$\frac{l'\, \mathrm{d}s' \sin bAL'}{2}.$$

Diese Kraft steht in A senkrecht auf der Ebene $AL'b$. Um ihr Drehmoment bezüglich der Achse $L'K$ zu erhalten, muß man die zu $AL'K$ senkrechte Komponente bestimmen und mit der Länge des Lotes AP vom Punkt A auf die Gerade $L'K$ multiplizieren. Da μ der Winkel zwischen den Ebenen $AL'B$ und $AL'K$ ist, erhält man diese Komponente, indem man den vorigen Ausdruck mit $\cos \mu$ multipliziert. Nun ist aber $\mathrm{d}\nu \cos \mu$ die Projektion der Fläche $\mathrm{d}\nu$ auf die Ebene $AL'K$. Bezeichnen wir diese Projektion mit $\mathrm{d}u$, so folgt für den Betrag der gesuchten Kraftkomponente

$$\frac{\lambda\, ii'\, \mathrm{d}u}{gl'^3}.$$

Nun kann man die Projektion des Winkels $aL'b$ auf $AL'K$ als die infinitesimale Differenz der beiden Winkel $KL'a$ und $KL'b$ ansehen. Sie ist deshalb $\mathrm{d}\theta$, und wir erhalten

$$\mathrm{d}u = \frac{l'^2\, \mathrm{d}\theta}{2}.$$

Dadurch reduziert sich der vorige Ausdruck auf

$$\frac{\lambda\, ii'\, \mathrm{d}\theta}{2\, gl'}.$$

Da aber $AP = l' \sin \theta$ ist, erhalten wir für das gesuchte Drehmoment

$$\frac{\lambda\, ii'}{2g} \sin \theta \, d\theta .$$

Dieser Ausdruck, integriert über die Kurve M_1AM_2, ergibt das Drehmoment des Stromes, das das Solenoid um $L'K$ zu drehen versucht. Ist nun der Strom geschlossen, so verschwindet das Integral, das im allgemeinen Fall

$$C - \frac{\lambda\, ii' \cos \theta}{2g}$$

ist, zwischen den Grenzen. Damit ist das Drehmoment bezüglich jeder Geraden $L'K$ durch den Punkt L' gleich Null.

Folglich erzeugen bei der Wirkung eines geschlossenen Stromkreises oder eines beliebigen Systems von geschlossenen Stromkreisen auf ein unendliches Solenoid die zu den verschiedenen Elementen gerichteten Kräfte die gleichen Drehmomente bezüglich der Achse, als würden sie am Ende des Solenoids angreifen. Ihre Resultierende geht durch dieses Ende. Auf keinen Fall können die Kräfte das Solenoid um eine Achse durch sein Ende in Drehungen versetzen. Das stimmt mit den Ergebnissen von den Experimenten überein. Ist der durch die Kurve M_1AM_2 beschriebene Strom nicht geschlossen, so ist das Drehmoment, das an dem Solenoid bezüglich $L'K$ erzeugt wird, gleich

$$\frac{\lambda\, ii'}{2\, g} (\cos \theta_1{}' - \cos \theta_2{}') .$$

Dabei sind θ_1 und θ_2 die Extremwerte von θ bezüglich des Punktes L' für die Enden M_1 und M_2 der Kurve M_1AM_2. Jetzt betrachten wir das endliche Solenoid $L'L''$ (Abb. 56), das sich nur um die Achse durch die beiden Enden drehen kann. Wir können es wieder durch zwei unendliche Solenoide ersetzen. Die Summe der Wirkungen des Stromes M_1AM_2 auf diese beiden Solenoide ist äquivalent der Wirkung des Stromes auf das Solenoid

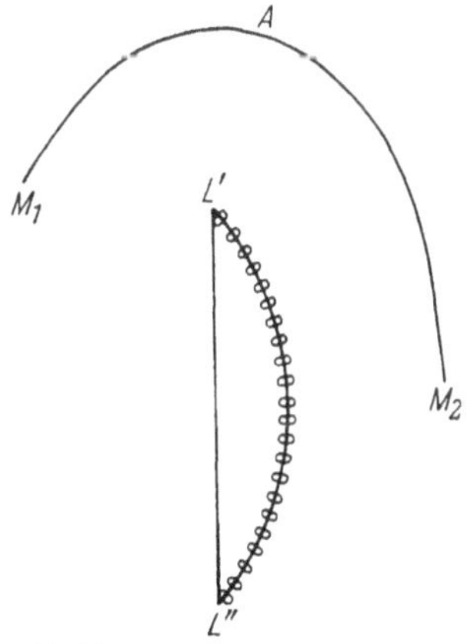

Abb. 56

$L'L''$. Das Drehmoment auf das erste Solenoid haben wir gerade gefunden. Wir bezeichnen die den Winkeln θ_1' und θ_2' entsprechenden Winkel bezüglich des Endes L'' mit θ_1'' und θ_2''. Dann ist das Drehmoment auf das zweite Solenoid gleich

$$-\frac{\lambda\, ii'}{2\,g}(\cos\theta_1''-\cos\theta_2'').$$

Folglich erhalten wir für das Gesamtdrehmoment der Wirkung von M_1AM_2 auf das Solenoid bezüglich seiner Achse $L'L''$

$$\frac{\lambda\, ii'}{2\,g}(\cos\theta_1'-\cos\theta_1''-\cos\theta_2'+\cos\theta_2'').$$

Dieses Drehmoment ist unabhängig von der Form des Leiters M_1AM_2, seiner Größe und seinem Abstand von dem Solenoid $L'L''$. Es bleibt unverändert, solange bei einer Veränderung des Leiters M_1AM_2 die Winkel θ_1', θ_2', θ_1'', θ_2'' unverändert bleiben. Das Drehmoment ist gleich Null, wenn der Strom M_1M_2 einen geschlossenen Stromkreis bildet, aber auch dann, wenn man annimmt, daß der Strom in beiden Richtungen bis ins Unendliche reicht. Denn in diesem Fall, daß die beiden Enden des Stromes unendlich weit von den Enden des Solenoids entfernt sind, ist der Winkel θ_1' gleich θ_1'', und θ_2' ist gleich θ_2''.

Da alle Drehmomente bezüglich beliebiger Geraden durch das Ende eines unendlichen Solenoids verschwinden, ist dieses Ende der Punkt, an dem die Resultierende der Kräfte angreift, die ein geschlossener Stromkreis auf das Solenoid ausübt. Das gilt auch für die Resultierende der Kräfte eines Systems von Strömen, die mehr als einen geschlossenen Stromkreis bilden, auf das Solenoid. Man kann deshalb annehmen, daß alle diese

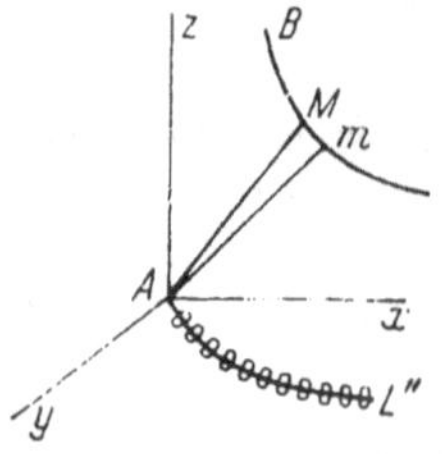

Abb. 57

Kräfte dort angreifen, und man kann diesen Punkt als Koordinatenursprung nehmen. Wir nehmen an, daß BM (Abb. 57) ein Teil von einem der Ströme ist, die auf das Solenoid wirken. Nach den vorangegangenen Ausführungen steht die Kraft eines Elementes Mm von BM senkrecht auf der Ebene AMm und ist gegeben durch

$$\frac{\lambda\, ii'\, d\nu}{g r^3}.$$

Dabei ist dν die Fläche AMm, und r ist der veränderliche Abstand AM.

Um die Komponente dieser Kraft entlang AX zu erhalten, muß man diese Kraft mit dem Kosinus des Winkels zwischen der Kraft und AX multiplizieren. Dieser Winkel ist der gleiche wie der zwischen den Ebenen AMm und ZAY. Aber dν, multipliziert mit diesem Kosinus, ist gleich der Projektion von AMm auf ZAY. Diese Projektion ist gleich

$$\frac{y\,\mathrm{d}z - z\,\mathrm{d}y}{2}.$$

Will man also die Kraft finden, die von Strömen in geschlossenen Stromkreisen entlang AX erzeugt wird, so muß man das folgende Integral über sämtliche Ströme bestimmen:

$$\frac{\lambda\, ii'}{2g}\int\frac{y\,\mathrm{d}z - z\,\mathrm{d}y}{r^3}.$$

Das ergibt

$$\frac{\lambda\, ii'\, A}{2g}.$$

Die Größe A ist die gleiche wie zuvor, und n wurde dabei durch seinen Wert 3 ersetzt. Für die Wirkung entlang AY erhält man

$$\frac{\lambda\, ii'\, B}{2g}$$

und entlang AZ

$$\frac{\lambda\, ii'\, C}{2g}.$$

Die Resultierende dieser drei Kräfte ist die Gesamtwirkung einer Anzahl von geschlossenen Stromkreisen auf ein unendliches Solenoid. Sie ist folglich gleich

$$\frac{\lambda\, ii'\, D}{2g}.$$

Dabei ist

$$D = \sqrt{A^2 + B^2 + C^2},$$

und die Kosinus der Winkel zwischen der Gesamtkraft und der X-, Y- und Z-Achse sind

$$\frac{A}{D}, \quad \frac{B}{D}, \quad \frac{C}{D}.$$

Dies sind auch die Kosinus der Winkel zwischen den gleichen Achsen und der Normalen der Leitebene, wenn wir die Wirkung der Stromkreise auf ein Element betrachten, das sich im Punkt A befindet. Nun würde dieses Element durch die Wirkung in eine Richtung verschoben, die in der Leitebene liegt. Folglich kommen wir zu einer bemerkenswerten Schlußfolgerung. Wirkt nämlich ein System von geschlossenen Stromkreisen nacheinander auf ein unendliches Solenoid und auf ein Element, das sich am Ende dieses Solenoids befindet, so stehen die beiden Richtungen, in die das Element bzw. das Ende des Solenoids verschoben werden, aufeinander senkrecht. Liegt das Element selbst in der Leitebene, so ist die Wirkung des Systems auf das Element maximal und hat den Wert

$$\frac{ii' D \, \mathrm{d}s'}{2}.$$

Wir haben gerade gefunden, daß die Wirkung des Systems auf das Solenoid gleich

$$\frac{\lambda \, ii' D}{2g}$$

ist. Diese beiden Kräfte haben deshalb für ein bestimmtes Solenoid und ein bestimmtes Element ein festes Verhältnis. Dieses ist gleich

$$\mathrm{d}s' : \frac{\lambda}{g}.$$

Das heißt also, das Verhältnis zwischen den Kräften ist gleich dem Verhältnis zwischen der Länge des Elementes und der Fläche der geschlossenen Kurve, die von einem der Ströme des Solenoids durchlaufen wird, dividiert durch den Abstand zwischen zwei aufeinanderfolgenden Strömen. Dieses Verhältnis ist unabhängig von der Form und der Größe der Ströme desjenigen Systems, das auf das Element und das Solenoid wirkt.

Falls das System von geschlossenen Strömen selbst ein unendliches Solenoid ist, ist die Normale der Leitebene durch den Punkt A, wie wir gerade gesehen haben, eine Gerade, die den Punkt A mit dem Ende des Solenoids verbindet. Folglich wirkt die Kraft zwischen den beiden unendlichen Solenoiden entlang der Geraden, die das Ende des einen Solenoids mit dem Ende des anderen verbindet. Um den Betrag dieser Kraft zu bestimmen, führen wir folgende Bezeichnungen ein: λ' für die Fläche der Stromkreise, die die Ströme des neuen Solenoids bilden, g' für den Abstand zwischen den Ebenen zweier dieser aufeinanderfolgender Stromkreise und l für den Abstand zwischen den Enden der beiden unendlichen Solenoide. Dann erhalten wir

$$D = -\lambda'/g'\,l'.$$

Das ergibt für die Wechselwirkung

$$\frac{\lambda\, ii'\, D}{2g} = -\frac{\lambda\lambda'\, ii'}{2gg'l^2}.$$

Diese Wechselwirkung ist dem Quadrat des Abstandes l umgekehrt proportional. Ist einer dieser Solenoide endlich, so kann er durch zwei unendliche Solenoide ersetzt werden. Dann setzt sich die Wirkung aus zwei Kräften zusammen, von denen die eine anziehend und die andere abstoßend ist. Diese Kräfte wirken entlang der Geraden, die die beiden Enden des ersten Solenoids mit dem Ende des anderen Solenoids verbinden. Wirken schließlich zwei endliche Solenoide $L'L''$ und L_1L_2 (Abb. 58) aufeinander, so treten vier Kräfte auf. Diese wirken entlang der Geraden $L'L_1$, $L'L_2$, $L''L_1$ und $L''L_2$, die die Enden paarweise miteinander verbinden. Ist zum Beispiel die Kraft entlang $L'L_1$ abstoßend, sind die Kräfte entlang $L'L_2$ und $L'L_1'$ anziehend, und die Kraft entlang $L''L_2$ ist abstoßend.

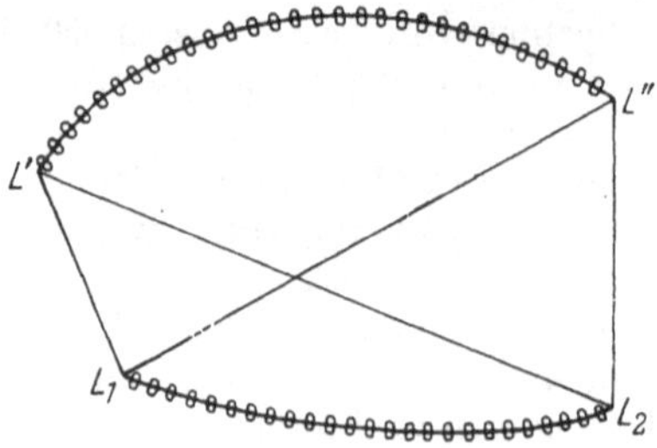

Abb. 58

Die Art und Weise, in der ich magnetische Erscheinungen erfaßt habe, indem ich Magnete als Anordnungen von kleinen elektrischen Stromkreisen um ihr Teilchen ansah, ist zu begründen. Dazu muß man mit Hilfe der Formel, durch die ich die Wechselwirkung zwischen zwei Stromelementen beschrieben habe, zeigen, daß bestimmte Anordnungen von Strömen Kräfte erzeugen, die nur von der Lage zweier bestimmter Punkte des Systems abhängen. Diese Kräfte haben alle Eigenschaften der Kräfte, die auf das zurückzuführen sind, was man Moleküle der australen und der borealen Flüssigkeit nennt. Das gilt für alle Fälle, bei denen diese beiden Flüssigkeiten zur Erklärung magnetischer Erscheinungen verwendet werden; sei dies die Wechselwirkung zwischen Magneten oder die Wirkung eines Magneten auf einen Leiter. Es gibt Physiker, die eine Erklärung, die auf der Existenz solcher Moleküle beruht, der Erklärung vorziehen, die ich aus den Eigenschaften elektrischer Ströme hergeleitet habe. Bekanntlich nehmen diese Physiker an, daß in jedem Teilchen eines magnetischen Körpers zu jedem Molekül der australen Flüssigkeit stets ein entsprechendes Molekül der borealen Flüssigkeit mit gleicher Stärke gehört. Man kann sagen, daß die Anordnung dieser beiden Moleküle ein magnetisches Element bildet. Dabei werden die beiden Moleküle als die Pole des Elementes angesehen. Dann muß eine Erklärung der Erscheinungen, die mit den beiden Arten von Wirkungen zusammenhängen, folgendes enthalten: 1. Die Wechselwirkung zwischen zwei magnetischen Elementen ist aus vier Kräften zusammengesetzt. Zwei dieser Kräfte sind anziehend und zwei abstoßend. Sie wirken entlang der Geraden, die die beiden Moleküle des einen Elementes mit denen des anderen verbinden, wobei die Stärke dieser Kräfte den Quadraten der Längen dieser Linien umgekehrt proportional sind. 2. Falls eines dieser Elemente auf ein infinitesimal kleines Stück eines leitenden Drahtes wirkt, entstehen zwei Kräfte. Sie stehen senkrecht auf den Ebenen durch die beiden Moleküle des Elementes und das kleine Drahtstück. Außerdem sind sie proportional dem Sinus der Winkel zwischen dem Draht und den Geraden, die den Draht mit den beiden Molekülen verbinden. Schließlich sind diese Kräfte noch umgekehrt proportional dem Quadrat der Abstände zwischen den Molekülen und dem Draht. Solange meine Konzeption über das Verhalten von Magneten bestritten wird und solange diese beiden Arten von Kräften den Molekülen der australen und borealen Flüssigkeit zugeschrieben werden, wird es unmöglich sein, sie auf ein einziges Prinzip zurückzuführen. Das wird jedoch kaum eher möglich sein, als meine Ansichten über die Zusammensetzung von Magneten anerkannt worden sind. Man sieht an den vorangegangenen Rechnungen, daß diese beiden Wirkungen und die Stärke der entstehenden Kräfte direkt aus meiner Formel hergeleitet werden können. Um diese Kräfte zu bestimmen, braucht man nur die beiden Moleküle, das eine von der borealen Flüsigkeit und das andere von der australen, durch ein

Solenoid zu ersetzen. Dabei sind die beiden Enden des Solenoids die beiden bestimmten Punkte, von denen die untersuchten Kräfte abhängen. Sie befinden sich genau an den gleichen Punkten, an die auch die Moleküle der beiden Flüssigkeiten gebracht werden müßten.

Zwei Systeme von sehr kleinen Solenoiden wirken dann, in Übereinstimmung mit meiner Formel, wie zwei Magnete aufeinander, die aus genauso viel magnetischen Elementen zusammengesetzt sind, wie Solenoide in den beiden Systemen sind. Ebenso wirkt eines dieser Systeme genauso wie ein Magnet auf ein Element eines elektrischen Stromes.[1]) Fast alle Rechnungen und

[1]) Ich glaube, ich muß hier folgende Anmerkung einfügen (sie stammt aus einer Analyse der Arbeiten durch die Académie aus dem Jahre 1821, die am 8. April 1822 veröffentlicht wurde):

„Der Hauptunterschied zwischen der Wirkung eines Magneten und der eines Leiters, bei dem ein Teil in einer Spirale um den anderen gewickelt ist, besteht darin, daß die Pole des Magneten näher am Mittelpunkt liegen als an seinen Enden. Dagegen erscheinen die Punkte, die die gleichen Eigenschaften bei der Spirale aufweisen, genau an den Enden dieser Spirale. Dies muß so sein, sofern die Stärke der Ströme des Magneten vom Mittelpunkt nach außen, zu den Enden hin, abnimmt. Aber Herr Ampère hat inzwischen festgestellt, daß dieser Effekt auch durch einen anderen Faktor erzeugt werden kann. Aus seinen neueren Experimenten schloß er, daß die elektrischen Ströme in einem Magneten jedes einzelne Teilchen des Magneten umfließen. Dadurch konnte er leichter sehen, daß man nicht, wie er zuerst tat, anzunehmen braucht, daß die Ebenen dieser Ströme überall senkrecht zur Achse des Magneten liegen. Ihre wie auch immer geartete Wechselwirkung muß die Tendenz haben, die Ebenen gegen die Achse zu neigen, besonders bei den Enden. Nach den Berechnungen mit der Formel von Herrn Ampère müßten die Pole genau an den Enden liegen, wenn man annimmt, daß alle Ströme gleich stark sind und in Ebenen senkrecht zur Achse fließen. Durch eine Neigung der Ebenen müssen die Pole dem Mittelpunkt des Magneten näher kommen; und zwar um so näher, je größer die Anzahl der Ströme in den geneigten Ebenen ist und je stärker diese Neigung ist. Das heißt also, je dicker der Magnet im Verhältnis zu seiner Länge ist, desto größer ist dieser Effekt. Das stimmt mit den Experimenten überein. In einem spiralförmigen Leiter, in dem ein Teil längs der Achse zurückgeführt ist, wird die Wirkung derjenigen Stromteile jeder Windung aufgehoben, die so wirken, als seien sie parallel zur Achse. In einem solchen Leiter müssen die beiden Umstände, die nach den vorangegangenen Bemerkungen in einem Magneten nicht unbedingt auftreten, im Gegensatz zum Magneten auftreten. Man kann auch bei Experimenten beobachten, daß Spiralen Pole haben, die denen eines Magneten ähnlich sind. Aber diese Pole befinden sich, wie berechnet, an den Enden der Spiralen."

Erklärungen des eben genannten allgemeinen Gesetzes, die von den Physikern anerkannt werden, die meine Theorie ablehnen, basieren auf zwei Sorten von Kräften; entweder auf den anziehenden und abstoßenden Kräften zwischen den Molekülen, die umgekehrt proportional dem Quadrat des Abstandes sind, oder auf den Drehkräften zwischen einem Molekül und einem Stromelement. Folglich müssen alle Rechnungen das Gleiche liefern, ob die magnetischen Erscheinungen in diesen beiden Fällen nun auf meinem Weg durch elektrische Ströme erklärt werden oder ob die Annahme vorgezogen wird, daß zwei Flüssigkeiten existieren. Einwände gegen meine Theorie oder Bestätigungen zu ihren Gunsten können deshalb nicht durch solche Rechnungen oder Erklärungen gefunden werden. Der Beweis, auf den ich mich verlasse, ist die Tatsache, daß meine Theorie mit einem einzigen Prinzip drei Arten von Kräften beschreibt und daß sich herausstellt, daß alle diese miteinander zusammenhängenden Erscheinungen auf eine gemeinsame Ursache zurückzuführen sind. Das kann man auf keinem anderen Weg schaffen. In Schweden, Deutschland und England hielt man es für möglich, diese Erscheinungen durch die Wechselwirkung von zwei Magneten zu erklären. Diese

---

Man kann an dieser Anmerkung sehen, daß ich nach 1821 aus den mit Magneten zusammenhängenden Erscheinungen Folgendes schloß:

1. Betrachtet man jedes Teilchen eines Stabmagneten, brauchen die Achsen dieser elementaren Magneten nicht der Achse des gesamten Magneten parallel zu sein, wie zu dieser Zeit angenommen wurde. Sie können gegen diese Achse in Richtungen geneigt sein, die durch ihre Wechselwirkung bestimmt sind.

2. Dies ist ein Grund dafür, weshalb die Pole eines Stabmagneten nicht an den Enden, sondern zwischen den Enden und seinem Mittelpunkt liegen.

Diese beiden Schlußfolgerungen wurden bereits durch die Ergebnisse von Herrn POISSON mit Hilfe der Formel bestätigt, durch die ich die Verteilung der Kräfte beschrieben habe, die von jedem Teilchen eines Magneten ausgehen. Diese Formeln gehen von COULOMBS Gesetz aus. Folglich wird nichts geändert, wenn man meinen Zugang zur Erklärung magnetischer Erscheinungen akzeptiert. Denn dieses Gesetz ist eine Folgerung aus meiner Formel, wie in dieser Arbeit gezeigt wurde.

Wechselwirkung war von COULOMB bestimmt worden. Experimente, die eine kontinuierliche Drehbewegung erzeugen, stehen offensichtlich im Widerspruch zu dieser Idee. In Frankreich sind diejenigen, die meine Theorie nicht anerkannt haben, gezwungen, die drei Arten von Kräften, die ich miteinander in Zusammenhang gebracht habe, als völlig unabhängig voneinander anzusehen. Das Gesetz, das COULOMB für die Wechselwirkung zwischen zwei Magneten aufgestellt hat, könnte man aus dem Gesetz herleiten, das BIOT für die Wechselwirkung zwischen einem Stück eines leitenden Drahtes und einem „magnetischen Molekül" hergeleitet hat. Nimmt man aber an, daß einer dieser Magnete aus elektrischen Strömen zusammengesetzt ist, ähnlich denen, die ich vorgeschlagen habe, wie kann man dann etwas dagegen vorbringen, daß der andere genauso zusammengesetzt ist, und dabei alle meine Ansichten akzeptieren?

BIOT bestimmte Betrag und Richtung der Kraft, die ein Element eines leitenden Drahtes auf jedes Teilchen eines Magneten ausübt, und definierte sie als eine elementare Kraft.[1]) Nun ist aber klar, daß man meine Kraft nicht als wirklich elementar ansehen kann, die aus der Wechselwirkung zwischen zwei Elementen unterschiedlicher Natur hervorgeht oder die nicht entlang der Geraden wirkt, welche die beiden Elemente miteinander verbindet, zwischen denen sie entsteht. In der Abhandlung, die dieser begabte Physiker der Académie am 30. Oktober und am 18. Dezember 1820[2]) bekanntgab, hielt

[1]) „Précis Elémentaire de Physique", Band II, S. 122, 2. Auflage.

[2]) Die zuletzt genannte Abhandlung wurde nicht einzeln veröffentlicht. Deshalb kenne ich die Formel für die Kräfte nur aus folgendem Abschnitt der zweiten Auflage der „Précis Elementaire de Physique", Band II, S. 122–123.

„Man kann sich den verbindenden Draht $Z'C'$ (Abb. 34) in unendlich viele, sehr kleine Stücke zerteilt vorstellen. Es ist einzusehen, daß jedes dieser einzelnen Stücke entsprechend seinem Abstand und seiner Richtung mit einer anderen Stärke auf die Nadel wirkt. Diese elementaren Kräfte zu kennen, ist nun gerade besonders wichtig. Denn die gesamte, von dem Draht hervorgerufene Kraft ist nichts anderes, als die Summe dieser einzelnen Kräfte. Man kann jedoch rechnerisch durch eine Untersuchung der Gesamtkraft die einzelnen Kräfte bestimmen. Dies führte LAPLACE durch. Er leitete aus meinen Beobachtungen das Gesetz für die elementaren Kräfte her, die jedes Stück des verbindenden Drahtes erzeugt. Die Kräfte sind dem Quadrat des Abstandes umgekehrt proportional. Die Abstandsabhängigkeit ist also die gleiche, die man auch von gewöhnlichen magnetischen Kräften kennt. Diese Analyse zeigte, daß zur Vervollkommnung unserer Kenntnis über die Kraft noch untersucht werden muß, ob die von jedem Drahtstück erzeugte Kraft bei gleichem Abstand für alle Richtungen gleich ist, oder ob sie für einige Richtungen größer als für andere ist. Um diese Frage zu entscheiden, bog ich in der vertikalen Ebene einen langen Kupferdraht ZMC bei M (Abb. 34) so, daß die beiden Arme ZM und MC im gleichen Winkel zur Horizontalen MH liegen. Vor diesem Draht spannte ich ein anderes Stück $Z'M'C'$ aus dem gleichen Material, mit dem gleichen Durchmesser und von gleichen Ausmaßen auf. Dieses Drahtstück brachte ich senkrecht so an, daß es von dem ersten Drahtstück bei MM' nur durch einen sehr dünnen Papierstreifen getrennt war. Dann hängte ich die Magnetnadel AB in Höhe der Punkte M und M' auf und beobachtete Schwingungen bei verschiedenen Abständen, während der Strom abwechselnd durch den gebogenen und den geraden Draht floß. Auf diese Weise fand ich, daß die Wirkung bei beiden Drähten dem Abstand zu den Punkten M und M' umgekehrt proportional ist. Aber die absolute Intensität war bei dem geneigten Draht schwächer als bei dem geraden, und zwar in dem gleichen Verhältnis, in dem der Winkel ZMH zum Einheitswinkel steht. Eine Untersuchung dieses Ergebnisses scheint anzudeuten, daß die Wirkung jedes Elementes μ des geneigten Drahtes auf ein Molekül m des australen oder borealen Magnetismus dem Quadrat des Abstandes μm umgekehrt proportional ist. Außerdem scheint sie proportional dem Sinus des Winkels $m\mu M$ zu sein, der von der Strecke μm und der Längsachse des Drahtes gebildet wird."

Dieses Gesetz ist eine Folgerung der Formel, durch die ich die Wechselwirkung zwischen zwei Elementen von leitenden Drähten beschrieben habe, wenn man nach meiner Theorie jedes magnetische Element durch ein sehr kleines elektrodynamisches Solenoid ersetzt. Es ist bemerkenswert, daß dieses Gesetz zuerst durch einen mathematischen Fehler gefunden wurde. Damit dieses Gesetz wirklich gilt, müßte die *absolute Stärke* nicht dem Winkel ZMH proportional sein, sondern dem Tangens von der Hälfte dieses Winkels. Dies wurde später von Herrn SAVARY in seiner Dissertation an der Académie am 8. Februar 1823 gezeigt und wurde inzwischen im JOURNAL DE PHYSIQUE (Bd. XCVI, S. 1–25ff.) veröffentlicht. Es scheint, daß Herr BIOT später diesen Fehler selbst entdeckte. Denn in der dritten Auflage, die gerade erschienen ist, beschreibt er, ohne sich auf die Abhandlung zu beziehen, in der der Fehler zuerst berichtigt wurde, neue Experimente. Bei diesen Experimenten war die Gesamtkraft, in Übereinstimmung mit den Rechnungen von Herrn SAVARY, proportional dem Tangens der Hälfte des Winkels ZMH. Daraus schloß er, mit mehr Recht als bei den ersten Experimenten, daß die von ihm elementar genannte Kraft für gleiche Abstände proportional ist dem Sinus des Winkels zwischen der Richtung des Elementes des leitenden Drahtes und der Richtung der Geraden, die den Mittelpunkt des Elementes mit dem magnetischen Molekül verbindet. („Précis Elementaire de Physique Expérimentale", 3. Auflage, Bd. II, S. 740–745).

er noch die Kraft für elementar, die ein Element eines leitenden Drahtes auf ein Molekül der australen oder borealen Flüssigkeit ausübt. Das heißt, er sah die Wirkung auf den Pol eines magnetischen Elementes als elementar an.

Als OERSTED die Wirkung entdeckte, die ein Leiter auf einen Magneten ausübt, hätte man vermuten sollen, daß es zwischen zwei Leitern eine Wechselwirkung gibt. Dies war aber keineswegs eine notwendige Folgerung aus der Entdeckung dieses berühmten Physikers. Eine Stange weichen Eisens wirkt auf eine Magnetnadel, aber zwischen zwei Weicheisenstangen gibt es keine Wechselwirkung. Es war lediglich bekannt, daß ein Leiter eine Magnetnadel ablenkt. Ein elektrischer Strom verleiht einem Draht die Eigenschaft, durch eine Nadel beeinflußt zu werden, genauso wie weiches Eisen durch einen Magneten beeinflußt wird. Konnte man aber daraus schließen, daß es zwischen zwei Leitern auch dann eine Wechselwirkung gibt, wenn sie nicht unter dem Einfluß eines magnetischen Körpers stehen? Diese Frage konnte nur durch ein Experiment entschieden werden. Diese Experimente führte ich im Monat September des Jahres 1820 durch. Die Existenz einer Wechselwirkung zwischen zwei VOLTAschen Leitern wurde bewiesen.

Es wäre wenig wert gewesen, hätte ich nur die Wirkung der Erde auf einen Leiter und die Wechselwirkung zwischen zwei Leitern entdeckt und experimentell bestätigt. Folgendes war wichtiger:

1. Man mußte für die Formel die Wechselwirkung zwischen zwei Elementen eines Stromes finden.

2. Dieses Gesetz behandelt die Anziehung von Strömen, die in die gleiche Richtung fließen, und die Abstoßung von entgegengesetzt gerichteten Strömen, ob diese nun parallel zueinander sind oder einen Winkel bilden. Mit Hilfe des damit formulierten Gesetzes ist zu zeigen daß die Wirkung der Erde auf leitende Drähte in jeder Hinsicht äquivalent der Wirkung ist, die auf die gleichen Drähte von einem System (lateinisch fasces) von elektri-

schen Strömen ausgeübt wird. Dabei fließen diese Ströme in der Ost-West-Richtung, wenn man sich in Mitteleuropa befindet, wo die Experimente, die diese Wirkung bestätigten, durchgeführt wurden.

3. Man muß zunächst auf Grund meiner Formel und nach der Methode, nach der ich magnetische Erscheinungen mit elektrischen Strömen in Zusammenhang gebracht habe, die Wechselwirkung zwischen zwei Teilchen eines Magneten berechnen. Dabei bilden die elektrischen Ströme sehr kleine geschlossene Stromkreise um die Teilchen des magnetischen Körpers. Die Wechselwirkung zwischen zwei Teilchen eines Magneten wird durch die Wechselwirkung zweier kleiner Solenoide beschrieben, von denen jedes zwei magnetischen Molekülen äquivalent ist, das eine von der australen und das andere von der borealen Flüssigkeit. Auch die Wirkung eines dieser Teilchen auf ein Element eines leitenden Drahtes ist zu berechnen. Dann muß man sichern, daß diese Rechnungen im ersten Fall exakt das von COULOMB aufgestellte Gesetz für die Wirkung zwischen zwei Magneten ergeben und im zweiten Fall das Gesetz, das BIOT für die Kräfte vorgeschlagen hat, die zwischen einem Magneten und einem leitenden Draht auftreten. Auf diese Weise führte ich beide Arten von Wirkungen auf ein einziges Prinzip zurück; ebenso wie die Kraft, von der ich entdeckte, daß sie zwischen zwei leitenden Drähten auftritt. Zweifelsohne war es einfach, zu vermuten, daß diese drei Arten von Kräften von einer gemeinsamen Ursache abhängen, nachdem alle diese Tatsachen zusammengetragen worden waren. Aber nur durch Rechnungen konnte diese Vermutung untermauert werden, und das war es, was ich getan habe. Ich zog keine voreiligen Schlußfolgerungen bezüglich der Natur der Kraft, die zwei Elemente von leitenden Drähten aufeinander ausüben. Denn ich habe nur versucht, aus den experimentellen Daten einen analytischen Ausdruck für diese Kraft zu erhalten. Dieses als Ausgangspunkt nehmend, habe ich gezeigt, daß die beiden anderen durch das Experiment gegebenen Kräfte (die

eine zwischen einem leitenden Draht und dem, was ein magnetisches Molekül genannt wird, die andere zwischen zwei solchen Molekülen) rein mathematisch hergeleitet werden können. Dazu wird, je nachdem, wie es erforderlich ist, in dem einen oder dem anderen Fall nach meiner Konzeption über die Zusammensetzung von Magneten, jedes magnetische Molekül durch eines der beiden Enden eines elektrodynamischen Solenoids ersetzt. Danach ist alles, was aus diesen Werten für die Kräfte hergeleitet werden kann, in meiner Ansicht über die entstehenden Effekte enthalten und wird zu einer Folgerung aus meiner Formel. Das allein sollte ausreichend sein, um zu zeigen, daß die Wechselwirkung zweier Leiter wirklich der einfachste Fall ist und daß man von ihm ausgehen muß, um alle die anderen Fälle zu erklären. Die folgenden Betrachtungen scheinen eine vollständige Bestätigung dieser allgemeinen Ergebnisse meiner Arbeit zu vollenden. Sie bauen auf der einfachsten Vorstellung über die Zusammensetzung der Kräfte in bezug auf die Wechselwirkung zweier Systeme von unendlich dicht beieinander liegenden Punkten in den verschiedenen möglichen Fällen auf. Diese Systeme können dabei entweder nur Punkte gleicher Art enthalten, d. h. Punkte, die ähnliche Punkte des anderen Systems anziehen oder abstoßen; oder eines der Systeme oder auch beide können aber auch Punkte zweier entgegengesetzter Arten enthalten. Dabei ziehen die Punkte der einen Art das an, was die der anderen Art abstoßen, und stoßen das ab, was die anderen anziehen.

In der Geschichte hat sich gezeigt, daß sich an das Zurückführen von bisher zusammenhanglosen Erscheinungen auf ein einziges Prinzip eine Periode anschloß, in der viele neue Tatsachen entdeckt worden sind. Denn ein neuer Zugang in der Vorstellung über die Ursachen regt viele neue Experimente und Deutungen an. Auf diese Weise war die Entdeckung Voltas, daß Galvanität und Elektrizität identisch sind, von der Konstruktion der elektrischen Batterie begleitet mit allen Entdeckungen, die in diesem erstaunlichen Gerät ihren Ursprung haben. Nach der Bedeutung der Ergebnisse der Arbeiten von BECQUEREL über den Einfluß der Elektrizität auf chemische Verbindungen und der Arbeiten von PRÉVOST und DUMAS über die Ursachen der Muskelkontraktion zu urteilen, kann man hoffen, daß ihre neuen Erkenntnisse der letzten vier Jahre und deren Zurückführung auf ein einziges Prinzip zu einer Fülle neuer Ergebnisse führen wird. Dieses Prinzip ist das Gesetz über die anziehenden und abstoßenden Kräfte zwischen Leitern. Man kann auch hoffen, daß diese zu erwartenden neuen Ergebnisse Verbindungen zwischen der Physik auf der einen Seite und der Chemie und sogar der Physiologie auf der anderen herstellen, deren Notwendigkeit schon seit langem fühlbar ist. Es ist aber wenig schmeichelhaft für uns, daß es so lange gedauert hat, diese Verbindungen herzustellen.

Man muß noch die Wirkung eines geschlossenen Stromkreises beliebiger Form, Größe und Lage auf ein Solenoid oder auf einen anderen Stromkreis beliebiger Form, Größe und Lage untersuchen. Das prinzipielle Ergebnis solcher Untersuchungen ist die Ähnlichkeit, die zwischen folgenden Kräften besteht: den Kräften eines Stromkreises auf einen anderen geschlossenen Stromkreis oder ein Solenoid einerseits und andererseits den Kräften zwischen Punkten, deren Wirkung exakt die gleiche ist, die man den Molekülen der sogenannten australen und borealen Flüssigkeit zuschreibt. Wir wollen annehmen, daß diese Punkte in der gerade von mir erläuterten Art und Weise über Oberflächen verteilt werden, die von Strömen begrenzt werden, und daß die Enden des Solenoids durch zwei magnetische Moleküle entgegengesetzten Typs ersetzt werden. Die Analogie scheint zunächst so vollkommen zu sein, daß sich alle elektrodynamischen Erscheinungen auf die mit diesen beiden Flüssigkeiten zusammenhängende Theorie zu reduzieren scheint.

Man sieht jedoch bald, daß dies nur für Leiter gilt, die feste und geschlossene Stromkreise bilden. Man kann auf diese Weise nur die Erscheinungen erklären, die von

Leitern erzeugt werden, die solche Stromkreise bilden. Man sieht ferner, daß nur die Kräfte, die durch meine Formel beschrieben werden, allen Tatsachen entsprechen.[1])

[1]) Auf den ersten Blick scheinen die Effekte, die von Magneten oder von zusammengehörenden festen und geschlossenen Stromkreisen erzeugt werden, nur für geschlossene Stromkreise mit sehr kleinem Durchmesser identisch zu sein. Aber man kann leicht sehen, daß dies auch für Stromkreise beliebiger Größe gilt. Denn diese können, wie wir gesehen haben, durch magnetische Elemente ersetzt werden, die gleichmäßig über die von diesen Stromkreisen begrenzten Flächen verteilt werden. Dabei kann die Zahl der Flächen, die ein bestimmter Stromkreis umschreibt, beliebig vergrößert werden. Diese zusammengehörenden Flächen können als ein „System" von Magneten angesehen werden, die dem Stromkreis äquivalent sind. Die gleiche Untersuchung zeigt, daß die infinitesimal kleinen Ströme, die die Teilchen eines Stabmagneten umkreisen, stets durch Ströme endlicher Größe ersetzt werden können, ohne daß dabei die resultierenden Kräfte in irgend einer Weise beeinflußt werden. Diese Ströme bilden geschlossene Stromkreise um die Achse des Stabes, wenn die Ströme der Teilchen um diese Achse symmetrisch verteilt sind. Dazu braucht man sich nur Flächen im Innern des Stabes vorzustellen, die an der Oberfläche des Magneten enden und die Magnetisierungslinien überall im rechten Winkel schneiden sowie durch die magnetischen Elemente gehen. Man kann stets annehmen, daß sich die magnetischen Elemente an den Punkten befinden, an denen die Magnetisierungslinien mit diesen Flächen zusammentreffen. Sind dann alle Elemente auf einer Fläche gleich stark und gehört zu allen ein gleich großes Flächenstück, so können sie durch einen einzigen Strom ersetzt werden. Dieser Strom fließt entlang der Schnittkurve der Fläche mit der Oberfläche des Magneten. Sollte die Stärke der Elemente unterschiedlich sein und von der Oberfläche zur Achse des Magneten hin stärker werden, so werden die magnetischen Elemente zunächst durch einen solchen Strom entlang der Schnittkurve ersetzt, der dem Minimum der Stärke der einzelnen Ströme in dieser betrachteten Fläche entspricht. Dabei steht diese Fläche senkrecht auf den Magnetisierungslinien. Dann stellt man sich entlang jeder Linie um jeden Teil dieser Fläche, in dem die kleinen Ströme stärker werden, einen neuen Strom vor, der zu dem vorhergehenden Strom konzentrisch ist. Die Stärke dieses Stromes richtet sich nach der Differenz zwischen den benachbarten Strömen, von denen die einen etwas außerhalb und die anderen etwas innerhalb dieser Linie liegen. Wird die Stärke der einzelnen Ströme von der Oberfläche zur Achse des Stabes hin kleiner, so muß man sich einen ähnlichen konzentrischen Strom entlang der Trennungslinie vorstellen, der aber in die entgegengesetzte Richtung fließt. Schließlich würde ein Ansteigen der Stärke, das dem Abfallen folgen könnte, einen weiteren konzentrischen Strom in der gleichen Richtung wie im ersten Fall erfordern.

Dieser Kommentar wurde hier nur gegeben, um eine bemerkenswerte

Schlußfolgerung nicht zu übergehen, die aus den Ergebnissen dieser Arbeit gezogen werden kann. Es soll in keiner Weise die Annahme bestärkt werden, daß die elektrischen Ströme in einem Magneten geschlossene Stromkreise um seine Achse bilden. Zuerst habe ich mich nicht zwischen dieser Annahme und der anderen Möglichkeit, nämlich der Annahme, daß die Ströme die Teilchen des Magneten umfließen, entscheiden können. Jetzt habe ich aber schon seit langem festgestellt, daß die letztere Konzeption allen Tatsachen am besten gerecht wird, und in dieser Hinsicht hat sich meine Meinung überhaupt nicht geändert.

Darüber hinaus ist diese Schlußfolgerung insofern nützlich, als sie die Identität der Wirkungen einer elektrodynamischen Spirale auf der einen Seite und eines Magneten andererseits vom Standpunkt der Theorie genauso vollkommen beweist, als wäre diese Identität durch Experimente bestätigt.

5

GRASSMANN

Neue Theorie der Elektrodynamik[1])

Es ist bekannt, daß sich die bewegenden Wirkungen, welche elektrische Ströme oder Magnete aufeinander oder die einen auf die andern üben, so weit sich bisher unsere Beobachtungen erstrecken, aus einer Voraussetzung ableiten lassen. Das Gebiet, auf welchem sich jene Beobachtungen bewegen, läßt aber noch, wie ich hernach zeigen werde, für die Annahme der gegenseitigen Einwirkung zweier Stromteile einen freien Spielraum übrig. Indem ich nun die AMPÈREsche Annahme, nach welcher, wie es sein muß, die gegenseitige Einwirkung zweier unendlich kleiner Stromteile zugrunde gelegt wird, einer genaueren Prüfung unterwarf, so ergab sich mir dieselbe als höchst unwahrscheinlich; und indem ich zunächst das Willkürliche in jener Annahme fortzuschaffen suchte, so bot sich mir eine andere Annahme dar, welche die elektrodynamischen Erscheinungen, so weit sie in den Kreis der bisher angestellten Beobachtungen fallen, mit gleicher Genauigkeit darstellt, welche aber sowohl durch die Einfachheit der zugrundegelegten Formel als auch durch die vollkommene Analogie mit allen andern bewegenden Kräften den höchsten Grad der Wahrscheinlichkeit besitzt. Ich habe schon angedeutet, daß diese neue Annahme, auf alle bisher beobachteten Erscheinungen angewandt, dieselben Resultate liefert wie die AMPÈREsche; hingegen gibt es ein Gebiet der Erscheinungen, auf welchem nach beiden Annahmen oft gerade die entgegengesetzten Erfolge eintreten müßten und welches daher von seiten der Erfahrung her die einzige Ent-

[1]) POGGENDORFS *Annalen der Physik und Chemie* **64** (1) (1845), 1–18.

scheidung über die Richtigkeit der einen oder der andern Annahme liefern würde. Es ist dies, wie ich am Schlusse dieser Abhandlung zeigen werde, das Gebiet der Strömungen, welche durch freie, an den Enden einer Leitung aufgehäufte (entgegengesetzte) Elektrizitäten hervorgebracht werden, also das Gebiet der durch Maschinenelektrizität hervorgerufenen Strömungen. Die Versuche, welche man bisher auf diesem Gebiete angestellt hat, um elektrodynamische Wirkungen, wie z. B. die Ablenkung einer Magnetnadel, nachzuweisen, sind sehr weit davon entfernt, die Differenz beider Hypothesen irgendwie hervortreten zu lassen. Auch stellen sich solchen Versuchen, welche dies leisten können, bisher noch bedeutende Schwierigkeiten entgegen. Dennoch scheint es mir wichtig, eine Hypothese als wahrscheinlich nachzuweisen, welche die Erfolge vorhersagen würde, die bei feineren Instrumenten und genaueren Beobachtungen eintreten müßten. Eine solche Annahme würde ein leitendes Prinzip werden, wonach von geübter Hand vielleicht entscheidende Versuche angestellt werden könnten. Es sei mir daher erlaubt, hier diese neue Annahme abzuleiten und geübteren Physikern zur Prüfung vorzulegen.

1. Alle Versuche, welche bisher in bezug auf elektrodynamische Erscheinungen angestellt sind, sind entweder mit geschlossenen Strömen angestellt oder doch mit solchen Strömen, die wie geschlossene angesehen werden können.[1]) Diese Versuche bestehen darin, daß man entweder die gegenseitigen Einwirkungen zweier geschlossener Ströme beobachtet oder daß man einen Teil eines geschlossenen Stromes beweglich macht und teils die Einwirkung beobachtet, welche er durch den

[1]) Dahin gehören die Ablenkungen der Magnetnadel durch Entladungen einer Batterie, wobei einesteils die zahlreichen Umwindungen des Multiplikators, anderenteils die Nähe der nur durch die Dicke des Glases getrennten Elektrizitäten, welche ausgeglichen werden, die Ströme, ihren beobachtungsfähigen Wirkungen nach, den geschlossenen Strömungen gleich machen.

ganzen Strom, dem er angehört, erleidet, teils die Änderung dieser Einwirkung, welche erfolgt, wenn noch ein anderer geschlossener Strom hinzutritt. Da nun dadurch, daß man einen Teil eines Stromes beweglich macht, die Wirkung, welche der ganze Strom hervorruft, nicht geändert wird, so erstrecken sich die bisher angestellten Versuche nur auf die Wirkungen, welche geschlossene Ströme üben, sei es nun auf andere geschlossene Ströme oder auf Stromteile. Hingegen hat man keinen Versuch angestellt, um die Wirkung eines Stromteils zu prüfen, weder die, welche er auf einen geschlossenen Strom, noch die, welche er auf einen andern Stromteil übt.

2. Daher mußte Ampère, um zu seiner Formel zu gelangen, mit den Ergebnissen der Beobachtung eine willkürliche Annahme verbinden. Die Annahme, welche er zu diesem Ende macht, ist für den ersten Augenblick eine höchst einfache und naturgemäße, nämlich daß zwei unendlich kleine Stromteile längs der ihre Mitten verbindenden geraden Linie aufeinander wirken, also entweder anziehend oder abstoßend im eigentlichen Sinne. Vermöge dieser Annahme gelangt nun Ampère von den Ergebnissen der Beobachtung aus mit Notwendigkeit zu seiner Grundformel, nach welcher die Kraft, mit der ein unendlich kleiner Stromteil a auf einen anderen b anziehend wirkt, proportional ist dem Ausdruck

$$\frac{ab}{r^2}(2\cos\varepsilon - 3\cos\alpha\cos\beta), \tag{1}$$

wo a und b die Stromelemente, d. h. die mit den Strömungsintensitäten multiplizierten unendlich kleinen Linienteile sind, in welchen sich die Ströme bewegen, r die Entfernung der Mittelpunkte dieser Linienteile voneinander, ε den Winkel zwischen beiden Stromteilen, α und β die Winkel bedeuten, welche diese Stromteile a bzw. b mit dem Strahle bilden, welcher von dem Mittelpunkte eines dieser Stromteile durch den des andern gezogen werden kann.

3. Schon die verwickelte Gestalt dieser Formel muß einen Verdacht gegen sie erregen. Dieser Verdacht muß noch gesteigert werden, wenn man sie anzuwenden versucht. Betrachtet man z. B. den einfachsten Fall, daß beide Stromteile parallel, also $\varepsilon = 0$, $\alpha = \beta$ seien, so geht der AMPÈREsche Ausdruck über in

$$\frac{ab}{r^2}(2 - 3\cos^2\alpha), \tag{1*}$$

woraus hervorgeht, daß wenn $\cos^2\alpha$ gleich 2/3 oder, was auf dasselbe hinauskommt, wenn $\cos^2\alpha$ gleich 1/3 ist, d. h., wenn der Mittelpunkt des angehobenen Elementes auf einer Kegeloberfläche liegt, deren Spitze in dem anziehenden Element und deren Winkel an der Spitze zum Cosinus 1/3 hat, keine Einwirkung erfolgt, innerhalb derselben Abstoßung, außerhalb Anziehung stattfindet. Dieses Ergebnis hat in der Tat zu wenig Wahrscheinlichkeit, als daß man nicht gegen die Annahme, aus welcher es hervorgeht, einen Verdacht schöpfen sollte, so sehr dieselbe auch dem Scheine nach durch die Analogie aller übrigen Kräfte vertreten sein mag. Dazu kommt, daß die Anwendung jener Analogie auf unser Gebiet als eine wenig begründete erscheint. Denn bei allen anderen Kräften sind es ursprünglich punktartige Elemente, d. h. Elemente ohne bestimmte Richtungen, welche aufeinander wirken, und bei diesen läßt sich die Notwendigkeit der gegenseitigen Wirkung längs ihrer Verbindungslinie sogar a priori ableiten; was berechtigt uns aber, dieses Analogie auf ein ganz fremdartiges Gebiet, auf welchem die Elemente mit bestimmten Richtungen begabt sind, zu übertragen? Auch spricht die Formel selbst, welche keineswegs etwa der Formel für die Anziehung durch Gravitation ähnlich ist, es deutlich genug aus, daß die Analogie in dieser Weise nicht stattfindet.

4. Ich gehe daher, ohne zunächst eine willkürliche Voraussetzung zu machen, davon aus, das Willkürliche

der AMPÈREschen Hypothese auszuscheiden, wobei ich, wie es geschehen muß, annehme, daß diese Hypothese, so weit sie durch Versuche bisher geprüft ist, d. h. so weit sie sich auf die Anziehungen bezieht, welche geschlossene Ströme auf andere Ströme oder Stromteile üben, vollkommen bewährt sei. Es ergibt sich zuerst leicht, daß man alle Erscheinungen, welche innerhalb des soeben bezeichneten Gebietes liegen, ableiten kann, wenn man die Einwirkung kennt, welche ein Winkelstrom, d. h. ein unendlicher Strom, welcher einen Winkel durchströmt, auf ein Stromelement übt, dessen Mittelpunkt in der Ebene des Winkels liegt. Denn erstens kann ich jeden geschlossenen oder nicht geschlossenen Strom ansehen als zusammengesetzt aus solchen Stromelementen und zweitens kann ich jeden geschlossenen Strom als ein von dem Strome durchflossenes Polygon, dieses Polygon aber, als zusammengesetzt aus Winkelströmen, welche die Außenwinkel desselben bilden, ansehen, wobei ich nur aus der Erfahrung voraussetze, daß gleichstarke einander entgegengesetzte Ströme, welche durch denselben Leiter fließen, sich einander aufheben. So z. B. kann ich den Strom *abc* (Abb. 59) ansehen als zusammengesetzt aus den drei Winkelströmen *fad*, *dbe*, *ecf*. Endlich kann ich, indem ich von der Mitte des angezogenen Elementes einen Strahl durch den Scheitel des Winkelstromes lege, diesen in zwei Winkelströme zerlegen, deren jeder mit der Mitte des angezogenen Elementes in derselben Ebene liegt. Es kommt also, um aus der AMPÈREschen Formel das Willkürliche fortzuschaffen, nur darauf an, aus ihr die Wirkung eines Winkelstromes auf ein und derselben Ebene anliegendes Element abzuleiten.

5. Aus der AMPÈREschen Formel folgt sogleich, daß die Einwirkung, welche ein Element durch ein anderes erfährt, wenn beide Elemente nicht in derselben Ebene liegen, gleich ist der Einwirkung, welche die senkrechte Projektion des ersteren auf die durch seine Mitte und das letztere gelegte Ebene durch dasselbe Element erfährt. Diese Beziehung wird also auch für unseren Fall fort-

bestehen; und wir haben somit nur noch die Wirkung eines Winkelstromes auf ein Element derselben Ebene, also zunächst die eines durchströmten Strahles auf ein solches Element zu suchen. Diese Wirkung können wir in eine längs dem Element und in eine senkrecht dagegen erfolgende zerlegen.

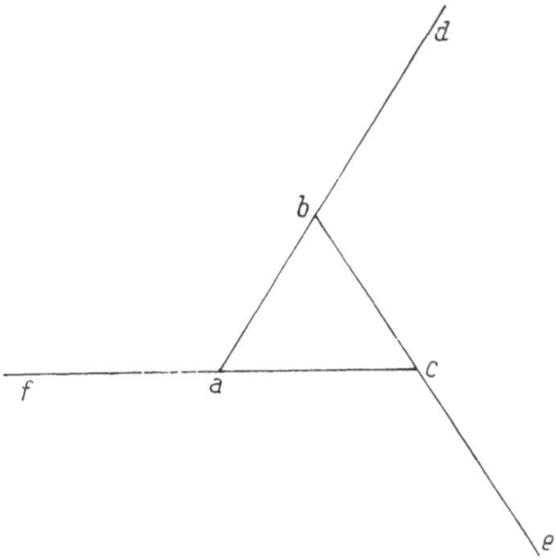

Abb. 59

6. Für diese Längsbewegung ergibt sich, daß sie von der Richtung des Strahles unabhängig ist,[1]) also für einen Winkelstrom eben so groß ist, als ob beide Strahlen

[1]) Denn man hat aus AMPÉRES Formel, wenn ds ein Element des Strahles (in der Richtung des Strahles genommen) ist und i die Intensität der Strömung ist, welche von dem Anfangspunkt des Strahles aus diesen durchläuft, für die Anziehung, welche dieses Element auf das Stromelement b nach dessen Längsrichtung übt, den Ausdruck

$$-\frac{i\,\mathrm{d}s\,b}{r^2}\cos\beta\,(2\cos\varepsilon - 3\cos\alpha\cos\beta).$$

Wenn ferner i das Lot von der Mitte des angezogenen auf die Linie des anziehenden Elementes ist (siehe Abb. 60), ist ds gleich

$$-\mathrm{d}(l\cot\alpha) = \frac{l\,\mathrm{d}\alpha}{\sin^2\alpha} = \frac{r^2\,\mathrm{d}\alpha}{l},$$

zusammenfielen, d. h. gleich Null ist. Daraus folgt, daß die Wirkung, welche ein Winkelstrom auf ein seiner Ebene anliegendes Element übt, senkrecht gegen das letztere in dieser Ebene erfolgt, worin, beiläufig bemerkt, liegt, daß die Wirkung eines beliebigen geschlossenen Stromes auf ein Stromelement stets senkrecht gegen das letztere erfolgt.

---

während $\varepsilon = \alpha - \beta$, $d\beta = d\alpha$ ist. Dadurch wird der obige Ausdruck:

$$= -\frac{ib}{l}\,(\cos^2\beta\cos\alpha\,d\alpha - 2\sin\alpha\sin\beta\cos\beta\,d\beta),$$

was integriert gibt:

$$-\frac{ib}{l}\sin\alpha\cos^2\beta.$$

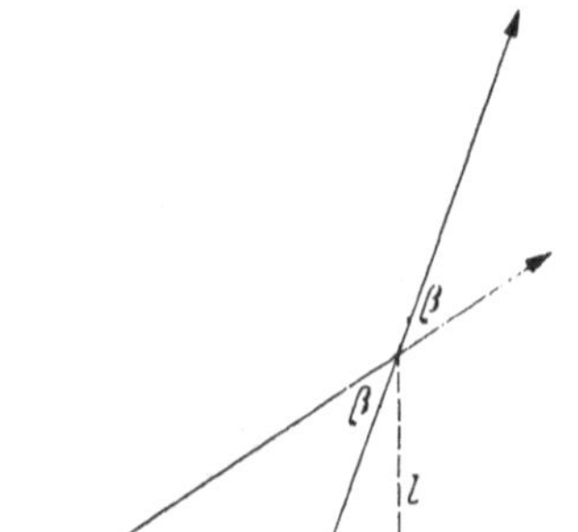

Abb. 60

Dehnt man die Integration über den ganzen Strahl aus und setzt schließlich α, β, r insbesondere als die dem Anfangspunkte des Strahles zugehörigen Werte, so erhält man, statt l wieder sein Wert $r\sin\alpha$ gesetzt, den Ausdruck

$$\frac{ib}{r}\cos^2\beta$$

für die Längswirkung des Strahles, welche somit von α, also von der Richtung des Strahles, unabhängig ist.

7. Die gegen das angezogene Element senkrechte Bewegung, welche ihm nach AMPÈRES Formel durch einen mit jedem Elemente in derselben Ebene liegenden durchströmten Strahl mitgeteilt wird, ergibt sich als aus zwei Gliedern bestehend, deren eines von der Richtung des anziehenden Strahles unabhängig ist und also bei der Annahme von Winkelströmen verschwindet, und deren anderes

$$\frac{ib_l}{r} \cot \frac{1}{2} \alpha \tag{2}$$

ist,[1]) wo r die Entfernung des Elementes vom Anfangspunkte des Strahles und α der Winkel ist, welchen der

---

[1]) Nämlich mit Beibehaltung der obigen Bezeichnung ist die Wirkung eines Elementes $i\,ds$ des den Strahl durchlaufenden Stromes auf das Stromelement b_l nach der gegen das letztere senkrechten Richtung gleich

$$\frac{i\,ds\,b_l}{r^2} \sin \beta\,(2 \cos \varepsilon - 3 \cos \alpha \cos \beta),$$

was wieder, da $\frac{ds}{r^2} = \frac{d\alpha}{l}$, $d\alpha = d\beta$, $\varepsilon = \alpha - \beta$, also $2 \cos \varepsilon = \cos \varepsilon + \cos(\alpha - \beta)$ ist, übergeht in

$$\frac{ib_l}{l}\,(\cos \varepsilon \sin \beta\, d\beta - 2 \cos \alpha \sin \beta \cos \beta\, d\beta + \sin^2 \beta \sin \alpha\, d\alpha),$$

und also integriert gibt:

$$-\frac{ib_l}{l}\,[\cos \varepsilon \cos \beta + \cos \alpha \sin^2 \beta];$$

und dies liefert, wenn die Integration über den ganzen Strahl ausgedehnt wird und die Bezeichnungen der veränderlichen Größen (α, β) jetzt auf ihre für den Anfangspunkt des Strahles eintretenden Werte beschränkt werden, den Ausdruck

$$\frac{ib_l}{l}\,[1 + \cos \varepsilon \cos \beta + \cos \alpha \sin^2 \beta],$$

indem im Unendlichen α 180° wird und β in 180° $- \varepsilon$ übergeht. Setzt man endlich statt l und ε ihre Werte $r \sin \alpha$ und $(\alpha - \beta)$, zieht das dann sich ent-

Strahl mit dem von seinem Anfangspunkte durch das Element gezogenen Strahle bildet, wo b_l die senkrechte Projektion des Elementes auf die durch seine Mitte und den Strahl gelegte Ebene ist, i aber die Intensität des den Strahl durchlaufenden Stromes ausdrückt, und wo endlich das Stromelement sich nach seiner rechten oder linken Seite hin bewegt, je nachdem der Strom in dem Strahle demjenigen, welcher, von ihm aus das Element betrachtet, zur rechten oder zur linken Hand fortläuft. Hieraus folgt die Wirkung eines Winkelstromes, dessen Schenkel die Winkel α und α' mit dem durch das angezogene Element geführten Strahle bilden, gleich

$$\frac{ib_l}{r}\left(\cot\frac{1}{2}\alpha - \cot\frac{1}{2}\alpha'\right). \tag{3}$$

Hieraus folgt, beiläufig bemerkt, daß die Größe der Bewegung, welche ein Stromelement von einem in gleicher Ebene mit ihm liegenden Strome erfährt, unabhängig ist von der Richtung dieses Elementes, aber stets senkrecht gegen dasselbe nach derselben Seite hin erfolgt.

8. Der gefundene Ausdruck (3) für die Wirkung eines Winkelstromes enthält nun, da diese Wirkung sich wenigstens annäherungsweise durch Versuche nachweisen läßt, nichts Hypothetisches mehr, zugleich enthält er die Resultate der Beobachtungen, da sie sich alle auf die Wirkung von Winkelströmen zurückführen lassen, vollständig in sich und kann daher als Grundlage einer

---

wickelnde Glied $\cos\alpha\cos^2\beta$ mit $\cos\alpha\sin^2\beta$ in ein Glied $\cos\alpha$ zusammen und setzt statt $\frac{1+\cos\alpha}{\sin\alpha}$ seinen Wert $\cot\frac{1}{2}\alpha$, so erhält man

$$\frac{ib_l}{l}\left(\cot\frac{1}{2}\alpha + \sin\beta\cos\beta\right),$$

wenn das zweite Glied von α, d. h. von der Richtung des anziehenden Strahles unabhängig ist.

jeden Hypothese über die gegenseitige Einwirkung der Stromelemente dienen. Da nun dieser Ausdruck aus zwei Gliedern besteht, von denen das eine durch die Lage des einen Strahles und das andere ebenso durch die des andern bedingt ist, so erscheint es durchaus als das einfachste, diese Glieder als Ausdrücke für die Wirkungen der einzelnen Strahlen zu nehmen, d. h. den Ausdruck (2) als den wirklichen Ausdruck für die Anziehung eines durchströmten Strahles zu setzen; in der Tat bringt jede andere Annahme etwas Fremdartiges in die Formel hinein und erscheint daher als eine erkünstelte. Ich lege daher jenen Ausdruck (2), nämlich $\frac{ib_l}{r} \cot \frac{1}{2} \alpha$, als Ausdruck für die Wirkung eines Strahles in dem oben näher dargelegten Sinne für die folgende Entwicklung zugrunde.

9. Von hier aus gelangen wir sogleich zu der gegenseitigen Einwirkung zweier Stromelemente, indem wir das anziehende Stromelement $i\,ds$ als Vereinigung zweier durchströmter Strahlen auffassen können, welche die Richtung und Intensität (i) dieses Elementes haben und von denen der eine in gleicher Richtung mit dem Element der andern in entgegengesetzter von dem (positiven) Strome durchflossen wird, während der erste den Anfangspunkt des Elementes zu seinem Anfangspunkte hat, der letzte den Endpunkt. Man erhält dann

$$\frac{ab_l}{r^2} \sin \alpha \tag{4}$$

als Ausdruck der Wirkung, welche ein Stromelement a auf ein anderes, um r von ihm entferntes b, dessen senkrechte Projektion auf die durch a und r gelegte Ebene b_l ist, während α den Winkel darstellt, welchen a mit dem nach b hin gezogenen Strahle bildet; und zwar erfolgt die Bewegung senkrecht gegen b (oder b_l) in der durch a und r gelegten Ebene nach derjenigen Seite hin, nach welcher der Schenkel a des Winkels α von dem andern Schenkel aus betrachtet liegt (siehe Abb. 60).[1])

10. Betrachten wir zunächst die gegenseitigen Einwirkungen zweier Stromelemente a und b, deren Verlängerungen sich schneiden, so ist klar, daß man beide Bewegungen, da sie gegen die sich bewegenden Stromelemente senkrecht sind, als durch Schwenkung der beiden geraden Linien, denen die Stromelemente angehören, um den Durchschnittspunkt bewirkt ansehen kann. Dann ist der Winkel, um welchen sich eine der Linien, etwa die, welcher b angehört, schwenkt, gleich der Bewegung des Elementes, dividiert durch die Entfernung (B) dieses Elementes von jedem Durchschnitte, also gleich

$$\frac{ab}{r^2}\,\frac{\sin\alpha}{B} = \frac{ab\sin\varepsilon}{r^3}.^{2)} \tag{5}$$

Diese Formel lehrt, daß die Strahlen, in welchen beide Elemente liegen, bei der Bewegung einen gleichen Winkel zu beschreiben trachten, während ihr Durchschnittspunkt derselbe bleibt und auch die Lage der Elemente in den Strahlen sich nicht ändert; auch sieht man leicht, wie der Winkel beider Strahlen durch die Bewegung vermindert wird, wenn die Elemente beide dem Scheitelpunkte zu- oder von ihm abströmen, hingegen vermehrt, wenn das eine dem Scheitelpunkte sich zukehrt, das andere sich von ihm abwendet. Hierdurch tritt die wahre

[1]) Denn man hat den Ausdruck (2) nur nach $-ds$ zu differenzieren, um die Anziehung des Elementes $i\,ds$ zu finden; man erhält, statt r, $\cot\frac{1}{2}\alpha$, $d\alpha$ ihre Werte $\frac{l}{\sin\alpha}$, $\frac{1+\cos\alpha}{\sin\alpha}$, $\frac{l\,ds}{r^2}$ gesetzt, sogleich durch diese Differentiation den zu erweisenden Ausdruck

$$\frac{ib_l\,ds}{r^2}\sin\alpha \quad \text{oder} \quad \frac{ab_l}{r^2}\sin\alpha.$$

[2]) Da $\frac{\sin\alpha}{B} = \frac{\sin\varepsilon}{r}$ ist; siehe Abb. 60.

Gegenseitigkeit in der Bewegung ans Licht, und man sieht, wie diese gegenseitige Anziehung zweier Linienteile ebenso den Winkel zu vermindern trachtet bei konstantem Scheitelpunkte, wie die gegenseitige Anziehung zweier Punkte deren Entfernung bei konstanter Linie, in der sie liegen, zu vermindern trachtet. So zeigt sich hier, statt der erkünstelten und scheinbaren Analogie der AMPÈREschen Annahme, eine naturgemäße und wahre Analogie, indem Linien und Punkte sich in der Ebene ebenso einander entsprechen wie Winkel und Entfernung, wie Durchschnittspunkt und umfassende Linie.

11. Diese Analogie tritt in ein noch helleres Licht, wenn ich zeige, wie die elektrodynamischen Anziehungen nach der neuen Theorie und die Anziehungen durch Gravitation sich durch *dieselbe* Formel ausdrücken lassen. Zu dem Ende muß ich jedoch hier den Begriff einer Verknüpfung anführen, welche ich in einem kürzlich erschienenen Werke[1]) dargelegt habe, und zwar ehe ich von dieser neuen Theorie eine Ahnung hatte. Ich habe nämlich dort nachgewiesen, daß man als das Produkt zweier Punkte a und b ihre Verbindungsstrecke, und ebenso als das Produkt zweier, mit bestimmten Intensitäten (Gewichten) behafteten Punkte die mit dem Produkte der Intensitäten multiplizierte Verbindungsstrecke ansehen *müsse*; hiernach würde, wenn α und β Punkte wären, $\alpha\beta$ die von α nach β gezogene Strecke, welche nicht bloß ihrer Größe, sondern auch ihrer Richtung nach aufzufassen ist, vorstellen, und wenn etwa 2 und 3 die Intensitäten wären und a gleich 2α, b gleich 3β wäre, so würde jene Strecke, ohne Änderung ihrer Richtung, sechs Mal zu nehmen sein, um das Produkt ab darzustellen. Ich habe dort gezeigt, wie dieses Produkt sich von dem arithmetischen dadurch unterscheide, daß, wie man sogleich sieht, ab gleich $-ba$ ist. Hiernach würde die Anziehung, welche ein Punkt a auf einen um r

[1]) Die Ausdehnungslehre. Erster Teil, enthaltend die lineare Ausdehnungslehre. Die angeführten Sätze finden sich S. 61, 164 und 222.

entfernten Pundkt b durch Gravitation bei beliebigen Gewichten beider Punkte übt, proportional sein:

$$\frac{ab}{r^3}, \tag{6}$$

ein Ausdruck, welcher, vermöge der soeben angegebenen Bedeutung, zugleich die Richtung der Anziehung in sich schließt. Ebenso habe ich dort gezeigt, daß der Flächenraum eines Parallelogramms als Produkt zweier aneinanderstoßender Seiten a und b aufzufassen sei, wenn man an diesen Seiten zugleich ihre Richtung und Länge festhält, und daß auch hier ab gleich $-$ ba sei, und ich habe dort gezeigt, daß, wenn an a und b zugleich die Linien, in der sie liegen, festgehalten werden sollen, dann das Produkt den mit jenem Flächenraum zusammengeschauten Durchschnittspunkt beider Linien darstellt. Nun ist der Zähler des Ausdruckes (5) offenbar der Ausdruck für den Flächenraum eines Parallelogramms, welches a und b mit Beibehaltung ihrer Richtungen zu Seiten hat. Somit geht, wenn man unter a und b die Stromelemente mit Feststellung der Linien, in welchen sie liegen, versteht, der Ausdruck (5) über in (6)

$$\frac{ab}{r^3},$$

welcher identisch ist mit dem für die Anziehung durch Gravitation aufgestellten und dessen Größe die Größe der Schwenkung ausdrückt, welche sich beide Elemente mitzuteilen streben, während der durch das Produkt ab zugleich dargestellte Punkt das Schwenkungszentrum angibt.

12. Diese Analogie haben wir nur nachgewiesen, wenn die Stromelemente sich verlängert schneiden. Hiervon ist nicht wesentlich abweichend der Fall, daß die Stromelemente parallel sind, indem dies so betrachtet werden kann, als ob ihre Verlängerungen sich in unendlicher

Entfernung schnitten. Hingegen wird die Betrachtung schwieriger, wenn die Stromelemente nicht derselben Ebene angehören. Für diesen Fall will ich nur anführen, daß sich die Bewegung zerlegen läßt in zwei Bewegungen der Linien, denen jene Elemente angehören, indem hier das gemeinschaftliche Lot beider Linien (ihre kürzeste Entfernung) die Stelle des Durchschnittspunktes vertritt. Die eine dieser Bewegungen besteht in einer Schwenkung um dieses gemeinschaftliche Lot, welche wieder eine Verminderung oder Vergrößerung des Winkels beider Ströme bewirkt; die andere dieser Bewegungen besteht in einer Verminderung oder Vergrößerung jenes Lotes, welche dadurch bewirkt wird, daß jene Linien auf diesem Lote fortrücken. In beiden Fällen ist die Bewegung eine gegenseitige, die Linien bleiben senkrecht gegen das gemeinschaftliche Lot, und die Stromelemente ändern ihre Lage innerhalb dieser Linie nicht. Man sieht leicht, wie hier wiederum die vollkommenste Analogie in der Art der Bewegung mit der durch Gravitation bewirkten stattfindet. Auch würde ich zeigen können, daß auch diese Bewegung sich durch den Ausdruck (6) darstellen läßt. Allein kann ich diesen Nachweis hier nicht führen, ohne die Gesetze einer Analyse zu entwickeln, welche zwar für die Physik von großer Bedeutung ist und oft die scheinbar verwickeltsten Verhältnisse in den einfachsten Formeln darstellt, welche aber doch sich nicht so in der Kürze darlegen läßt.[1])

13. Es bleibt mir nun noch übrig, die Art anzugeben, wie durch Versuche eine Entscheidung zwischen beiden Theorien zuwege gebracht werden könnte. Doch ehe ich dazu übergehe, will ich eines Versuches erwähnen, den man als beweisend gegen die neue Theorie ansehen könnte, dessen beweisende Kraft aber freilich bei genauerer Betrachtung gänzlich verschwindet. Nämlich nach der neuen Theorie üben gleichgerichtete Stromteile, welche

---

[1]) Ich verweise in dieser Beziehung auf mein oben angeführtes Werk, in welchem ich die Anwendungen auf die Physik besonders hervorgehoben habe.

in derselben geraden Linie liegen (nach Formel (4)), keine Wirkung aufeinander aus, nach AMPÈRE stoßen sie sich ab. Nun hat man dies letztere durch Versuche beweisen wollen, indem man einen geschlossenen Strom, in der Gestalt eines Rechteckes, partiell in der Art beweglich gemacht hat, daß durch die Bewegung eine Verlängerung des einen Seitenpaares entsteht, woraus man dann, ohne das andere Seitenpaar zu berücksichtigen, auf eine sich gegenseitig abstoßende Kraft derjenigen Stromteile geschlossen hat, welche hier, in denselben Linien liegend, sich voneinander entfernen. Um die Unrichtigkeit dieses Schlusses zu zeigen, brauche ich hier nur auf die obige Entwicklung hinzuweisen, nach welcher beide Theorien, auf geschlossene Ströme angewandt, mögen nun Teile derselben beweglich gemacht sein oder nicht, stets gleiches Resultat liefern. Überdies ist für diesen Fall noch zu bemerken, daß bei dem Übergange eines Stromes aus einem Leiter in einen andern eigentümliche Kräfte wirksam sind, welche, wenn beide in gerader Linie liegen, in dieser Linie wirken, deren Natur und Wirkungsart wir aber noch nicht kennen.

14. Überhaupt ist klar, daß eine Entscheidung zwischen beiden Theorien, da die Wirkung, welche geschlossene Ströme üben, nach beiden dieselbe ist, nur möglich ist, wenn man die Wirkung betrachtet, welche ein begrenzter Strom übt. Nun ist aber die Stärke der Strömung bei demselben Leitungswiderstande der Differenz der an seinen Grenzen aufgehäuften Elektrizitäten proportional.[1]) Soll aber der Strom ein begrenzter sein, so dürfen die nach seinen Grenzen A und B übergeströmten Elektrizitäten nicht weiter fortschreiten, weil sonst eben A und B nicht die Grenzen des Stromes wären. Folglich wird die Strömung nur so lange fortdauern, bis jene Differenz ausgeglichen ist, und das Quantum der hindurchgegange-

[1]) Dies gilt sowohl für jeden Leitungsdraht eines galvanischen Stromes wie für den durch Reibungselektrizität hervorgebrachten, nur daß dort sich die elektrische Differenz stets auf derselben Höhe erhält. Aus diesem Gesetze läßt sich übrigens das OHMsche Gesetz a priori ableiten.

nen Elektrizität wird der elektrischen Differenz jener Grenzen gleich sein. Daraus folgt, daß man das Maximum des Effekts erhält, wenn jene Differenz ein Maximum ist. Der begrenzte Strom würde daher so hervorzurufen sein, daß man zuerst etwa zwei Kugeln mit entgegengesetzter Elektrizität möglichst stark lüde und sie dann nach der Ladung (nicht während derselben) in leitende Verbindung brächte. Dann hätte man die Wirkung dieses begrenzten Stromes auf irgendeinen elektrischen Strom oder besser auf einen Magneten zu beobachten und die Anordnung dabei so zu treffen, daß die Wirkungen nach beiden Theorien möglichst verschieden erfolgten.

15. Da durch einen eingeschalteten Multiplikator[1]) oder durch Anwendung einer Batterie, statt jener einfachen Entladung, der begrenzte Strom einem geschlos-

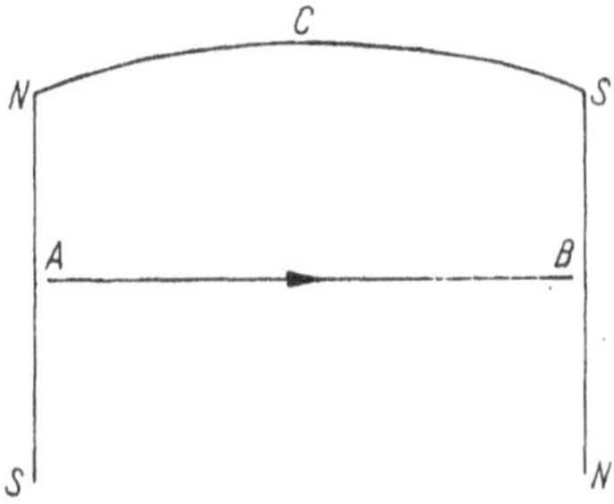

Abb. 61

senen angenähert, die Differenz der Wirkungen nach beiden Theorien also vermindert werden würde, so sind diese Mittel zur Verstärkung der Wirkungen hier nicht anwendbar, und man sieht daher die Schwierigkeiten, welchen Versuche dieser Art unterliegen würden. Da indessen diese Schwierigkeiten nicht an sich unüberwindlich sind, so wird es dennoch von Interesse sein, diejenige Anordnung zu kennen, bei welcher ein Maximum in

[1]) Anmerkung von R. A. R. TRICKER: Ein Multiplikator ist ein Galvanometer mit vielen Drahtwicklungen.

der Differenz der Wirkungen nach beiden Theorien erfolgte. Dieses Maximum findet nun, nach meinen Untersuchungen, dann statt, wenn die Magnetnadel senkrecht gegen den geradlinigen Strom so aufgestellt wird, daß ihre Mitte in der Verlängerung jenes Stromes liegt und sich senkrecht gegen die durch den Strom und die Nadel gelegte Ebene frei bewegen kann. Zur Erläuterung diene Abb. 61, in welcher AB den begrenzten Strom vorstellt, so daß die positive Elektrizität von A und B strömt, und wo zwei Magneten, deren Nordenden mit N bezeichnet sind, durch einen Bogen SCN aus einer festen Substanz verbunden sind, welcher in C an einem Faden aufgehängt ist.

16. Setzen wir, um für diesen Fall die Wirkungen, welche der begrenzte Strom nach beiden Theorien zunächst auf unendlich kleine Magneten üben würde, zu finden, statt des Magneten NS einen dagegen senkrechten quadratischen Strom, welcher mit AB in gleicher Ebene liegt und von dessen vier Seiten zwei mit AB parallel, die andern also dagegen senkrecht sind, und zwar so, daß das Nordende des Magneten von diesem Strome aus betrachtet nach links hin liegt, so ist nach beiden Theorien die Bewegung nach der gegen AB senkrechten Richtung nur von den mit AB parallelen Stromteilen abhängig. Ist nun $i\,ds$ ein Stromelement von AB und b das mit AB gleichgerichtete, b' das mit ihm entgegengesetzt gerichtete Stromelement des quadratischen Stromes, so ist, wenn r die Entfernung ihrer Mitten von der Mitte des anziehenden Elementes $i\,ds$ ist, die Wirkung auf b nach der dagegen senkrechten Richtung abstoßend gleich $\frac{i\,ds\,b^2}{2r^3}$[1]) und ebenso die auf b', nur daß diese anziehend

---

[1]) Nämlich nach (1*) ist sie in der Richtung r gleich $\frac{i\,ds\,b}{r^2}(2-3\cos^2\alpha)$, also in der gegen b senkrechten gleich $\frac{i\,ds\,b}{r^2}(2-3\cos^2\alpha)\sin\alpha$, also, da α unendlich klein, $\sin\alpha$ gleich $\frac{\frac{1}{2}b}{r}$ ist, gleich $-\frac{i\,ds\,b^2}{2r^3}$, also abstoßend.

wirkt; beide Wirkungen, da sie die Bewegungen des Quadrates von b' nach b darstellen, summieren sich und geben $\frac{i\,ds\,b^2}{r^3}$ als die Kraft, mit welcher, nach AMPÈRE, der quadratische Strom in der Richtung von b' nach b getrieben wird. Nach meiner Formel ist die Wirkung auf b nach der dagegen senkrechten Richtung gleich $\frac{i\,ds\,b^2}{2r^3}$ anziehend,[1]) auf b' eben so groß, aber abstoßend, also wirken beide zusammen zur Bewegung des Quadrates in der Richtung von b nach b' mit der Kraft $\frac{i\,ds\,b^2}{r^3}$. Somit sind die Wirkungen nach beiden Theorien entgegengesetzt; und diese Beziehung wird auch bestehen bleiben, wenn man statt des unendlich kleinen Stromelementes $i\,ds$ und eines unendlich kleinen Magneten einen endlichen Strom AB und einen endlichen Magneten setzt, nur daß in dem letzteren Falle die Wirkungen nicht mehr von gleicher Größe sind. Die Wirkungen lassen sich auf folgende Weise ausdrücken:

„Wenn man sich bei der angenommenen Anordnung (Abb. 61) in die Richtung der Magnetnadel versetzt (den Kopf nach dem Nordende, die Füße nach dem Südende gerichtet) und das Auge nach derjenigen Richtung wendet, nach welcher der positive Strom AB fließt, so wird die Nadel, nach der AMPÈREschen Theorie, nach der *rechten* Hand hin, nach der neuen Theorie, nach der *linken* Hand hin bewegt.“

17. Schließlich will ich noch auf zwei sehr unwahrscheinliche Wirkungen hindeuten, welche ein begrenzter Strom, nach AMPÈRE, auf einen Magneten üben müßte; nämlich erstens danach ein Magnet durch einen begrenz-

---

[1]) Nämlich sie ist gleich $\frac{i\,ds\,b}{r^2}\sin\alpha$, also, da $\sin\alpha$ gleich $\frac{\frac{1}{2}b}{r}$ ist, gleich dem oben angeführten Ausdruck, und zwar anziehend.

ten Strom zugleich eine drehende Bewegung um seine magnetische Achse annehmen, welche in dem vorher (No. 16) betrachteten Falle ihr Maximum erreicht; und zweitens würde eine Magnetnadel, welche um ihren Mittelpunkt frei beweglich ist, in der Nähe eines begrenzten Stromes, sofern nur dieser auf sie wirkt, im allgemeinen keine Lage eines sicheren Gleichgewichts annehmen, sondern bei der Entfernung aus der Gleichgewichtslage würde sie teils wieder zurückgehen, teils aber auch in die entgegengesetzte Lage umschlagen, je nachdem sie nach dieser oder jener Seite hin aus jener Lage entfernt war.

18. Wenn ich nun gleich hoffen darf, durch die vorhergehende Entwicklung die neue Theorie als in jeder Hinsicht wahrscheinlich dargetan zu haben, so steht doch zu wünschen, daß durch die Erfahrung eine über alle Zweifel erhabene Entscheidung zwischen dieser und der AMPÈREschen Annahme zustande gebracht werde.

Möchte es bald einem geübteren Physiker gelingen, alle die Hindernisse hinwegzuräumen, welche jenem entscheidenden Versuche, den ich vorher anführte, im Wege zu stehen scheinen.

Sachverzeichnis

Der Herausgeber

- legt eine Reihe der bedeutendsten Originalbeiträge zur Entwicklung der Elektrodynamik vor

- gibt selbst eine eingehende Darstellung und Analyse der Entwicklung jener Zeit aus wissenschaftshistorischer Sicht

- liefert wertvolles Quellenmaterial für das Studium der Geschichte der Physik

- wendet sich an wissenschaftsgeschichtlich interessierte Naturwissenschaftler, Elektro-Ingenieure und Philosophen

WISSENSCHAFTLICHE TASCHENBÜCHER

FSC
www.fsc.org
MIX
Papier | Fördert
gute Waldnutzung
FSC® C083411

Zeitfracht Medien GmbH
Ferdinand-Jühlke-Straße 7
99095 Erfurt, Deutschland
produktsicherheit@kolibri360.de